施工企业安全管理实务汇编

李天忠　主编

天津大学出版社
TIANJIN UNIVERSITY PRESS

图书在版编目(CIP)数据

施工企业安全管理实务汇编/李天忠主编. —天津:天津
大学出版社,2012.11
 ISBN 978-7-5618-4529-5

Ⅰ.①施… Ⅱ.①李… Ⅲ.①施工企业–安全管理
Ⅳ.①TU714

中国版本图书馆 CIP 数据核字(2012)第 246237 号

策划编辑　韩振平
责任编辑　韩振平
装帧设计　谷英卉
出版发行　天津大学出版社
出 版 人　杨欢
地　　址　天津市卫津路 92 号天津大学内(邮编:300072)
电　　话　发行部:022-27403647
网　　址　publish. tju. edu. cn
印　　刷　昌黎太阳红彩色印刷有限公司
经　　销　全国各地新华书店
开　　本　185mm×260mm
印　　张　18
字　　数　449 千
版　　次　2012 年 11 月第 1 版
印　　次　2012 年 11 月第 1 次
定　　价　36.00 元

前　言

　　安全生产,事关广大人民群众的生命财产安全,事关改革发展和社会稳定的大局。搞好安全生产工作,不但是政府主管部门履行社会管理的基本任务,也是企业生存发展的基本要求。安全生产是经济课题,也是政治课题,更是保障企业员工生命和财产安全的重要措施。针对施工企业如何系统地进行安全管理工作,我们编写了《施工企业安全管理实务汇编》一书。

　　本书主要参考了《中华人民共和国安全生产法》、《建设工程安全生产管理条例》、《施工企业安全生产评价标准》、《安全生产许可证条例》、《生产安全事故报告和调查处理条例》的有关规定以及中华人民共和国建筑行业的各种标准等。本书主要编写了施工企业应遵守的国家安全生产的相关规定和具体安全管理中的工作情况介绍等。本书对广大施工企业的安全管理工作具有较强的指导作用,可供施工企业学习与交流,是广大施工企业学习和参考的工具书。

　　由于时间仓促,资料有限,难免有误,内容仅供参考。

目　　录

目 录

第一章 国家安全生产管理条例对施工企业的要求

(1)施工企业从事建设工程的新建、扩建、改建和拆除等活动,应当具备国家规定的注册资本、专业技术人员、技术装备和安全生产等条件,依法取得相应等级的资质证书,并在资质等级许可的范围内承揽工程。

(2)施工企业从事建筑施工活动前,中央管理的建筑施工企业(集团公司、总公司)应当向国务院建设主管部门申请领取安全生产许可证;在省级行政区域内注册的建筑施工企业,包括中央管理的建筑施工企业(集团公司、总公司)的下属建筑施工企业,应当向省级建筑工程管理部门申请领取安全生产许可证。

申请时建筑施工企业应当提供下列材料:

①建筑施工企业安全生产许可证申请表(一式三份);

②企业法人营业执照(复印件);

③各级安全生产责任制和安全生产规章制度目录及文件,操作规程目录;

④保证安全生产投入的证明文件(包括企业保证安全生产投入的管理办法或规章制度、年度安全资金投入计划及实施情况);

⑤设置安全生产管理机构和配备专职安全生产管理人员的文件(包括企业设置安全管理机构的文件、安全管理机构的工作职责、安全机构负责人的任命文件、安全管理机构组成人员明细表);

⑥主要负责人、项目负责人、专职安全生产管理人员安全生产考核合格名单及证书(复印件);

⑦本企业特种作业人员名单及操作资格证书(复印件);

⑧本企业管理人员和作业人员年度安全教育培训材料(包括企业培训计划、培训考核记录);

⑨从业人员参加工伤保险以及施工现场从事危险作业人员参加意外伤害保险有关证明;

⑩施工起重机械设备检测合格证明;

⑪职业危害防治措施(针对本企业业务特点可能会导致的职业病种类制定相应的预防措施);

⑫危险性较大分部分项工程及施工现场易发生重大事故的部位、环节的预防监控措施和应急预案(根据本企业业务特点详细列出危险性较大分部分项工程和事故易发部位、环节及有针对性和可操作性的控制措施和应急预案);

⑬生产安全事故应急救援预案(本着事故发生后有效救援原则,列出救援组织人员详细名单、救援器材、设备清单和救援演练记录)。

其中,第②至第⑬项统一装订成册。企业在申请安全生产许可证时,需要交验所有证件、凭证原件。

新设立的建筑施工企业或申请办证时无施工项目的企业,可不提供与施工现场相关的资料。承建工程后,企业应立即报告相关建筑工程管理部门,申请复审。

建筑施工企业申请安全生产许可证,应当对申请材料实质内容的真实性负责,不得隐瞒有关情况或者提供虚假材料。

(3)施工单位主要负责人依法对本单位的安全生产工作全面负责。施工单位应当建立健全安全生产责任制度和安全生产教育培训制度,制定安全生产规章制度和操作规程,保证本单位安全生产条件所需资金的投入,对所承担的建设工程进行定期和专项安全检查,并做好安全检查记录。

施工单位的项目负责人应当由取得相应执业资格的人员担任,对建设工程项目的安全施工负责,落实安全生产责任制度、安全生产规章制度和操作规程,确保安全生产费用的有效使用,并根据工程的特点组织制定安全施工措施,消除安全事故隐患,及时、如实报告生产安全事故。

(4)施工单位对列入建设工程概算的安全作业环境及安全施工措施所需费用,应当用于施工安全防护用具及设施的采购和更新、安全施工措施的落实、安全生产条件的改善,不得挪作他用。

(5)施工单位应当设立安全生产管理机构,配备专职安全生产管理人员。在企业主要负责人的领导下开展本企业的安全生产管理工作。

①建筑施工企业安全生产管理机构具有以下职责:

a. 宣传和贯彻国家有关安全生产法律、法规和标准;

b. 编制并适时更新安全生产管理制度并监督实施;

c. 组织或参与企业生产安全事故应急救援预案的编制及演练;

d. 组织开展安全教育培训与交流;

e. 协调配备项目专职安全生产管理人员;

f. 制订企业安全生产检查计划并组织实施;

g. 监督在建项目安全生产费用的使用;

h. 参与危险性较大工程安全专项施工方案专家论证会;

i. 通报在建项目违规违章查处情况;

j. 组织开展安全生产评优评先表彰工作;

k. 建立企业在建项目安全生产管理档案;

l. 考核评价分包企业安全生产业绩及项目安全生产管理情况;

m. 参加生产安全事故的调查和处理工作;

n. 企业明确的其他安全生产管理职责。

②建筑施工企业安全生产管理机构专职安全生产管理人员在施工现场检查过程中具有以下职责:

a. 查阅在建项目安全生产有关资料、核实有关情况;

b. 检查危险性较大工程安全专项施工方案落实情况;

c. 监督项目专职安全生产管理人员履责情况;

d. 监督作业人员安全防护用品的配备及使用情况；

e. 对发现的安全生产违章违规行为或安全隐患，有权当场予以纠正或作出处理决定；

f. 对不符合安全生产条件的设施、设备、器材，有权当场作出查封的处理决定；

g. 对施工现场存在的重大安全隐患有权越级报告或直接向建设主管部门报告；

h. 企业明确的其他安全生产管理职责。

③建筑施工企业安全生产管理机构专职安全生产管理人员的配备应满足下列要求，并应根据企业经营规模、设备管理和生产需要予以增加。

a. 建筑施工总承包资质序列企业：特级资质不少于 6 人；一级资质不少于 4 人；二级和二级以下资质企业不少于 3 人。

b. 建筑施工专业承包资质序列企业：一级资质不少于 3 人；二级和二级以下资质企业不少于 2 人。

c. 建筑施工劳务分包资质序列企业：不少于 2 人。

d. 建筑施工企业的分公司、区域公司等较大的分支机构（以下简称分支机构）应依据实际生产情况配备不少于 2 人的专职安全生产管理人员。

专职安全生产管理人员负责对安全生产进行现场监督检查。发现安全事故隐患，应当及时向项目负责人和安全生产管理机构报告；对违章指挥、违章操作的，应当立即制止。

（6）建设工程实行施工总承包的，由总承包单位对施工现场的安全生产负总责。

总承包单位应当自行完成建设工程主体结构的施工。

总承包单位依法将建设工程分包给其他单位的，分包合同中应当明确各自的安全生产方面的权利、义务。总承包单位和分包单位对分包工程的安全生产承担连带责任。

分包单位应当服从总承包单位的安全生产管理，分包单位不服从管理导致生产安全事故的，由分包单位承担主要责任。

（7）垂直运输机械作业人员、安装拆卸工、爆破作业人员、起重信号工、登高架设作业人员等特种作业人员，必须按照国家有关规定经过专门的安全作业培训，并取得特种作业操作资格证书后，方可上岗作业。

（8）施工单位应当在施工组织设计中编制安全技术措施和施工现场临时用电方案，对达到一定规模的危险性较大的分部分项工程编制专项施工方案，并附具安全验算结果，经施工单位技术负责人、总监理工程师签字后实施，由专职安全生产管理人员进行现场监督。

（9）建设工程施工前，施工单位负责项目管理的技术人员应当对有关安全施工的技术要求向施工作业班组、作业人员作出详细说明，并由双方签字确认。

（10）施工单位应当在施工现场入口处、施工起重机械、临时用电设施、脚手架、出入通道口、楼梯口、电梯井口、孔洞口、桥梁口、隧道口、基坑边沿、爆破物及有害危险气体和液体存放处等危险部位，设置明显的安全警示标志。安全警示标志必须符合国家标准。

施工单位应当根据不同施工阶段和周围环境及季节、气候的变化，在施工现场采取相应的安全施工措施。施工现场暂时停止施工的，施工单位应当做好现场防护，所需费用由责任方承担，或者按照合同约定执行。

（11）施工单位应当将施工现场的办公、生活区与作业区分开设置，并保持安全距离；办公、生活区的选址应当符合安全性要求。职工的膳食、饮水、休息场所等应当符合卫生标准。施工单位不得在尚未竣工的建筑物内设置员工集体宿舍。

施工现场临时搭建的建筑物应当符合安全使用要求。施工现场使用的装配式活动房屋应当具有产品合格证。

(12)施工单位对因建设工程施工可能造成损害的毗邻建筑物、构筑物和地下管线等，应当采取专项防护措施。

施工单位应当遵守有关环境保护法律、法规的规定，在施工现场采取措施，防止或者减少粉尘、废气、废水、固体废物、噪声、振动和施工照明对人和环境的危害和污染。

在城市市区内的建设工程，施工单位应当对施工现场实行封闭围挡。

(13)施工单位应当在施工现场建立消防安全责任制度，确定消防安全责任人，制定用火、用电、使用易燃易爆材料等各项消防安全管理制度和操作规程，设置消防通道、消防水源，配备消防设施和灭火器材，并在施工现场入口处设置明显标志。

(14)施工单位应当向作业人员提供安全防护用具和安全防护服装，并书面告知危险岗位的操作规程和违章操作的危害。

作业人员有权对施工现场的作业条件、作业程序和作业方式中存在的安全问题提出批评、检举和控告，有权拒绝违章指挥和强令冒险作业。

在施工中发生危及人身安全的紧急情况时，作业人员有权立即停止作业或者在采取必要的应急措施后撤离危险区域。

(15)作业人员应当遵守安全施工的强制性标准、规章制度和操作规程，正确使用安全防护用具、机械设备等。

(16)施工单位采购、租赁的安全防护用具、机械设备、施工机具及配件，应当具有生产(制造)许可证、产品合格证，并在进入施工现场前进行查验。

施工现场的安全防护用具、机械设备、施工机具及配件必须由专人管理，定期进行检查、维修和保养，建立相应的资料档案，并按照国家有关规定及时报废。

(17)施工单位在使用施工起重机械和整体提升脚手架、模板等自升式架设设施前，应当组织有关单位进行验收，也可以委托具有相应资质的检验检测机构进行验收；使用承租的机械设备和施工机具及配件的，由施工总承包单位、分包单位、出租单位和安装单位共同进行验收。验收合格的方可使用。

《特种设备安全监察条例》规定的施工起重机械，在验收前应当经有相应资质的检验检测机构监督检验合格。

施工单位应当自施工起重机械和整体提升脚手架、模板等自升式架设设施验收合格之日起30日内，向建设行政主管部门或者其他有关部门登记。登记标志应当置于或者附着于该设备的显著位置。

(18)施工单位的主要负责人、项目负责人、专职安全生产管理人员应当经建设行政主管部门或者其他有关部门考核合格后方可任职。

施工单位应当对管理人员和作业人员每年至少进行一次安全生产教育培训，其教育培训情况记入个人工作档案。安全生产教育培训考核不合格的人员，不得上岗。

(19)建筑施工企业应当实行建设工程项目专职安全生产管理人员委派制度。建设工程项目的专职安全生产管理人员应当定期将项目安全生产管理情况报告企业安全生产管理机构。

①建筑施工企业应当在建设工程项目组建安全生产领导小组。建设工程实行施工总承包的,安全生产领导小组由总承包企业、专业承包企业和劳务分包企业项目经理、技术负责人和专职安全生产管理人员组成。

安全生产领导小组的主要职责:

a.贯彻落实国家有关安全生产法律法规和标准;

b.组织制定项目安全生产管理制度并监督实施;

c.编制项目生产安全事故应急救援预案并组织演练;

d.保证项目安全生产费用的有效使用;

e.组织编制危险性较大工程安全专项施工方案;

f.开展项目安全教育培训;

g.组织实施项目安全检查和隐患排查;

h.建立项目安全生产管理档案;

i.及时、如实报告安全生产事故。

项目专职安全生产管理人员具有以下主要职责:

a.负责施工现场安全生产日常检查并做好检查记录;

b.现场监督危险性较大工程安全专项施工方案实施情况;

c.对作业人员违规违章行为有权予以纠正或查处;

d.对施工现场存在的安全隐患有权责令立即整改;

e.对于发现的重大安全隐患,有权向企业安全生产管理机构报告;

f.依法报告生产安全事故情况。

②总承包单位配备项目专职安全生产管理人员应当满足下列要求。

建筑工程、装修工程按照建筑面积配备:

a.1万 m^2 以下的工程不少于1人;

b.1万~5万 m^2 的工程不少于2人;

c.5万 m^2 及以上的工程不少于3人,且按专业配备专职安全生产管理人员。

土木工程、线路管道、设备安装工程按照工程合同价配备:

a.5 000万元以下的工程不少于1人;

b.5 000万~1亿元的工程不少于2人;

c.1亿元及以上的工程不少于3人,且按专业配备专职安全生产管理人员。

③分包单位配备项目专职安全生产管理人员应当满足下列要求。

a.专业承包单位应当配置至少1人,并根据所承担的分部分项工程的工程量和施工危险程度增加。

b.劳务分包单位施工人员在50人以下的,应当配备1名专职安全生产管理人员;50人~200人的,应当配备2名专职安全生产管理人员;200人及以上的,应当配备3名及以上专职安全生产管理人员,并根据所承担的分部分项工程施工危险实际情况增加,不得少于工程施工人员总人数的5‰。

④采用新技术、新工艺、新材料或致害因素多、施工作业难度大的工程项目,项目专职安全生产管理人员的数量应当根据施工实际情况,在以上规定的配备标准上增加。

⑤施工作业班组可以设置兼职安全巡查员,对本班组的作业场所进行安全监督检查。

建筑施工企业应当定期对兼职安全巡查员进行安全教育培训。

(20)作业人员进入新的岗位或者新的施工现场前,应当接受安全生产教育培训。未经教育培训或者教育培训考核不合格的人员,不得上岗作业。

施工单位在采用新技术、新工艺、新设备、新材料时,应当对作业人员进行相应的安全生产教育培训。

(21)施工单位应当为施工现场从事危险作业的人员办理意外伤害保险。

意外伤害保险费由施工单位支付。实行施工总承包的,由总承包单位支付意外伤害保险费。意外伤害保险期限自建设工程开工之日起至竣工验收合格止。

第二章 施工企业的安全管理制度

(一)安全生产责任制度

安全生产责任制度是企业管理制度的重要组成部分,也是企业员工在生产活动中必须严格遵守的行为规范和准则。

(1)坚决贯彻执行国家的安全生产方针,牢固树立"生产必须安全,安全促生产"的观念。

(2)公司各处室、二级单位、项目部在计划、布置、检查、总结、评比生产的同时,计划、布置、检查、总结、评比安全工作,真正做到从上到下,从干部到群众各有职守,责任明确。

(3)公司每季度组织一次安全生产检查,二级单位每月检查一次,项目部每周检查一次,班组实行每天班前班后检查制,检查出的问题做好原始记录,以便采取措施,及时解决。

(4)在仓库、车间等易燃场所,严禁烟火,设有标志,配齐消防器材,消防器材严禁擅自移动,并要定期检查更换。

(5)架设电线、电缆必须符合用电安全技术规范,电工要取得操作证,严禁非工作人员拆装电器设备线路,以免发生触电事故。

(6)起重设备必须定期保养,已损坏的钢丝绳,变形的吊钩、销等严禁使用,机械设备不准"带病"运转,绝对禁止超负荷作业。

(7)进入施工现场必须戴好安全帽,按规定穿戴使用劳保用品,严禁穿凉鞋、拖鞋及高跟鞋进入现场。

(8)严格遵守各种操作规程,严禁酒后作业,冒险作业。

(9)起重机司机应严格执行"十不吊",吊物时严禁有人在下行走,重物与起重吊臂下不得站人,吊物时应由专人统一信号和指挥。

(10)改建、扩建工程都必须保证安全生产、施工现场要设有安全禁区,标志明显。

(11)坚持文明施工,施工现场必须进行"双封闭"施工,成品、半成品堆放整齐,挂牌管理,杂物要及时清理,保证道路坚实畅通。

(12)"安全生产,人人有责",职工有权制止违章操作,并有权向上级报告,任何人不准强令违章作业。

(13)一旦发生重大伤亡事故应立即抢救伤员,保护现场,并立即上报公司和上级有关部门调查处理。

(14)实行安全生产交底制度,在工程施工技术交底的同时,必须进行书面的安全技术交底。

(二)安全生产检查制度

安全生产检查是确保安全生产的有力措施。通过查思想、查领导、查制度、查隐患、查组织、查教育培训、查事故处理等,给忽视安全生产的思想敲警钟,及时纠正违章作业和冒险行为,把事故消灭在萌芽状态。

(1)公司安全检查分定期检查和不定期检查。定期检查是指公司生产、安全处组织的每个季度的安全检查;不定期检查是指公司生产、安全处根据工程进度或季节气候特点、节假日等,随时进行的安全检查。公司安全处还要配合有关业务部门或上级检查部门进行安全检查。

(2)二级单位每月组织一次安全大检查,检查要发动群众、领导干部、技术人员和工人参加,对查出的问题,要定人、定措施、及时予以解决。

(3)项目部(施工队)每周组织检查一次,对重点工程、危险部位要加强检查和监测,并设专人负责其安全工作。

(4)施工班组每日都要进行安全检查,随时制止各种违章指挥和违章作业行为,及时发现问题,及时进行处理。

(5)工地安全员(含兼职安全员),应在施工现场随时巡回检查。发现不安全现象和苗头,及时纠正解决。处理不了的问题应立即上报,以求问题及时妥善解决。

(6)专业性安全检查。根据安全检查情况和安全生产存在的带有普遍性的主要问题,可组织由专业人员参加的专业检查组,如设备安全检查、电气安全检查等。

(7)季节性安全检查。季节性安全检查是针对气候特点可能给安全施工带来的危害而组织的安全检查。

①冬季安全检查。主要以检查防冻、防滑、防坠落、防火灾、防中毒的各项措施为主要内容。

②雨季安全检查。结合防雨防洪工作进行,主要查防洪水的各项准备及应急措施,查电气设备、线路的绝缘接地,接零电阻是否达到电气安全要求。

③风季安全检查。主要查各种起重设备,垂直运输设备有无倒塌的危险,如发现问题,及时加固,设缆绳。六级以上强风停止作业,大风过后对上述设施进行检查,确无损失和危险后才可复工。

④节前安全检查。由公司生产、安全、保卫等部门派员参加,在元旦、春节、劳动节、国庆节施工现场,库房食堂进行安全、防火、防中毒的大检查及节日加班人员的思想教育和安全措施落实情况检查。

⑤经常性安全检查。各级领导和各级专职安全人员应经常深入施工现场,对各种设施、安全装置、机电设备、起重设备的运行状况,"四口"、"五临边"的防护情况以及有无违章指挥和违章作业行为等进行检查,发现问题及时纠正,并做好记录,发现特别危险情况时有权指令停止作业,并立即报告上级部门研究处理。

⑥公司将检查情况纳入年终考核,对成绩突出的予以表彰,对发生问题的单位和个人将按有关规定进行处理。

(三)安全技术管理制度

安全技术是劳动保护科学中的重要组成部分,是研究生产技术各个环节中的不安全因素与警示、保险、防护、救援等措施,以预防和控制安全事故的发生及减少其危害的保证。

(1)所有建筑工程的施工组织设计(施工方案)都必须有安全技术措施。对危险性较大的分部分项工程,依据相关规定,单独编制具有针对性的安全专项方案。

（2）专项方案由施工单位编制,编制人员应具有本专业中级技术职称,实行总承包的由总承包单位组织编制。其中,起重机械安装、拆卸、深基坑、钢结构等工程,由专业承包单位负责编制。

（3）专项方案由施工单位技术负责人组织施工、技术、安全、质量等部门的专业技术人员进行审核。审核合格,由施工单位技术负责人审批,实行总承包的,应报总承包单位技术负责人审批。

（4）需专家论证审查的,专项方案审核通过后,施工单位技术负责人组织专家对方案进行论证审查,或者委托具有资格的工程咨询等第三方组织专家对方案进行论证审查,实行总承包的,由施工总承包单位组织专家论证。

（5）方案实施前,应由方案编制人员或技术负责人向工程项目人员的施工、技术、安全、设备等管理人员和作业人员进行安全技术交底。

（四）安全生产教育制度

安全生产教育是提高职工安全操作技术水平,增强职工安全意识,提高职工素质,搞好安全文明施工的重要手段。

（1）用各种形式广泛开展安全生产的教育宣传工作,对全体员工进行经常性的安全教育,方法主要采用上课,观看录像,现场会等形式。

（2）公司对新录用的工人、待岗、转岗人员必须进行三级教育,考试合格后方可上岗,并填写教育手册。

（3）对于施工现场项目经理、施工员、技术员、安全员都必须经过行业主管部门安全培训合格持证上岗。电工、焊工、架子工、起重机司机、信号工等特殊工种人员,除进行一般教育外,还要经过本工种的安全技术培训,考核合格,取得资格证后才能上岗。

（4）在采用新技术、新工艺、新设备时对工人必须进行安全教育。

（五）安全防火制度

火给人类作出了巨大贡献,然而火灾却给人类带来了严重危害,因此,我们要本着以"预防为主,防消结合"原则,防患于未然。采取有效措施,杜绝一切火灾事故的发生。

（1）贯彻上级的消防工作指示,严格执行消防法规。

（2）各级领导要将消防工作列入议事日程,执行防火安全制度,依法纠正违章行为,确定消防安全责任人。

（3）深入现场进行安全教育,普及消防知识,教育职工发扬主人翁精神,人人关心消防工作。

（4）仓库的库存物资和器材,要按《仓库防火安全管理规则》要求堆放和管理,对易燃易爆等有害物品,按规定妥善管理,确定专人负责。

（5）易燃易爆仓库、木工加工区、禁火区,应有明显标志,建立"严禁烟火,禁止吸烟"等警告牌子。施工现场上的易燃废物,要及时清除。设置消防通道、消防水源、配备消防设施和灭火器材。

（6）施工现场、仓库、宿舍等都不准使用电炉取暖。

（7）焊割作业要选择安全地点,消除周围易燃杂物,以防引起火灾,工作完毕要检查四周确认无着火危险,方可离开。

(8)电气设备应定期检修,发现可能引起火花、短路、发热及电气绝缘损坏,接触电阻过大等情况,应立即修换,所有设备、管线必须有良好的接地装置。

(9)照明灯泡距可燃物要远一些,防止灯泡烤着可燃物引起火灾。

(10)在木工车间、加工区、库房施工现场、易燃易爆场所等,都应按规定配备有效的消防灭火器材。

(六)安全会议制度

为了把安全管理工作列入各级领导的重要议事日程,使之有规划、有组织、有布置、有检查、有总结,并逐步走上正轨,形成制度,为此制定安全会议制度。

(1)公司每年召开一次安全工作会议,总结上年度公司安全生产工作情况,表彰安全生产先进集体和个人,传达上级有关安全生产指标和目标。安全工作会议一般在第一季度召开,由主管领导主持,公司全体管理人员(包括分公司)和项目部管理人员及被评为先进安全生产者的个人参加,还可邀请上级有关领导和部门人员参加。

(2)公司安全生产领导小组每季度召开一次安全会议,公司安全生产领导小组主持,各单位安全负责人、安全员参加,会议讨论和研究本季度安全生产动向和现状,分析主要安全问题和薄弱环节,提出针对性改进方案,检查安全目标管理的执行情况,讨论安全事故的处理意见,审定安全新技术、新措施的可行性和执行方案等。

(3)各分公司每月召开一次安全会议,由分公司经理和分管生产安全负责人主持,技术负责人和施工队长等有关部门人员参加,研究本单位当前安全文明生产情况,解决存在的问题,提出加强安全管理工作的措施,研究确定当月每周班组安全活动计划。

(4)项目部每周召开一次安全会议,由施工队长主持,主要研究当前安全生产形势,总结上周安全情况,布置下周安全生产任务,结合生产特点,采取有效的安全措施。

(5)班组每天班前班后安全会,由班组主持班前会,布置当天的施工任务和所要求采取的安全措施及学习有关操作规程或布置安全活动任务等,班后主要总结当天的施工安全情况,表扬好人好事,对违章现象进行批评教育等。

(6)各类安全会议和活动内容,都必须做好文字记录,班组和队的安全活动每月都必须由项目部收集整理成书面材料,对活动好的班组和施工队,作为年终评选先进的条件之一,对不开展安全活动的队和班组要通报批评。

(七)安全生产资金保障制度

为了促进安全生产工作,保障安全生产资金的供给,根据《安全生产法》结合公司实际,制定安全生产资金保障制度。

(1)公司设立安全生产专项资金专户,公司安全生产专项资金专户由公司安全生产领导小组管理。

(2)每项新开工工程,在项目承包合同中依据国家有关规定和工程特点约定安全生产资金占总造价的百分比。

(3)每次甲方转款后一周内,计财处按合同约定之比例将安全生产资金划入安全生产专项资金账户。

（4）项目部对安全生产专项资金的使用必须专款专用，不得挪用。

（5）公司安全生产专项资金的支出由公司安全分管经理批准，项目安全生产专项资金的支出由该项目经理批准。

（6）对安全生产违章者给予经济处罚，罚款数额由公司安全处核定，罚款的收入，应如数上缴公司安全生产专项资金专户，统一调配使用。

（7）项目部安全生产专项资金账户在工程结束时的结余，应全额上缴公司安全生产专项资金专户，不得挪用。

（8）公司对于安全生产工作成绩优异的项目部、班组、个人给予适当奖励，奖励资金不使用公司安全生产专项资金。

（八）安全生产"一岗双责"制度

为认真履行安全生产"一岗双责"制度，按照"谁主管、谁负责，谁审批、谁负责"的原则，制定本制度。

（1）严格落实安全生产职责，强化安全生产责任意识，落实综合治理措施，形成齐抓共管的安全生产工作格局。

（2）落实安全生产法律、法规、方针、政策，贯彻安全生产工作决策，分析安全形势，部署工作任务。

（3）将安全工作纳入重要议事日程，主持召开研究解决本单位安全生产工作中的重大问题。

（4）对本单位安全生产工作做出部署并督促检查。

（5）组织并参加安全生产重要工作、重大活动及重大隐患整治工作。

（6）坚持将安全生产工作与分管工作同时研究、同时安排部署、同时组织实施、同时考核验收。

（7）分管工作范围内发生安全生产事故时，按规定赶赴事故现场，组织、协调事故抢险救援和善后工作。

（九）劳保用品管理制度

为严格执行国家劳动安全卫生规程和标准，加强公司劳动保护用品的管理，保障公司员工在生产过程中的安全与健康，减少职业危害，结合公司实际情况，特制定本制度。

（1）劳动保护用品是按照国家和企业规定，由企业发给员工用于防止他们在生产、工作过程中遭受事故伤害或职业危害，保护员工安全和健康并带有防护功能的用品，不是员工的福利待遇。在选购时应遵循安全、实用、经济、美观的八字方针，在发放时必须认真执行发放标准，从严管理。

（2）根据公司工种确定不同的劳动保护用品发放种类和标准，不得以货币或其他物品替代，不得无故延长或缩短劳动保护用品的使用期限。

（3）劳动保护用品应按劳动条件对人体的危害程度发放，工种且劳动条件相同，应发放相同的劳动保护用品，从事多工种作业，按其经常从事或主要从事的工种发放相应的劳动保护用品。管理人员、工程技术人员视其经常或主要参加劳动的情况，发放相应的劳动保护用品。

（4）公司员工在生产过程中必须穿戴、正确使用劳动保护用品，做到"三会"：会检查护品的可靠性、会正确使用护品、会正确维护保养护品。未按规定的视为违章作业。

（5）购买的劳动保护用品应到定点经营单位或生产企业购买。购买的防护用品必须具有"三证"，即生产许可证、产品合格证和安全鉴定证，购买的护品须经本单位安全部门验收。按产品的使用要求在使用前对其防护功能进行必要的检查。

（6）建立健全防护用品的购买、验收、保管、发放、使用、更换、报废等管理制度。

（7）公司劳动保护用品实行即买即发，保证零库存。

（8）公司劳动保护用品由办公室统一保管，各部门因生产、工作需要领用的，应先到办公室办理借用手续后方可领用。

（9）保健津贴严格按上级部门规定发放，任何人或部门不得提高规定标准或扩大规定的发放范围。

（十）起重机械设备管理制度

为认真贯彻《中华人民共和国安全生产法》，加强安全生产监督管理，避免安全事故的发生，保障起重机械设备进出场工作的顺利进行，保障起重机械设备的正常使用，保障工作人员的生命和财产安全，特制定本规定。

1. 起重机械设备的购置或租赁

（1）为了提高施工企业的技术装备水平，公司根据装备规划，有计划地逐年提高机械设备装备水平，但要防止盲目增加，以免造成积压浪费。如生产规模大时，可租赁设备。

（2）购买或租赁的起重机械设备必须具有生产（制造）许可证、产品合格证、制造监督证明。

（3）新购的起重设备，经过验收合格后，填写验收单，并纳入技术档案，建立机械设备的管理台账。

（4）起重机械使用单位和安装单位应当在签订的建筑机械安装、拆卸合同中明确双方的安全生产责任，

2. 起重机械设备的使用与管理

（1）项目公司、项目部根据承接工程项目的结构、层数、几何尺寸（长、宽、高）、场地大小、地质情况等提出机械设备使用计划，本着先租用本单位后租用外单位的原则，及时与租赁公司办理租赁合同。项目公司、项目部应按合同规定提供机械设备进出场条件，确定好安置位置，将基础处理好，且只有机械设备使用权，无权将机械设备转租或转借。

（2）租赁公司根据工程情况最终确定运转正常、性能良好的塔机。

（3）租赁公司根据塔机的型号、场地大小、进出道路的好坏、进出场距离、安装和拆卸难易程度等，与承租方签订塔机进出场租赁合同，明确责任与义务。

（4）起重机械设备的安装、拆卸活动的单位应当依法取得相应资质，并在其资质许可范围内承揽建筑起重机械安装、拆卸工程。按规定编制起重机械安装、拆卸专项施工方案，并由本单位技术负责人签字，组织安全技术交底并签字确认。

3. 起重机械设备的安拆装及验收交接

（1）起重机械设备拆装工作人员根据拆装任务单严格遵守拆装管理制度、岗位责任制

和施工现场各项安全规章制度,正确使用"三宝"。安装过程中严格执行操作规程,做到合理分工、责任到人、听从指挥,不得擅自做主和更改作业方案。

(2)安装单位的专业技术人员、专职安全员应当进行现场监督,技术负责人应当定期巡查。起重机械安装完毕后,安装单位应按照安全技术标准安装使用说明书进行自检、调试和试运转。自检合格的,出据自检合格证明,验收合格签字后,办理交接手续,并向使用单位进行安全使用说明。

(3)使用单位应当组织产权、安装、监理等有关单位进行验收,委托具有相应资质的检验检测机构进检验,建筑起重机械经验收合格后方可投入使用。

(4)使用单位应当自建筑起重机械安装验收合格之日起 30 日内起,将起重机械安装资料等向工程所在地建设主管部门办理使用备案登记。

4.塔机的安全使用

(1)起重机械设备的操作工由租赁公司安排持证人员到现场操作,也可由承租方安排持证人员操作,严禁无证上岗。

(2)操作工要坚守岗位,严格遵守塔机的安全技术操作规程和安全使用技术要求及保养规程。

(3)操作工要接受租赁公司和承租方的双重领导,实行双重请假制度,无故旷工按公司有关规定进行处罚。操作工要听从项目负责人的指挥,但对违章指挥、违章作业或工作条件危及起重机械设备或人身安全时,操作工有权拒绝操作,现场指挥人员和管理人员有权制止使用。

(4)操作工要认真填写使用台班记录。

(5)操作人员是起重机械设备的第一维修保养人,如缺油、维修保养差造成设备的损坏,由操作工承担责任,负责赔偿。

(6)在作业前应试运转,检查行走、回转、起重、变幅等各机构的制动器、安全限位、防护装置等,确认正常后方可作业。

(7)为确保起重机械设备安全使用,操作工连续工作 4 小时,中间必须休息至少 1 小时,每天累计工作时间不得超过 10 小时。

(8)使用单位应重视起重机械的正常使用和安全检查,按规定定期对起重机械设备进行检查,消除事故隐患,确保起重机械设备和操作者的安全。

(9)其他未尽事宜,执行《建筑起重机械安全监督管理规定》(建设部令第 166 号)。

(十一)事故隐患排查治理管理制度

为强化安全生产事故隐患排查治理工作,有效防止和减少事故发生,建立安全生产事故隐患排查治理长效机制,依据《安全生产事故隐患排查治理暂行规定》等规章、文件规定,特制定本管理制度。

1.事故隐患排查治理责任制

(1)认真落实生产经营单位事故隐患排查、治理和防控的主体责任。

(2)要求负责人对本单位事故隐患排查治理工作全面负责。

（3）安全生产管理部门具体负责本单位事故隐患排查的组织协调、督查督办、整改验收、资料汇总和报表填报工作。

（4）明确本单位所属各相关管理部门、下属单位（分公司、工程处、车间等）及各岗位从业人员隐患排查治理工作职责，并认真落实。

（5）自觉接受、积极配合安全监管部门对本单位事故隐患排查治理工作的督查和指导，不得拒绝和阻挠。

2. 事故隐患定期排查分析制度

（1）实施事故隐患排查与安全生产检查相结合，定期排查与经常性排查相结合的原则。

（2）每月组织一次定期排查，排查工作由单位主要负责人或分管负责人带领安全生产管理部门人员进行。相关管理部门和下属单位每月不少于一次开展定期排查。

（3）每月召开一次事故隐患排查分析会议，会议由主要负责人或分管负责人召集，相关管理部门负责人、下属负责人及有关专业技术人员参加。会议对隐患排查治理工作进行分析、研究，部署下一阶段工作，并做好会议记录。

3. 事故隐患治理和监控制度

（1）对排查出的各类事故隐患，安全生产管理部门及相关管理部门、下属单位要建立"生产经营单位安全生产事故隐患排查治理登记台账"。

（2）对一般事故隐患，由隐患所在的部门、下属单位负责人组织立即整改。整改难度较大或需一定数量的资金投入，由隐患所在部门、下属单位编制隐患整改方案，经安全生产管理部门审核、单位负责人批准后组织实施，并由安全生产管理部门对整改落实情况进行验收。

（3）在事故隐患整改过程中，应当采取相应的安全防范措施，防止事故发生。事故隐患排除前或者排除过程中无法保证安全的，应当从危险区域撤出作业人员，并疏散可能难以停产或者停止使用的相关生产储存装置、设施、设备，应当加强维护和保养，防止事故发生。

（十二）事故隐患整改制度

安全检查是发现安全危险的一种手段，安全整改是采取措施消除危险的保证，因此，我们既要有检查，更要狠抓整改。

（1）凡是有发生重大伤亡事故危险苗头的，应立即整改，由检查组签发停工指令，被检查的工程或单位负责人接到停工指令后，应立即停工，讨论整改方案，制定措施，立即把安全隐患整改彻底，待复查合格后，方准开工。

（2）凡是危险隐患比较严重，不尽快解决就有可能发生重大伤亡事故，但由于客观条件不能立即解决的，限期整改，由检查组签发限期整改通知书，被查单位接通知书后，立即研究整改方案，落实人员、时间，保证按期完成，逾期不改者，下达停工通知，并给予责任者经济处罚。

（3）对于严重违章及一般隐患，不易造成重大事故的，在检查时，口头提出整改要求，被查单位应逐项落实，认真整改。

（4）凡是签发了限期整改通知的单位，必须搞好整改复查工作。凡改得快，改得好，改得彻底的要及时表扬,对无故拖延整改、不改的,视情节轻重给予行政处分和经济处罚。

(十三)工伤事故报告、调查、处理制度

为了及时、准确、全面地掌握工伤情况,研究事故发生的规律性,保护职工身心健康和人身安全,减少伤亡事故的发生,必须制定相关制度。

1.工伤事故报告

(1)发生伤亡事故后,必须执行《生产安全事故报告和调查处理条例》规定。负伤者或事故现场有关人员应立即向本单位负责人报告,单位负责人接到报告后,应当于一小时内向上级部门报告,企业负责人不准隐瞒、虚报或拖延不报。

(2)发生死亡事故应立即口头或电话向公司及上级有关部门立即报告,死亡上报不得超过1小时,重伤事故不得超过12小时,一般事故不得超过24小时。

(3)事故发生后,根据应急预案程序、措施,迅速抢救伤员和财产,并保护事故现场。

2.工伤事故调查处理

(1)发生伤亡事故,单位领导人应立即组织调查,认真组织,本着实事求是、尊重科学的原则进行分析,查清原因、查明责任,提出防范措施,严肃处理事故责任者。

(2)轻伤、重伤事故,由企业负责人或其指定人员组织生产、安全、工会等有关人员参加事故调查组,进行调查。

(3)死亡事故,由企业主管部门会同安监部门,公安、检察机关,工会组成事故调查组,进行调查。

(4)事故调查组了解有关情况时,任何单位和个人不得阻碍、干涉事故调查组的正常工作。

(5)调查组勘察事故现场,查清受害人工作时间、工作内容、作业程序、操作时的动作或位置,致伤物体,并拍摄事故现场。

(6)对发生事故现场有关人员调查了解,查清受害人姓名、性别、年龄、住址、文化程度、工种、技术等级、本工种工龄、接受教育情况和发生事故原因,对证人的口述材料要考证其真实程度,并责成写出书面材料,签字盖章。

(7)查清规章制度、安全技术交底及措施的落实情况。

(8)在找出原因、分清责任、吸取教训、采取措施的基础上要根据《工伤保险条例》相关处理办法,结合公司制定的《职工工伤事故处理暂行办法》,按应负的责任大小对有关人员进行处理,分别给予事故单位和个人予以罚款、警告、记过处分或由司法机关依法追究刑事责任。

(9)伤亡事故处理工作应当自事故发生之日起60日内提交事故调查报告;特殊情况下,经批准可以延长,但延长不得超过60日,伤亡事故处理结案后,应当公开宣布处理结果。

(10)建立、健全职工工伤事故台账。

（十四）文明施工管理制度

1. 场地与道路

（1）施工现场的场地应清除障碍物，场地平整、坚实、无坑洼。运输车辆不带泥出场。

（2）现场具有良好的排水系统，设置排水沟或沉淀池。

（3）暖季应适当绿化。

（4）施工项目部应保证施工现场道路畅通，主干道宽度不宜小于3.5 m，应当硬化，防止泥土带入市政道路。道路的布置要与现场材料、构件（料场）等协调。

（5）施工现场应设置各类必要的职工生活设施，并符合卫生、通风、照明等要求，严禁在施工现场随地大小便，职工的膳食、供水等应符合卫生要求。

（6）施工项目部应配合建设单位做好施工现场安全、保卫工作，采取必要的防盗措施，在现场应设维护设施，危险施工区域派专人值勤且持警示灯（牌），设置明显的防火标志和足够的器材。

2. 封闭管理

（1）施工现场围挡应沿工地四周连续设置，围挡应坚固、稳定、整洁、美观，不得留有缺口，确保围挡的稳定性和安全性。

（2）施工现场围挡高度，市区主要路段围挡高度一般不低于2.5 m，一般路段应高于1.8 m。

（3）施工现场大门设置统一式样，字体、颜色执行当地建筑行政主管部门《施工现场安全防护定型化图集》规定和企业要求。

（4）出入口处设门卫值班室。

施工区域和卫生区域划分明确，并划分责任区，设置标牌，分片包干到人，负责场容整洁。

（5）施工现场施工人员配带工作卡，工作卡整齐统一，注明佩戴者姓名、职务、工作岗位，宜有照片。

3. 临时设施

（1）施工现场临时设施必须合理选址，正确用材，确保满足使用功能和安全、卫生、环保、消防等要求。

（2）办公、生活区与作业区相隔离，保持安全距离。搭建的临时房屋不超过两层。

（3）职工宿舍、食堂应当选择在通风、干燥、清洁位置。

（4）宿舍必须设置可开启式窗子，设置外开门，严禁使用通铺。不得在尚未竣工建筑物内设置员工宿舍。

（5）制定宿舍、食堂卫生管理制度，责任到人，加强管理。

（6）厕所大小根据施工作业人员数量设置，应设置水冲式厕所，地面硬化，纱窗纱门齐全。

（7）厕所设置专人负责，定时清扫、冲刷、消毒。蹲坑间宜设置隔板，高度不宜低于0.9 m，人与蹲位比例为1∶25～1∶30。

4. 防护棚设置

(1) 各种防护棚、围栏式样统一执行当地建筑行政管理部门《施工现场安全防护定型化图集》规定和公司要求。

(2) 防护棚顶应满足承重、防雨要求。最上层材料强度应能承受 10 kPa 的均布静荷载，也可采用 50 mm 厚木板架设或采用两层竹笆，上下竹笆层间距应不小于 600 mm。

5. 七牌两图

设置在施工现场进出口处，办公区、生活区设置"两栏一报"，其中管理人员名单及监督电话牌内容，必须增加管理人员、特种作业人员彩色照片及相应证书种类、编号、单位等内容。

6. 材料堆放

(1) 按照总平面图规定位置放置，便于运输、装卸，尽量减少二次搬运。

(2) 按品种、规格分类堆放，并设明显标牌，标明名称、规格和产地等。

7. 现场防火

(1) 建立防护责任制，将防火安全的责任落实到每个施工现场、每个施工人员，明确分工，划分区域，不留死角，真正落实防火责任。

(2) 实行定期防火安全检查，实行每月防火巡查，及时消除火灾隐患。

8. 环境污染和噪声的控制

(1) 防止道路扬灰，运输不遗洒，危险废弃物 100% 统一收集处理。

(2) 施工现场垃圾应按可回收和不可回收分类集中堆放，垃圾必须采用容器吊运，严禁随意凌空抛撒。做到工完场地清。

(3) 防止施工噪声污染，施工现场应遵循《建筑施工场界环境噪声排放标准》(GB 12523—2011) 制定降噪的相应制度和措施。

(十五) 登高作业安全制度

登高作业人员必须身体健康，患有高血压、严重心脏病、精神病、癫痫、深度近视 (500 度以上) 的人员以及经医生检查认为不适宜高空作业的人员，一律不准登高作业。

登高作业 2 m 以上，必须带安全带，并要坚决执行登高作业"十不登"制度，即：

(1) 患有心脏病、高血压、癫痫、深度近视等症不登高；

(2) 迷雾、大雪、雷电或六级以上大风不登高；

(3) 没有安全帽、安全带不登高；

(4) 饮酒、精神不振或经医生证明不宜登高的不登高；

(6) 脚手架、脚手板梯子没有防滑措施或不牢固的不登高；

(7) 穿了硬底皮鞋或携带笨重工具不登高；

(8) 高楼顶部没有固定防滑措施不登高；

(9) 设备和构件之间没有安全板，高压电线旁没有遮栏不登高；

(10) 石棉瓦、油毡屋面上无脚手架不登高。

（十六）安全生产责任制考核制度

（1）公司与项目部、项目部与各施工班组必须逐级签订安全生产责任书，明确管理关系和职责，制定奖惩办法。

（2）责任制考核应横向到边，纵向到底，严格考核到各类人员。

（3）由公司制定年度安全生产目标，项目部在安全生产中完善落实，对每位职工在安全生产中的责任进行量化考核。

（4）二级单位、项目部根据实际，针对各类人员制定相应的考核细则。

（十七）安全奖惩制度

根据谁主管谁负责，谁出问题谁承担的原则，对成绩突出的予以奖励，对发生违章违纪造成损失的给予处罚。

1. 奖励

（1）全面完成上级下达的安全生产指标，落实安全生产岗位责任制，认真贯彻执行安全生产方针、政策、法规及规章制度的。

（2）对在生产中发现的重大事故隐患及时采取措施加以整改和预防及发现违章操作及时制止的。

（3）安全管理资料齐全，记录准确的。

（4）一年中未发生轻伤、重伤等安全事故的单位。

（5）荣获省、市级安全文明工地荣誉称号的项目工程。

（6）在安全管理工作及生产过程中做出突出贡献的个人及单位，公司将视情况予以奖励。

2. 处罚

（1）违反操作规程及安全有关规定进行操作的，对直接领导、责任人给予处罚。

（2）接到违章通知书后未按期进行整改的给予单位罚款。

（3）出现各类事故未按规定时间上报或隐瞒不报的，视情节予以处罚并予以通报。

（4）对出现事故的责任人，按责任大小、情节轻重按公司安全承包合同给予相应处罚直至追究刑事责任。

（5）奖罚额度按照企业相关"技术质量安全环境奖罚制度"执行。

（十八）安全生产责任追究制度

为了有效地防范较大安全事故的发生，严肃追究安全事故责任人的责任，保障群众生命、财产安全，制定本制度。

（1）对较大安全事故的防范、发生直接负责的主管人员和其他直接责任人员，按照相关规定，依法追究刑事责任。

（2）应当依照有关法律、法规和规章，采取措施对本单位安全工作实施管理，对本单位或职责范围内较大事故的防范和事故发生后的迅速和妥善处理负责。

（3）主要负责人应当每个季度至少召开一次防范安全事故工作会议，分析部署、督促、检查防范安全事故工作。会议应当形成纪要。

（4）必须制定本单位安全生产事故应急预案。

（5）安全事故发生后，按照国家规定的程序和时限立即上报，不得隐瞒不报、谎报或拖延不报。

第三章 施工企业的安全生产责任制与安全生产体系

（一）建立安全生产责任制的必要性

《安全生产法》第四条明确规定："生产经营单位必须遵守本法和其他有关安全生产的法律、法规,加强安全生产管理,建立、健全安全生产责任制度,完善安全生产条件,确保安全生产。"

安全生产责任制是生产经营单位各项安全生产规章制度的核心,是生产经营单位行政岗位责任制和经济责任制度的重要组成部分,也是最基本的职业安全健康管理制度。安全生产责任制是按照职业安全健康工作方针"安全第一,预防为主"和"管生产的同时必须管安全"的原则,将各级负责人员、各职能部门及其工作人员和各岗位生产工人在职业安全健康方面应做的事情和应负的责任加以明确规定的一种制度。

生产经营单位的安全生产责任制的核心是实现安全生产的"五同时",就是在计划、布置、监察、总结、评比生产工作的时候,同时计划、布置、检查、总结、评比安全工作。其内容大体可分为两个方面:一是纵向方面各级人员的安全生产责任制;二是横向方面各职能部门的安全生产责任制。

安全生产是关系到生产经营单位全员、全层次、全过程的大事,因此生产经营单位必须建立安全生产责任制。把"安全生产,人人有责"从制度上固定下来,从而增强各级管理人员的责任心,使安全管理"纵向到底、横向到边,责任明确、协调配合",共同努力把安全工作真正落实到实处。

（二）建立安全生产责任制的要求

要建立起一个完善的生产经营单位安全生产责任制,需要达到如下要求:

（1）建立的安全生产责任制必须符合国家安全生产法律、法规和政策、方针的要求,并应适时修订;

（2）建立的安全责任制体系要与生产经营单位管理体制协调一致;

（3）制定安全生产责任制要根据本单位、部门、班组、岗位的实际情况,明确、具体,具有可操作性,防止形式主义;

（4）制定、落实安全生产责任制要有专门的人员与机构来保障;

（5）在建立安全生产责任制的同时建立安全生产责任制的监督、检查等制度,特别要注意发挥职工群众的监督作用,以保证安全生产责任制得到真正落实。

（三）施工企业安全生产责任制的主要内容（例）

1.董事长安全生产责任制

（1）认真贯彻执行党和国家安全方针政策、法令法规,把安全生产列为重要议事,研究职工安全生产思想动态,抓好安全生产思想宣传教育工作,培训职工安全生产宣传骨干,教育各级领导干部以身作则,树立安全第一的思想。

(2)组织领导研究生产任务时,必须同时研究安全卫生工作,公司定期召开安全生产专题会议,做出决议,监督检查执行情况,及时消除生产安全事故隐患。

(3)建立、健全安全保证体系和安全生产责任制,保证安全生产投入的有效实施。

(4)领导并支持安全管理人员或部门的监督检查。

(5)企业发生工伤事故,要及时分析事故原因、责任及研究防范措施,并根据"质量、安全、文明施工奖罚制度",对主要责任者做出党纪处分,并建议给予行政处分或经济处罚。

(6)及时、如实报告生产安全事故。

2. 总经理安全生产责任制

(1)认真贯彻执行劳动保护和安全生产方针政策、法令和规章制度。组织制定本单位安全生产规章制度和操作规程。

(2)根据实际工作需要建立、健全安全生产管理机构,配备安全管理人员。

(3)定期召开会议,研究、部署安全生产工作,定期向职工代表大会报告安全生产工作情况,认真听取意见和建议,接受职工群众监督。

(4)组织审批安全技术措施计划,保证本单位必要的安全生产资金投入。

(5)督促、检查本单位的安全生产工作,及时消除生产安全事故隐患。

(6)组织制定并实施本单位的生产安全事故应急救援预案。

(7)依法组织有关部门对职工进行安全培训。

(8)主持重大伤亡事故的调查分析。如实、及时向政府有关部门报告发生伤亡事故和职业病情况。

3. 分管生产安全副经理安全生产责任制

协助经理抓好安全生产工作,对分管范围内的安全生产工作负直接领导责任。

(1)认真贯彻执行国家的安全生产方针、政策、法令、规定、标准及上级的指标、决议,结合企业生产情况,制定贯彻实施的措施,并检查执行情况。

(2)主持研究制定安全生产制度和安全技术操作规程。

(3)组织开展安全生产检查、落实整改措施。

(4)主持召开安全生产会议,部署安全生产工作,审批重大危险作业的安全技术保证措施。

(5)组织编制、审查和实施安全技术计划。

(6)总结交流安全生产经验,及时纠正违章行为,对事故隐患责成有关领导、部门限期解决,严格处理失职人员。

(7)主持本单位的安全生产教育和培训计划,责成有关部门落实,并负责检查和督促。

(8)主持重大伤亡事故的调查分析,提出处理意见和改进措施,并督促实施,制订本单位年度安全技术措施计划,有计划地改善劳动条件。

(9)负责对办公现场的环境和职业健康安全因素控制的检查和督促工作,落实员工的劳保用品及福利发放,维持良好的办公环境。

4.总工程师安全生产责任制

总工程师对劳动保护和安全生产技术工作负领导责任。

(1)贯彻执行国家和上级的安全生产方针、政策,协助法人做好安全方面的技术工作。

(2)组织编制和审批施工组织设计(施工方案)、特殊复杂工程项目或专业性工程项目施工方案时,应严格审查具备安全技术措施及可行性,并提出决定性意见。

(3)领导制订年度和季节性施工计划时,要确定指导性的安全技术方案。

(4)采用新技术、新工艺、新材料时,组织审查使用和实施过程的安全性,组织编制或审定相应的操作规程,重大项目应组织安全技术交底工作。

(5)在组织施工和生产过程中,注意采取安全技术防护措施,组织技术力量研究解决生产过程中出现的安全技术问题。

(6)参加重大伤亡事故的调查分析,提出技术鉴定意见和改进措施。

(7)审批公司重大危险源、环境因素清单、目标、指标及管理方案。组织工程施工现场的质量、安全、环保方面的检查评比工作,及时处理发现的质量、环境污染及职业健康安全方面的问题,督促改进和预防工作的开展。

5.总会计师安全生产责任制

(1)贯彻执行国家关于企业安全技术措施经费提取使用的有关规定,做到专款专用,并监督执行,切实保证对安全生产的投入,保证安全技术措施和隐患整改项目费用到位。

(2)全面监控公司的财务工作,参与公司重大经济活动的决策,审批资金筹措和使用计划,为公司各项活动的开展提供资金保障。

(3)监控公司、下属公司及项目工程的资金流向,领导审计工作,严格按公司规章制度、国家政策开支,保证安全生产资金的正常运转。

(4)把安全管理纳入经济责任制,分析单位安全生产经济效益,支持安全生产竞赛活动,审核各类事故费用支出。

(5)参加总经理办公会,向总经理汇报工作。

6.工会(监事)主席安全生产责任制

(1)认真贯彻执行国家、地方、行业的安全生产方针、政策、法规,依法组织职工参加本单位安全生产工作的民主管理和民主监督,维护职工在安全生产方面的合法权益。

(2)协助和督促行政部门贯彻执行劳动安全卫生各项规定,定期组织职工进行身体检查,健全职工档案制度。

(3)组织和开展各种安全生产竞赛。广泛发动群众宣传安全工作,做到安全工作齐抓共管,人人有责,完善工会与群众的联系。

(4)在组织劳动竞赛时,将安全卫生工作作为一个重要内容来抓。

(5)通过劳动保护组织、职工代表大会,协助和促进行政领导正确使用劳动保护措施经费,制订和实施劳动保护措施计划,不断改善劳动条件。

(6)参与重大伤亡事故的调查分析,监督有关部门落实防范措施。负责组织有关部门做好伤亡事故的善后处理。

7.安全处长生产责任制

(1)认真贯彻安全生产法律、法规及上级部门和公司颁发的各项安全技术规范和规章制度,搞好公司的安全生产工作。

(2)认真检查监督各单位劳动保护用品的购置和使用,以及安全生产执行落实情况。

(3)负责对职工进行安全施工思想教育,对新工人进行安全规章制度、操作规程、劳动纪律的教育。

(4)定期组织环境、职业健康、安全卫生检查和评比工作,对查出的问题提出限期整改意见。提出消防隐患的解决办法,并进行复查,经常深入工地进行安全检查指导。

(5)组织好安全方面的会议,总结安全管理工作的先进经验,推广安全管理先进典型。

(6)按照伤亡事故管理办法规定,做好事故的处理、分析、总结和上报工作。

(7)负责环境、职业健康、安全管理方案的制定、保持和修订。向管理层汇报相关信息,并在公司内组织宣传活动。

(8)负责环境、职业健康安全的应急准备和相应的组织工作。对有关环境安全卫生法律、法规及其他要求的信息进行收集和传递。

8.安全员安全生产责任制

(1)协助企业领导组织推动安全生产工作,贯彻执行安全生产法律、法规、标准和企业安全制度。

(2)汇总和审查环境安全技术措施计划,并且督促有关部门切实按期执行。

(3)组织和协助有关部门制定或修订安全生产制度和安全技术操作规程,并对这些制度、规程的贯彻执行情况进行监督检查。

(4)对施工工地进行经常性的巡回检查,协助组织好安全大检查,对查出的问题督促有关人员进行及时整改,对冒险作业和违章者进行制止和教育。

(5)对职工进行环境安全生产宣传教育,指导生产班组安全员工作。

(6)督促有关部门按规定及时发放和合理使用个人劳动防护用品。

(7)参加伤亡事故的调查和处理,进行伤亡事故的统计、分析和报告,协助有关部门提出防止事故的措施,并督促按期落实。

(8)组织有关部门落实防治职业危害的措施。

(9)及时收集有关资料,并加以整理、保管,及时总结经验,推广先进典型。

(10)根据公司方针,落实公司安全、环境及职业健康安全管理目标和指标,分解至各职能层次,协助各单位制定达标措施。

9.分公司经理安全生产责任制

(1)对所负责施工项目的安全生产负直接责任,不违章指挥,禁止违章冒险作业。

(2)认真贯彻执行国家安全方针政策,执行总公司制定的各项安全规章制度,执行公司职业健康安全环境目标、指标、管理方案的分解落实,结合分公司的实际,制定实施管理制度和措施。

(3)定期研究解决安全生产中的问题,组织本公司有关人员每月进行一次安全检查,对查出的问题督促及时整改,遇到生产与安全发生矛盾时,生产必须服从安全。

（4）组织学习安全操作规程，并检查执行情况，教育工人正确使用劳保用品，对职工加强安全生产思想教育。

（5）总结推广安全生产中先进经验，表彰奖励在安全生产中做出突出贡献的职工。主持伤亡事故的调查分析，提出处理意见和改进措施，并督促实施，抓好落实。

（6）全面负责对工程项目的管理，包括工程质量、进度、安全卫生、环保等要求。

10. 项目经理安全生产责任制

（1）项目经理是施工项目安全生产第一责任者，负责整个项目的安全生产工作，要坚持安全生产"五同时"，认真贯彻国家安全生产方针、政策和法规。

（2）认真组织落实施工组织设计（或施工方案中的施工安全技术措施），建立统一规格的牌、图、栏、板，现场有安全标志、企业标志、色标、警示牌，做到文明施工。

（3）每周组织有关人员对施工现场进行一次安全自查，对查出的隐患问题定人员、定时间、定措施整改落实，并做好记录。

（4）组织班组人员学习安全操作规程，并检查执行情况，对新工人必须进行安全教育，教育工人遵章守纪和正确使用安全防范设施和防护用品，负责检查特殊作业人员是否持证上岗。

（5）对工地安全隐患，按照各级安检部门的要求，做到限期整改。制定项目安全管理目标，对安全责任目标进行分解，落实到人，并定期考核。

（6）负责组织对现场脚手架、安全网、大型机械、电器设备等安全防护设施的检查验收，不合格者不能使用，并经常检查其安全使用运行状况，随时解决存在的问题。

（7）发生重大伤亡事故和未遂事故时，要保护现场，立即上报，接受检查，配合查清事故原因和责任，落实整改措施，不得隐瞒不报、虚报或拖延报告，更不能擅自处理。

（8）工程施工中应落实环境保护和不扰民措施。

（9）坚持文明施工，安全生产，对现场的环境和安全卫生因素进行控制，开展污染和危害预防工作，杜绝浪费，节能降耗。

11. 车间主任安全生产责任制

（1）组织实施安全技术措施，进行技术安全交底。

（2）组织工人学习安全操作规程、规章、制度，教育工人不违章作业，做好新工人安全教育，把好特种作业人员持证上岗关。

（3）不违章指挥。

（4）主持召开车间安全生产例会，及时解决安全生产中存在的问题。

（5）定期组织本车间安全生产检查，及时排除隐患，发现危及职工人身安全和健康的紧急情况时，立即下令停止作业，撤出人员。

（6）组织班组安全活动，支持车间安全员工作。

（7）发生工伤事故，立即上报，及时组织抢救，保护好现场。

（8）选择低噪声的机械设备，安排专人管理噪声工作，应尽量降低噪声。

（9）作业范围干净整洁，材料、工具有序放置。

12. 施工队长安全生产责任制

(1)认真贯彻国家安全生产方针、政策和法规,不违章指挥,不冒险作业。

(2)做到一事一交底,事事指派专人负责,认真履行分部分项安全交底制度,随时随地检查纠正和处理违章作业人员,根据不同情节给予批评教育或实行经济处罚。

(3)组织每周一次的安全活动日,总结上周安全工作,提出本周安全要求或传达上级有关安全文件会议精神,做好记录。

(4)每周组织有关人员对施工现场进行一次安全自检,对检查出的隐患问题定人员、定时间、定措施整改落实,并做好记录。

(5)负责组织落实所管辖施工队伍的安全教育、培训和持证上岗的管理工作,并做好记录。

(6)对各级检查出的事故隐患,必须立即组织人员进行认真整改,并将整改后的情况报上级主管部门,经主管部门复检、销项后,方可进行施工。

(7)制订项目安全管理目标,对安全责任目标进行分解,落实到人,并定期考核。

(8)发生重大伤亡和未遂事故,立即停止施工,保护现场并向上级报告,接受检查并配合查清事故原因和责任,提出整改措施,经主管部门验收合格后,方可施工。

(9)负责现场环境卫生管理工作,对现场噪声、粉尘、固体废弃物等进行监督控制。

(10)负责环境职业健康安全因素的控制,积极开展节能降耗、污染预防措施。

13. 施工员安全生产责任制

(1)在项目负责人的领导下,负责贯彻施工组织设计,对作业班组进行全面的技术交底。

(2)按规范及工艺标准组织施工,保证进度、施工质量和施工安全。

(3)对施工现场搭设的脚手架、电气设备、机械设备安装等的安全防护装置参与验收。

(4)不违章指挥,并教育工人不违章作业。

(5)组织做好进场材料的质量、型号、规格的检验工作。

(6)参与图纸会审和技术交底。

(7)认真消除事故隐患,发生事故及时上报,保护现场。

(8)保证施工现场道路畅通,排水系统处于良好状态,保持场容、场貌的整洁,切实做到"工完料净场地清",确保安全、文明、长效的管理。

(9)具体负责施工现场防火、保卫工作和文明工地的创建工作。

(10)加强施工现场各类安全生产防护设施、防护用品尤其是"三宝"的使用管理,对现场的环境和安全卫生因素进行控制。

(11)施工现场应遵循《建筑施工界环境噪声排放标准》(GB 12523—2011)降噪的相应制度和措施。

14. 技术员安全生产责任制

(1)认真学习安全技术规范,钻研业务,不断提高安全管理水平。

(2)熟悉图纸,了解工程概况,绘制施工现场平面布置图,搞好现场布局。

(3)参与图纸会审、审理和解决图纸中的疑难问题。碰到大的技术问题,负责与甲方设计部门联系,妥善解决。

(4)根据工程特点,编制专项安全技术方案,并应写出书面技术交底。

(5)填写施工日记,配合资料员整理安全技术资料和管理安全技术措施的落实。

(6)制定针对"四新"的安全保证措施。

15.质检员安全生产责任制

(1)认真贯彻"安全第一,预防为主"的方针,切实落实安全生产的各项规章制度和措施,协助施工员抓好安全生产工作。

(2)严格监督进场材料的质量、型号和规格,检查各种防护用品的完备有效。

(3)认真落实安全技术交底要求,做到班前讲安全,班后检查安全,提出安全要求和注意事项,并对使用的机具、设备、防护用品和作业环境进行认真检查,发现问题立即解决或报告。

(4)参与安全预防措施的制定,提出制定新工艺、新技术的安全保证措施建议。

(5)协助安全员对冒险、蛮干和违章作业者及时制止和教育。

(6)协助安全员进行环境职业健康安全因素的控制,积极开展节能降耗、污染预防措施。

16.班组长安全生产责任制

(1)认真组织本组人员学习安全技术操作规程,执行安全生产规章制度,正确使用安全防护设施和劳动用品,开展安全活动,不断提高班组成员的安全意识和自我保护能力。

(2)认真落实安全技术交底要求,做到班前讲安全,班后检查安全,提出安全要求和注意事项,并对使用的机具、设备、防护用品和作业环境进行认真检查,发现问题立即解决或报告。

(3)认真执行好交接班制度,做好班组自检工作,不违章指挥和冒险作业,对上级的违章指挥有权拒绝执行,认真接受安全人员的检查监督。

(4)严格控制班组人员带病上岗、疲劳作业和单人承担重险与需要轮换、监护的作业。

(5)当遇有施工需要,必须临时拆除某些拉、撑杆件以及需对技术措施做某些变动时,必须报告有关人员批准并采取安全弥补措施,不得擅自决定。

(6)发生工伤事故应保护好现场立即上报。

(7)负责本作业区内环境卫生的清理,做到物清料净。

17.工人安全生产责任制

(1)树立安全第一思想,认真执行安全技术操作规程,有权拒绝违章指挥,不违章作业,不违反劳动纪律,真正做到"三不伤害"。

(2)正确使用安全防护用品,即进入现场必须戴好安全帽,高空作业必须系好安全带。

(3)积极参加安全生产各项活动,遵守安全生产规章制度。

(4)做好作业前安全检查,发现隐患立即排除或上报处理。

(5)听从领导或安全人员的指导,正确使用劳保用品用具,主动提出改进安全工作的意见。

(6)特种作业人员必须持证操作,新工人经三级安全教育后方可上岗作业。

（7）坚持安全第一、文明施工,维护好机具设备和各种安全防护装置。

（8）发生工伤事故,应立即报告,保护现场,积极抢救伤员。

（四）施工企业安全生产管理体系

建筑施工企业要结合安全生产责任制的落实,做到组织保证,制度保证以及资金、设施和设备保证,使安全生产保证体系得以顺利实施。

框图如下:

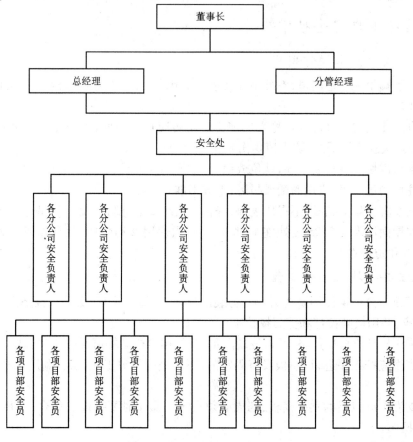

施工企业安全生产管理体系(例)

第四章　施工企业安全技术操作规程

为贯彻"安全第一,预防为主"的安全生产方针,提高建筑工人的安全技术素质,防止和减少安全生产事故,保障建筑工人的生命和健康。根据国家安全生产法律、法规及相关规定,结合施工企业的实际情况,施工企业需制定《安全技术操作规程》,其主要内容如下。

(一)各工种安全技术操作规程

1.瓦工安全技术操作规程

(1)上下脚手架应走斜道,不准站在砖墙上做砌筑、划线(勒缝)、检查大角垂直和清扫墙面等工作。

(2)砌砖使用的工具应放在稳妥的地方。斩砖应面向墙面,工作完毕应将脚手板和砖墙上的碎砖、灰浆清扫干净,防止掉落伤人。

(3)起吊砌块的夹具要牢固,就位放稳后,方可松开夹具。

(4)往坑槽运石料,应用溜槽或吊运,下方不准有人。

(5)站在脚手架上砌石,不得用大锤,修整石块时要戴好防护镜,不准两人面对面操作。

(6)在屋面坡度大于25度处施工时,挂瓦必须使用移动板梯,没有外架子时檐口应搭设防护栏杆和防护立网。

2.木工安全技术操作规程

(1)模板支撑不得使用腐朽、扭裂、劈裂的材料,顶撑要垂直,底端平整坚实,并加垫木。木楔要钉牢,并用横顺拉杆和剪刀撑拉牢。

(2)采用桁架支模应严格检查,发现严重变形、螺栓松动等情况应及时修复。

(3)支模应按工序进行,模板没有固定前,不得进行下道工序,禁止利用拉杆、支撑攀登上下。

(4)支设4 m以上的立杆模板,四周必须顶牢。操作时要搭设工作台,不足4 m的,可使用马凳操作。

(5)支设独立梁模应设临时工作台,不得站在柱模上操作和在梁底模上行走。

(6)拆除模板应经施工技术人员同意,操作时应按顺序分段进行,严禁猛撬、硬砸或大面积撬落和拉倒,完工前,不得留下松动和悬挂的模板。拆下的模板应及时送运到指定地点堆放。

(7)拆除薄腹梁、吊车梁、桁架等预制构件模板,应随加支撑支牢,防止构件倾倒。

(8)在坡度大于25度的屋面上操作,应设防滑梯、护身栏杆等防护措施。

3.钢筋工安全技术操作规程

(1)钢材、半成品等应按照规格、品种分别堆放整齐,制作场地要平整,工作台要稳固,照明灯具必须加网罩。

(2)拉直钢筋,卡头要卡牢,地锚要结实牢固,拉筋沿线2 m区域内禁止行人。

（3）展开盘圆钢筋要一头卡牢，防止回弹，切断时要先用脚踩紧。

（4）多人合运钢筋，起、落、转、停动作要一致，人工上下传送不得在同一垂直线上。钢筋堆放要分散、稳当，防止倾斜和塌落。

（5）在高空、深坑绑扎钢筋和安装骨架，须搭设脚手架和马道。

（6）绑扎立柱、墙体钢筋，不得站在钢筋骨架上和攀登骨架上下。柱筋在4 m以内，重量不大，可在地面或楼面上绑扎，整体竖起。柱筋在4 m以上，应搭设工作台柱梁骨架，应用临时支撑拉牢，以防倾倒。

（7）绑扎基础钢筋时，应按施工设计规定摆放钢筋支架或马凳上部钢筋，不得任意减少支架或马凳。

（8）绑扎高层建筑的圈梁、挑檐、外墙、边柱钢筋，应搭设外挂架或安全网。绑扎时挂好安全带。

（9）起吊钢筋骨架，下方禁止站人，待骨架降落离地1 m以内方准靠近，就位支撑好方可摘钩。

4. 混凝土工安全技术操作规程

（1）车子向料斗倒料，应有挡车措施，不得用力过猛或撒把。

（2）用井架运输时，小车不得伸出笼外，车轮前后要挡牢，稳起稳落。

（3）浇灌混凝土使用的溜槽及串筒节间必须连接牢固，操作部位应有护身栏杆，不得直接站在溜槽帮上操作。

（4）用输送泵输送混凝土，管道接头、安全阀必须完好，不得直接站在模板或支撑上操作。

（5）浇灌框架、梁、柱混凝土，应设操作台，不得站在模板或支撑上操作。

（6）浇圈梁、雨篷、阳台，应设防护措施，浇捣料仓，下口应先行封闭，并铺设临时脚手架，以防人员下坠。

（7）使用震动棒应穿胶鞋，湿手不得接触电源开关，电源线不得有破皮漏电。

（8）预应力灌浆，应严格按照规定压力进行，输浆管应畅通，阀门接头要严密牢固。

5. 抹灰工安全技术操作规程

（1）室内抹灰使用的木凳、金属支架应搭设平稳牢固，脚手板跨度不得大于2 m。架上堆放材料不得过于集中，在同一跨度内不应超过两人。

（2）不准在门窗、暖气片、洗脸池等器物上搭设脚手架。阳台部位粉刷，外侧必须挂设安全网，严禁在脚手架的护身栏和阳台栏板上操作。

（3）机械喷灰喷涂应戴好防护用品，压力表、安全阀应灵敏可靠，输浆管各接口应拧紧卡牢。管路摆放顺直，避免折弯。

（4）贴面使用预制件、大理石、瓷砖等，应堆放整齐平稳，边用边运。安装要稳拿稳放，待灌浆凝固稳定后，方可拆除临时支撑。

（5）使用磨石机，应戴绝缘手套穿胶靴，电源线不得破皮漏电，金刚砂块安装必须牢固，经试运转正常，方可操作。

6. 起重工安全技术操作规程

（1）起重指挥应由技术熟练、懂得起重机械性能的人员担任。指挥时应站在能够照顾到全面工作的地点,所发信号应事先统一,并做到准确、洪亮和清楚。

(2)所有人员严禁在起重臂和吊起的重物下面停留或行走。

(3)使用卡环应使长度方向受力,抽销卡环应预防销子滑脱,有缺陷的卡子严禁使用。

(4)起吊物件应使用交互捻制的钢丝绳,钢丝绳如有扭结、变形、断丝、锈蚀等异常现象,应及时降低使用标准或报废。

(5)使用绳卡,应将有压板的放在长头一面,其应用范围应符合规定。

(6)缆风绳应合理布置,松紧均匀,缆风绳与地锚连接后,应用绳卡轧死。

(7)吊装不易放稳的构件,应用卡环,不得用吊钩。

(8)装运易倒构件应用专用架子,卸车后应放稳搁实,支撑牢固。

(9)起吊屋架由里向外起板时,应先起钩配合降伸臂,由外向里起板时,应先起伸臂配合起钩。

(10)就位的屋架应搁置在道木或方木上,两侧斜撑一般不少于三道。禁止靠在柱子上。

(11)引柱子进杯口,撬棍应反撬。临时固定的楔子每边需二只,松钩前应敲紧。

(12)无缆风绳校正柱子应随吊随校。禁止将物件放在板形构件上起吊。

(13)吊装不易放稳的构件,应用卡环,不得用吊钩。

(14)三脚架(三木塔)下脚应相对固定,倒链应挂在正中,移动时应防止倾倒。

(15)用滚动法装卸车时,滚道的坡度不得大于 20 度,滚道的搭设应平整、坚实、接头错开。滚动速度不宜过快,必要时应设溜绳。在滚道一侧的车体下面应用枕木垫实。

(16)使用管子(滚杠)拖动设备,管子粗细应一致,其长度应比板宽度长 50 cm。填管子,大拇指应放在管子上表面,其他四指伸入管内,严禁戴手套和一把抓管子。

7. 架子工安全技术操作规程

(1)架子工属特殊工种,操作人员必须持证上岗作业。要定期体检,经医生诊断,凡患高血压、心脏病、贫血病、癫痫以及其他不适于高空作业疾病的人员,不得从事高空作业。

(2)高空作业衣着要灵便,禁止穿硬底和带钉或易滑的鞋。在靠近外电源线路进行搭设脚手架或其他架体时,当安全距离不符规范时,必须采取防护措施,增设围栏或保护网,并悬挂醒目的警告标志牌。

(3)高空作业所用材料要堆放平稳,工具应随手放入工具袋(套)内,上下传递物件禁止抛掷。

(4)钢管脚手架应用外径 48~51 mm、壁厚 3~3.5 mm 的钢管,长度以 4~6.5 m 和 2.1~2.3 m 为宜,有严重锈蚀、弯曲、压扁或裂纹的不得使用。

(5)钢管脚手架的立杆应垂直稳放在金属底座或垫木上。立杆间距不得大于 2 m,大横杆间距不得大于 1.2 m,小横杆间距不得大于 1.5 m。钢管立杆、大横杆接头应错开,要用扣件连接拧紧螺栓,不准用铁丝绑扎。

(6)抹灰、勾缝、油漆等外装修用的脚手架,宽度不得小于 0.8 m,立杆间距不得大于 2 m,大横杆间距不得大于 1.8 m。

(7)脚手架的负荷量,每平方米不能超过 270 kg,如负荷量必须加大,应按照施工方案进行架设。

(8)脚手架两端、转角处以及每隔 6~7 根立杆应设剪刀撑和支杆。剪刀撑和支杆与地面的角度应不大于60度,支杆底端要埋入地下不小于30 cm,架子高度在7 m以上或无法设支杆时,每高4 m,水平隔7 m,脚手架必须同建筑物连接牢固。

(9)架子的铺设宽度不得小于1.2 m,脚手架须铺满,离墙面不得大于20 cm,在架子拐弯处脚手板应交叉搭接。垫平脚手板应用木块,并且要钉牢,不得用砖垫。

(10)翻脚手板应由里向外按顺序进行,在铺第一块和翻到最外一块脚手板时,必须挂牢安全带。

(11)脚手架、井架、门架安装完毕,必须经施工负责人验收合格后方准使用。

(12)拆除脚手架大横杆,周围应设围栏或警戒标志,并设专人看管,禁止人员入内。拆除应按顺序由上而下,一步一清,不准上下同时作业。

(13)拆除脚手架大横杆、剪刀撑,应先拆中间扣,再拆两头扣,由中间操作人往下顺杆子。

(14)拆下的脚手杆、脚手板、钢管、扣件、钢丝绳等材料,应向下传递或用绳吊下,禁止往下投扔。

8.油漆玻璃工安全技术操作规程

(1)各类油漆和其他易燃、有毒材料,应存放在专用库房内,不得与其他材料混放。挥发性油料应装入密闭容器内妥善保管。

(2)库房应通风良好,不准住人,并设置消防器材和"严禁烟火"明显标志。

(3)使用煤油、汽油、松香水、丙酮等调配油料,应戴好防护用品,严禁吸烟。

(4)沾染油漆的棉纱、破布、油纸等废物,应收集存放在有盖的金属容器内,及时处理。

(5)在容器或室内喷涂,要保持通风良好,喷漆作业周围不准有火种。

(6)刷外开窗扇,必须将安全带挂在牢固的地方,刷封檐板、水落管等应搭设脚手架或吊架。在坡度大于25度的铁皮屋面上刷油,应设置活动板梯、防护栏和安全网。

(7)使用喷浆机,手上沾有浆水时,不准开关电闸,以防触电。喷嘴堵塞,疏通时不准对人。

9.电工安全技术操作规程

(1)所有绝缘、检验工具,应妥善保管,严禁它用,并应定期检查、校验。

(2)多台配电箱(盘)并列安装时,手指不得放在两盘的接合处,也不得触摸连接螺孔。

(3)剔槽打眼时,锤头不得松动,铲子应无卷边、裂纹,戴好防护眼镜。楼板、砖墙打透眼时,板下、墙后不得有人靠近。

(4)登杆前,杆根应夯实牢固。登杆操作脚扣应与杆径相适应。使用脚踏板,钩子应向上。安全带应栓于安全可靠处,扣环扣牢,不准拴于瓷瓶或横担上。工具、材料应用绳索传递,禁止上下抛扔。

(5)用摇表测量绝缘电阻,应防止有人触及正在测定中的线路或设备。雷电时禁止测定线路绝缘。

(6)在高压带电区域内部分停电工作时,人体与带电部分应保持安全距离,并需有人监护。

(7)电气设备的金属外壳必须接地或接零。电气设备所用保险丝(片)的额定电流应与其负荷相适合。禁止用其他金属线代替保险丝(片)。

(8)有人触电,立即切断电源,进行急救;电气着火,应立即将有关电源切断,使用泡沫灭火器或干沙灭火。

10.电焊工安全技术操作规程

(1)电焊机外壳必须接地良好,其电源的装拆应由电工进行。

(2)电焊机要设单独的开关,开关应放在防雨的闸箱内,拉合时应戴手套侧向操作。

(3)焊钳与把线必须绝缘良好,连接牢固,更换焊条应戴手套。在潮湿的地点工作,应站在绝缘板或木板上。

(4)严禁在带压力的容器或管道上施焊。焊接贮存过易燃、易爆、有毒物品的容器或管道,必须清除干净,并将所有孔口打开。

(5)在密封金属容器内施焊时,容器必须可靠接地,通风良好,并应有人监护。

(6)把线、地线禁止与钢丝绳接触,更不得用钢丝绳或机电设备代替零线。所有地线接头必须连接牢固。

(7)更换场地移动焊机时,应切断电源,并不得手持把线爬梯登高。

(8)施焊场地周围应清除易燃、易爆物品或覆盖、隔离,雷雨时,应停止露天焊接作业。

(9)工作结束,应切断焊机电源,并检查操作地点,确认无起火危险后,方可离开。

11.管道工安全技术操作规程

(1)用车辆运输管材、管件时,要绑扎牢固,人力搬运,起落要一致,用滚杠运输,要防压脚,并不准用手直接调整滚杠,管子滚动前方不得有人。

(2)用克子切断铸铁管,应戴好防护眼镜,克子顶部不得有卷边裂纹。

(3)用锯弓、切管器、砂轮切管机切割管子,要垫平卡牢,用力不得过猛,临近切断时,用手或支架托住。砂轮切管机砂轮片应完好,操作时应站侧面。

(4)管子煨弯,沙子必须烘干,装沙架子要搭设牢固,并设栏杆,用机械敲打时,下面不得站人,人工敲打的上下要错开。管子加热时,管口前不得有人。

(5)套丝工作要支平夹牢,工作台要平稳,两人以上操作,动作应协调,防止柄反打人。

(6)沟内施工,遇有土方松动、裂缝、渗水等,应及时加设固壁支撑,禁止用固壁支撑代替上下扶梯和吊装支架。

(7)人工往沟槽内下管,所用索具、地桩必须牢固,沟槽内不得有人。

(8)用电锤、錾子打透眼时,板下、墙后不得有人靠近。

(9)管道吊装时,倒链应完好可靠,吊件下方禁止站人,管子就位卡牢后,方可松倒链。

(10)在锅炉上汽包内胀管时,花板孔、管孔须盖好,夏天胀管应有通风设备。

(11)新旧管线相连时,要弄清旧管线内可能有的易燃、易爆和有毒物质,并清除干净,经有关部门检试许可后,方可操作。

(12)管道试压,应使用经校验合格后的压力表。操作时,要分级缓慢升压,停泵稳压后方可进行检查。非操作人员不得在盲板、法兰、焊口、丝口处停留。

(13)管道吹扫、冲洗时,应缓慢开启阀门,以免管道内物料冲击,产生水锤、汽锤。

12. 气焊工安全技术操作规程

(1)施焊场周围应清除易燃易爆物品,或进行覆盖、隔离。

(2)氧气瓶、氧气表及焊接工具上,严禁沾染油脂。压力表及安全阀要按期校验。

(3)乙炔发生口不得放置在电线的正下方,与氧气瓶不得同放一处。距易燃、易爆物品和明火的距离,不得少于 10 m。

(4)点火时,焊枪口不准对人,正燃烧的焊枪不得放在工件或地面上。

(5)氧气瓶应有防震胶圈,旋紧安全帽,避免碰撞和剧烈震动,并防止曝晒。

(6)不得手持连接胶管的焊枪爬高,严禁在带压的容器或管道上焊割,带电设备应先切断电源。冻结应用热水器或水蒸气加热解冻,不准用火烤。

(7)工作完毕,应将氧气瓶气阀关好,拧上安全罩,检查操作场地,确认无着火危险,方准离开。

(8)乙炔气气瓶瓶阀必须密封严密,瓶座、护罩应齐全。

(9)气瓶在使用过程中应平稳放置在空气流通的地面上,与氧气瓶的距离不得小于 5 m,与明火、热源的距离必须在 10 m 以上。

(10)瓶内残液应退回充气站处理,严禁随便倾倒。

13. 机械工安全技术操作规程

(1)工作环境应干燥整洁,不得堵塞通道。

(2)清洗用油、润滑油脂及废油脂,必须在指定地点存放,废油、废棉纱不准随地乱扔。

(3)扁铲、冲子等尾部不准淬水,出现卷边裂纹时应及时处理,剔铲工件时应防止铁屑飞溅伤人,活动扳手不准反向使用,打大锤时不准戴手套,在大锤甩转方向上不准有人。

(4)用台钳夹工作,应夹紧夹牢,所夹工件不得超过钳口最大行程的三分之二。

(5)机械解体要用支架,架稳垫实,有回转机构者要卡死。

(6)修理机械应选择平坦坚实地点存放,支撑牢固和楔紧,使用千斤顶时,必须用支架垫稳。

(7)检修中的机械,非检查人员,一律不准发动或转动。检查中不准将手伸进齿轮箱或用手指找正对孔。

(8)试车时应随时注意各种仪表、声响等,发现不正常情况,应立即停车。

14. 起重指挥信号工操作规程

(1)吊运指挥人员必须年满 18 周岁(含 18 岁),无色盲症,听力能满足工作条件要求,身体健康。

(2)指挥信号人员必须经上级部门培训合格,取得岗位操作证后,方可从事指挥。

(3)指挥人员与司机联络时应做到准确无误。对指定的起重机械,必须熟悉技术性能后方可指挥并对负责载荷重量计算和索具吊具正确选择。

(4)在用对讲机或手语指挥起吊时,待负载离开地面 10～20 cm 时,停止起升,进行试吊,确认安全可靠后,方可用正常起升信号指挥。

(5)指挥人员在发出吊钩或负载下降信号时,应有保护负载降落地点的人身、设备安全措施。

（6）在高处指挥时,指挥人员应严格遵守高处作业安全要求。

（7）指挥人员选择指挥位置时应做到:

①保证与起重机司机之间视线清楚;

②在所指定的区域内,应能清楚地看到负载;

③指挥人员应与被吊运负载保持安全距离;

④当指挥人员不能同时看见起重机司机和负载时,应站到能看见起重机司机的一侧,并增设中间指挥人员传递信号。

（二）机具设备操作规程

1. 调直机安全操作规程

（1）机械上不准堆放物件,以防机械震动落入机体。

（2）按调直钢筋的直径,选用适当的调直块及传动速度,经调试合格,方可送料。

（3）在调直块未固定,防护罩未盖好前不得送料。作业中严禁打开各部防护罩及调整间隙。

（4）钢筋装入压滚,手与滚筒保持一定距离,机器运转中不得调整滚筒。严禁戴手套操作。

（5）钢筋调直到末端时,人员必须躲开,以防甩动伤人。

（6）短于 2 m 或直径大于 9 mm 的钢筋调直,应低速加工。

2. 对焊机安全操作规程

（1）焊接前,应根据所焊钢筋的截面,调整二次电压,不得焊接超过对焊机规定直径的钢筋。

（2）断路器的接触点,电极应定期光磨,二次电路全部连接,螺栓应定期紧固。冷却水温度不得超过 40℃,排水量应根据温度调节。

（3）焊接较长钢筋时,应设置托架,配合搬运钢筋的操作人员,在焊接时要注意防火花烫伤。

（4）闪光区内应设挡板,焊接时无关人员不得入内。

（5）冬季施工时,室内温度不得低于 8 ℃。作业后,应放尽机内冷却水。

（6）作业后,应切断电源锁好电闸箱。

3. 钢筋切断机安全操作规程

（1）使用前,必须检查切刀有无裂纹,刀架螺栓紧固,防护罩牢靠,然后用手转动皮带轮,检查齿轮啮合间隙,调整切刀间隙,同时,应加足润滑油。

（2）启动后,先空运转,检查各传动部分及轴承运转正常后,方可作业。

（3）机械未达到正常转速时不得切料。切料时,必须使用切刀的中下部位,紧握钢筋对准刃口迅速送入。

（4）不得剪切直径及强度超过机械铭牌规定的钢筋和烧红的钢筋。一次切断多根钢筋时,总截面面积应在规定范围内。

（5）剪切低合金钢时,应换高硬度切刀。直径应符合铭牌规定。

（6）切断短料时,手和切刀之间的距离应保持 15 cm 以上,如手握端小于 40 cm 时,应用套管或夹具将钢筋短头压住或夹牢。

(7)运转时,严禁用手直接清除切刀附近的断头和杂物。钢筋摆动时周围和切刀附近非操作人员不得停留。

(8)发现机械运转不正常,如有异响或切刀歪斜等情况,应立即停机检修。

(9)作业后,应切断电源,锁好电闸箱,并清除切刀间的杂物进行整机清洁保养。

4. 钢筋弯曲机安全操作规程

(1)按加工的钢筋的直径和弯曲半径的要求装好芯轴、成型轴、挡铁轴或可变挡架,芯轴直径应为钢筋直径的 2.5 倍。

(2)检查芯轴,挡块、转盘应无损坏,没有裂纹,防护罩坚固可靠,经空运转确认正常后,方可作业。

(3)作业时,将钢筋需弯的一头插在转盘固定销的间隙内,另一头紧靠机身固定销,并用手压紧,检查机身固定销子确实安在挡住钢筋的一侧,方可开动。

(4)作业时,严禁更换芯轴、销子和变换角度以及调整等作业,亦不得加油和清扫。

(5)弯曲钢筋时,严禁超过本机规定的钢筋直径、根数及机械转速。

(6)弯曲高强度或低合金钢筋时,应按机械铭牌规定换算最大限度直径并调换相应的芯轴。

(7)严禁在弯曲钢筋的作业半径内和机身不设固定销的一侧站人。弯曲好的半成品应堆放整齐,弯钩不得朝上。

(8)转盘换向,必须在停稳后进行。

(9)作业后,应关掉电源,锁好电闸箱。

5. 圆盘锯安全操作规程

(1)操作前应进行检查,锯片不得有裂口,螺丝应上紧,锯盘护罩、分料器、防护挡板安全装置和传动部位防护应齐全有效。

(2)操作时应戴防护眼镜,站在锯片一侧,禁止站在与锯片同一直线上,手臂不得跨越锯片。

(3)进料必须紧贴靠山,不得用力过猛,遇硬节慢推,接料要待料出锯片 15 cm,不得用手硬拉。

(4)短窄料应用推棍,接料使用刨钩,超过锯片半径的木料禁止上锯。

(5)无人操作时,切断电源。

6. 平刨机安全操作规程

(1)平刨机必须有安全防护装置,否则禁止使用。

(2)刨料时应保持身体稳定,双手操作。刨大面时手要按在料上面,刨小面时手指不低于料高的一半,并不得小于 3 cm,禁止手在料后推送及戴手套操作。

(3)刨削量一次不得超过 1.5 mm,进料速度保持均匀,经过刨口时用力要轻,禁止在刨刀上方回料。

(4)刨厚度小于 1.5 cm、长度小于 30 cm 的木料,必须用压板或推棍,禁止用手推进。

(5)无人操作时,切断电源。

7. 塔吊起重机安全操作规程

(1)作业前,应重点检查以下事项:

①机械结构外观与传动机构应正常;

②润滑部位正常;

③钢丝绳磨损情况及穿绕滑轮符合规定;

④电源及控制部位正常;

⑤各种安全装置正常。

(2)操纵控制器时应依次逐级操作,变换运动方向时,应先将控制器转至零位,严禁急开急停。

(3)指挥和操作必须遵循严格的工作秩序,先指挥后操作,同时,指挥人员必须到位指挥。

(4)吊装前,指挥人员必须先确认所吊物件捆绑安全可靠后,才能下达操作指令。

(5)提起的重物平移时,应高出其跨越的障碍物0.5 m以上。

(6)附着装置在塔身和建筑物上的框架,必须固定可靠,不得有任何松动。

(7)当风力达到六级及以上时,应停止作业,并采取相应措施避免受损。

(8)作业后,应将控制开关拨至零位,然后关掉电源总开关,锁好电闸箱。

(9)起重吊装"十不吊":

①超负荷不吊;

②歪拉斜吊不吊;

③指挥信号不明不吊;

④安全装置失灵不吊;

⑤重物越过人头不吊;

⑥光线阴暗看不清吊物不吊;

⑦埋在地下的物件不吊;

⑧吊物上站人不吊;

⑨捆绑不牢、不稳不吊;

⑩重物边缘锋利无防护措施不吊。

8. 井架(龙门架)安全操作规程

(1)卷扬机应安装在平整坚实、视野良好的地点,机身与地锚必须牢固,从卷扬机滚筒中心线到第一个导向滑轮的距离,带槽卷筒应大于卷筒宽度的15倍,无槽卷筒应大于20倍。

(2)作业前,应检查钢丝绳、离合器、制动器、保险棘轮、移动滑轮等确认安全可靠,方准操作。

(3)钢丝绳在卷筒上必须排列整齐。作业中最少需保留三圈,不准有人跨越卷扬机的钢丝绳。

(4)吊运重物需在空中停留时,除使用制动器外,还应挂牢安全停靠装置。

(5)持证上岗,严禁无证操作,严禁擅自离开岗位。

(6)工作中要听从指挥人员的信号,信号不明或可能引起事故时应暂停操作,待弄清情况后方可继续作业。

(7)作业中突然停电,应立即拉开闸刀,将运送物放下。

9.施工电梯安全操作规程

(1)作业前应重点检查:

①各部结构应无变形;

②连接螺栓无松动;

③节点无开焊,装配正位,附壁牢固,站台平整;

④各部钢丝绳磨损未超出要求,固定良好;

⑤运行范围内无障碍。

(2)启动前,检查地线、电缆应完整无损,控制开关应在零位,电源接通后,检查电压正常,机件无漏电,试验各限位装置,电梯笼门、围护门等主要的电器连锁装置良好可靠,电器仪表灵敏有效。经过启动,情况正常,即可进行空车升降试验,测定各传动机构和制动器的效能。

(3)电梯笼内乘人或载物时,应使载荷均匀分布,防止偏重,严禁超载运行。

(4)电梯只能由专业操作人员操作,作业前应鸣声示意。

(5)电梯运行中如发现机械有异常情况,应立即停机检查,排除故障后方可继续运行。

(6)电梯在大雨、大雾和六级以上大风时应停止运行,并将电梯笼降到底层,切断电源。暴风雨后,应对各有关安全装置进行全面检查。

(7)电梯运行到最上层和最下层时,严禁以行程限位开关自动停车来代替正常操作按钮的使用。

(8)作业后,将电梯笼降到底层,各控制开关拨到零位,切断电源,锁好电闸箱,闭锁电梯笼门和围护门。

10.砂浆搅拌机安全操作规程

(1)作业前,检查搅拌机的传动部位,工作装置,防护装置等均应牢固可靠,操作灵活。

(2)启动后,先经空运转,检查搅拌叶旋转方向正确,方可加料加水进行搅拌作业。

(3)运转中不得将手或木棒等伸进搅拌筒内或在筒口清理灰浆。

(4)作业中如发生故障不能继续运转,应立即切断电源。将筒内灰浆倒出,进行检修排除故障。

(5)作业后,应做好搅拌机内外的清洗、保养及场地的清洁工作,切断电源,锁好箱门。

11.混凝土搅拌机安全操作规程

(1)搅拌机必须安置在坚实的地方,用支架或支脚筒架稳,不准以轮胎代替支撑。

(2)开动搅拌机前检查离合器、制动器、钢丝绳等应良好,拌筒内不得有异物。

(3)操作手柄保险装置应灵敏、可靠。

(4)进料斗升起时,严禁任何人在料斗下通过或停留,工作完毕后应将料斗固定好。

(5)运转时,严禁将工具伸进拌筒内。

(6)严禁无证操作,严禁操作时擅自离开工作岗位。

(7)现场检修时,应固定好料斗,切断电源。进入拌筒时,外面应有人监护。

(8)工作完毕后应清洗机身混凝土,做好润滑保养,切断电源,锁好箱门。

12. 混凝土泵车安全操作规程

(1)启动前应对机械系统各部位认真进行检查,确认良好后方可启动。出车时必须带好必要的工具及附属品。

(2)泵车设置地面应坚实,支撑好后车身应保持水平。

(3)在未支撑好脚前严禁使用悬臂。

(4)混凝土泵车的悬臂不得起吊重物。

(5)风速达 10 m/s 及以上时禁止使用悬臂。

(6)液压系统拆修前,应先消除系统内残余压力。

(7)用水(气)压清洗混凝土管道内的混凝土时,管端处严禁站人。

(8)遵守机器使用说明书的有关规定。

13. 布料机的安全操作规程

(1)当风速超过 13.8 m/s(6 级风)时,严禁布料机工作。当风速超过 7.78 m/s(四级风)时,严禁布料机装拆,内爬顶升。

(2)布料机应与高压线及电器保持一定距离。

(3)端部浇注软管必须系好安全绳,禁止使用长度超过 3 m 的末端软管浇注,不得将软管插入浇注的混凝土中,严格按照布料机范围工作。

(4)布料机工作时臂架下方不准站人。

(5)液压系统压力不得超过 25 MPa。

(6)严禁在输送管及油管内有压力时打开管接头。

(7)严禁将端部软管拆掉,让臂架和另一刚性输送管路连接。

(8)回转过程中,严禁在整机未停稳时刹车或做反向运转。回转处接头管箍不可固定太紧,保证转动灵活,每班次须清理、润滑回转接头管箍密封一次。

(9)检修或保养时,应切断地面电源,不准带电检修保养。

(10)工作结束时必须将臂架收合、挂好安全钩、大臂水平放置、切断地面电源。

第五章 施工企业的安全管理方针和目标

安全目标管理是依据行为科学的原理,以系统工程理论为指导,以科学方法为手段,围绕企业生产经营总目标和上级对安全生产的考核指标及要求,结合本企业中长期安全管理规划和近期安全管理状况,制订出一个时期(一般为一年)的安全工作目标,并为这个目标的实现而建立安全保证体系、制定一系列行之有效的保证措施。安全目标管理的要素包括目标确定、目标分解、目标实施、检查考核四部分。

施工单位实行安全目标管理,有利于激发职工在安全生产工作中的责任感,提高职工安全技术素质,促进科学安全管理方式的推行,充分体现了"安全生产,人人有责"的原则使安全管理工作科学化、系统化、标准化和制度化,实现安全管理全面达标。

(一)施工企业安全管理目标的内容

(1)生产安全事故控制目标。施工企业可根据本单位生产经营目标和上级有关安全生产指标确定事故控制目标,包括确定死亡、重伤、轻伤事故的控制指标。

(2)安全达标目标。施工企业应当根据年度在建工程项目情况,确定安全达标的具体目标。

(3)文明施工实现目标。施工企业应当根据当地主管部门的工作部署,制定创建省级、市级安全文明工地的总体目标。

(4)其他管理目标。如企业安全教育培训目标、行业主管部门要求达到的其他管理目标等。

(二)企业方针目标管理包括方针目标的制订、展开、动态管理和考评四个环节

1.方针目标的制订

1)方针目标制订的要求

(1)企业的方针是由总方针、目标和措施构成的有机整体。

总方针是指企业的导向性要求和目的性方针,是企业各类重点目标的归总和概括;目标是指带有激励性的定量化目标值;措施是指对应于目标的具体对策。

所以企业制定的方针应包括总方针、目标和措施三个方面,并使其有机统一起来。

(2)企业方针目标内容可以包括:质量品种、利润效益、成本消耗、产量产值、技术进步、安全环保、职工福利、管理改善等项目。应根据实际情况选择重点、关键项目作为目标。

(3)目标和目标值应有挑战性,即应略高于现有水平,至少不低于现有水平。

(4)在指导思想上要体现以下原则:长远目标和当前目标并重,社会效益和企业效益并重,发展生产和提高职工福利并重。

2)方针目标制订的依据

(1)顾客需求和市场状况;

(2)企业对顾客、对公众、对社会的承诺;

(3)国家的法令、法规与政策;

(4)行业竞争对手情况;

(5)社会经济发展动向和有关部门宏观管理要求;

(6)企业中长期发展规划和经营目标;

(7)企业质量方针;

(8)上一年度未完成的目标及存在的问题。

3)方针目标制订的程序

(1)宣传教育;

(2)搜集资料、提出报告;

(3)确定问题点;

(4)起草建议草案;

(5)组织评议;

(6)审议通过。

4)方针目标的修改

由于主客观环境产生变化导致方针的修改,必须遵循一定的程序,并有一定的时间要求,不可带随意性。

2.方针目标的展开

方针目标展开指把方针、目标、措施逐层进行分解,加以细化、具体落实。

1)方针目标展开的要求

(1)用目标来保证方针,用措施保证目标。

(2)纵向按管理层次展开;横向按关联部门展开。

(3)坚持用数据说话,目标值尽量量化。

(4)一般方针展开到企业和部门(或车间)两级,目标和措施展开到考核层为止。

(5)每个部门要结合本部门的问题点展开目标,立足于改进。

2)方针目标展开的程序

第一步:横向展开。通过矩阵图,把涉及厂级领导、部门、车间之间关系的重大目标措施排列成表,明确责任(负责、实施、配合)和日期进度要求。

第二步:纵向展开。一般采用系统图方法,自上而下地逐级展开,以落实各级人员的责任。纵向展开的四个层次如下。

从最高管理者展开到管理层(含总工、总质量师、管理者代表);管理层展开到各分管部门(车间);部门(车间)展开到班组或岗位(含管理人员);班组或岗位将目标展开到措施为止。

班组是企业最基本的基层单位,班组的目标管理的开展是企业方针目标管理的基础环节。班组目标的展开,应围绕班组目标组织开展班组建设、民主管理、自主管理和 QC 小组活动。

第三步:开展协调活动。

第四步:规定方针目标实施情况的经济考核办法,经济责任制的考核内容必须与方针目标的实施活动相符合。

第五步:举行签字仪式。各级负责人与目标项目的责任人在目标管理实施文件上签字确认。

3.方针目标的动态管理

(1)下达方针目标计划任务书。包括:方针目标展开项目,即重点实施项目;协调项目,即需要配合其他部门或车间完成的项目;随着形势的变化而变更的项目。

(2)建立跟踪和分析制度。

(3)抓好信息管理。

(4)开展管理点上的 QC 小组活动。

(5)加强人力资源的开发和管理。

4.方针目标的考评

1)方针目标管理的考核

通过对上一时段的成果和部门、职工做出的贡献进行考查核定,借以激励职工,为完成下一时段的目标而奋进。考核的对象包括企业的基础单位、职能部门、班组和个人。考核的内容通常包括:

(1)根据目标展开的要求,对目标和措施所规定进度的实现程度及员工工作态度、协作精神进行的考核;

(2)根据为实现目标而建立的规章制度,对其执行情况进行的考核。

考核一般分为月度和季度进行。

2)方针目标管理的评价

方针目标管理的评价是通过对本年度(或半年)完成的成果,审核、评定企业、基础单位、部门和个人为实现方针目标管理所做的工作,借以激励职工,为进一步推进方针目标管理和实现方针目标而努力。方针目标管理的考核和评价区别在于考核是在执行中进行的,评价是把全过程的综合情况与结果联系起来进行综合评价。

评价内容包括:

(1)对方针及其执行情况的评价;

(2)对目标(包括目标值)及其实现情况的评价;

(3)对措施及其实施情况的评价;

(4)对问题点(包括在方针目标展开时已经考虑到的和未曾考虑到而在实施过程中出现的)的评价;

(5)对各职能部门和人员协调工作的评价;

(6)对方针目标管理主管部门工作的评价;

(7)对整个方针目标管理工作的评价。

评价时还应考虑制订或修订本身的正确性。

3)方针目标管理的诊断

方针目标管理的诊断是对企业方针目标的制订、展开、动态管理和考评四个阶段的全部或部分工作的指导思想、工作方针和效果进行诊察,提出改进建议和忠告,并在一定条件下帮助实施,使企业的方针目标管理更加科学、有效的管理活动。

方针目标管理诊断的主要内容包括:

（1）实地考核目标实现的可能性，采取应急对策和调整措施；

（2）督促目标的实施，加强考核检查；

（3）协调各级目标的上下左右关系，以保持一致性；

（4）对部门方针目标管理的重视和实施程度做出评价，提出修改建议。

（三）方针目标管理案例分析

某大型建设项目建筑面积 3 万多 m^2，投资总额 9 000 余万元。工期要求当年施工当年投产试运行。

根据集团公司的要求，为实现既定目标，在该项目施工过程中推广方针目标管理，顺利地完成该项工程施工任务，并取得了良好的企业效益和社会效益。该企业的具体作法如下。

1.问题的提出

承建该工程项目，是集团公司多年施工遇到的首次，缺乏施工该项工程的经验，工程量大，工期短。如何安排施工工序，合理配置和使用各类资源完成合同标的各项经济技术指标，为施工提出新的课题。

1）从外部环境分析

一是工程量大，作业现场战线长；二是该项建筑物基础持力层承载力没有达到设计要求，需地基换土。

2）从企业内部条件分析

一是多个作业队、作业班交叉作业；二是企业内部员工的综合素质偏低，文化程度参差不齐；三是企业员工岗位的"应知应会"和技术的熟练程度有待提高；四是企业员工适应现代化施工理念的转变，及掌握现代化管理方法的知识有待加强。

上述问题如不及时解决，必定影响企业今后施工任务目标的实现。企业项目部决定：在该建设工程施工上推广目标管理。

2.夯实基础做好方针目标管理实施准备

抓好推广方针目标管理基础准备工作，是实施目标管理的重要前提，方针目标管理在施工中的良好运用，是实现合同标的各项经济指标的完成，最终满足顾客要求，取得良好的企业效益和社会效益的重要保证。

1）积极开展员工综合素质教育

（1）积极开展全体员工"解放思想，更新观念"的思想教育，破除传统落后的施工思维模式和管理办法，适应新形势下现代化管理的新理念，调动全体员工的积极性，为推广目标管理在施工企业中的应用，打下了坚实的思想基础。

（2）积极开展文化、技术、技能和业务培训，通过对各层管理人员、各工种员工的岗前培训，实现全员职工熟练掌握本岗位的"应知应会"，为全员职工参与目标管理，创造顾客满意产品提供技术技能上的保证。

（3）开展各种现代化管理方法知识的普及，实现职工对有关现代化管理方法的了解，对推行方针、目标管理方法及其他所要掌握的网络技术和决策树法、量本利分析法、成本分析法、排列图法、鱼刺图法、控制图法等科学的管理方法，应达到熟知和运用的程度。

2）教育方法的多样性

（1）采用上级公司、项目部、作业队、施工班组的四级教育。以上级公司、项目部短期脱产培训教育为主,作业队、施工班组教育为辅的原则进行培训教育。

(2)因人制宜,灵活分层施教,根据员工不同的文化程度和职工对现代化管理知识掌握的广度与深度的不同,采用多样的教育形式,开展科学管理方法的普及教育。除两级公司的短期脱产培训外,在施工过程中多次开展现代化管理方法知识问答竞赛,岗位练兵和比武,合理化建议及 QC 小组活动。

(3)领导重视、亲自抓。建立职工培训领导小组,制定培训制度,编制培训计划,落实培训教员和培训教材,责任落实到人头。对教员与教材的落实,采用请进来,走出去的作法,请专业人员授课,企业职工走出去学习。

3)建立实施方针目标管理责任制

方针目标管理是企业全员参与、全方位、全过程的管理。明确各类人员实施目标管理工作责任,是实现推广方针目标管理的重要保证。

结合企业的实际,针对不同岗位员工,把推广目标管理责任制落实到员工个人的头上。在责任制文本定性的基础上,增加每人量化目标的内容,明确员工参与目标管理的任务、责任、目标与权利,并与经济责任制相联系,与经济利益相挂钩,调动职工积极参与目标管理,为推广方针目标管理,在制度上提供保证。

4)完善计量管理

计量工作是施工企业保证最终产品质量和合理配置生产资料资源的重要监控手段之一,依照目标管理要求,采取如下措施。

(1)成立计量领导小组,制定计量器具配备、使用、保管、检验及数理统计制度,保证满足施工的要求。

(2)建立计量运行网络图,保证对能耗、物流、工艺过程、工程质量和经营管理实现有效的跟踪、检验与监控。

5)完善信息工作

根据方针目标管理的需要,采取如下措施。一是建立信息库,分配专人负责目标管理信息的收集、汇总、贮存、传递、分析、处理,并实现信息管理系统化、微机化;二是完善信息管理全过程的闭路反馈体系,为领导及有关部门的决策、过程控制及结果评价及时提供准确信息与证据。

6)完善核算体系建设

完善核算体系是推行方针、目标管理的需要,是施工过程监控、结果评价、实现企业目标的重要手段。通过货币资金预算管理,实现对资金使用与配置有效的控制与监督,促进投入产出的良性运转,实现节支增收的目标;根据工程施工图预算制定成本目标计划,实现工程成本、质量成本、安全成本、采购成本等分项成本的有效监控,为实现企业目标提供保证。

完善核算体系的方法,一是根据方针、目标管理、目标指数的确定,建立项目部、作业队、作业班三级核算制度。二是制定奖罚制度,节支有奖,超支要罚,激励先进。

3.方针目标的确定与展开

1)方针的制定

根据方针、目标管理的要求,结合项目部的实际、顾客的要求及承建工程的特点,确立企业的方针。以满足顾客要求赢得市场;以科学管理实现全部承诺;以持续改进得不断发展;以营造精品为永恒的追求。

2）目标的确定

（1）顾客的满意率达到100%、单位工程一次交验合格率100%。

（2）分项分部工程一次交验合格率达到95%以上。

（3）施工合同履约率达到100%。

（4）经营成果与上年相比有一定的增收，每班节支万元。

3）目标分解

为确保总体目标的实现，将项目部确立的方针目标逐级分解，做到横向到边，纵向到底，完善目标管理体系。

将总目标横向细分为环境安全与健康、生产与技术、质量与标准化、经营与管理、思想政治工作五个方面，设立分指标；纵向按五级展开；五个方面的分指标为二级目标，由项目部领导担任责任者，二级责任者细化分解分管目标，向工程施工的作业队经理、施工长下达与分解目标；三级目标责任者可根据承担的目标、任务，再分解逐级下达到班组和个人。实现目标按层次分解到人，做到目标从上到下逐级分解，指标从下而上层层有保证。

方针目标体系的确立与展开，多层次、全方位地将项目部领导及每个员工职责、工作范围、奋斗目标等全部纳入了目标管理体系之中，体现了互相监督、互相协调、互相保证、层层负责、一级保一级，确保项目部经济技术目标的实现。

4. 方针、目标管理实施过程中的控制与管理

企业在目标分解的基础上，加强实施过程中的有效控制与管理，来保证总体目标的实现。

1）制定行之有效的实施措施

企业在施工方案备选上，采用决策树法优化施工方案；在施工工序上，采用网络技术找出施工的关键路线图；在质量管理上，推行全质管理，建立质量保证体系；在材料采购、供应上，采用看板管理；在成本管理上，根据施工图预算，制定成本目标计划，找出影响目标实现的薄弱环节，有针对性制定实施对策，明确责任到人。建立目标责任制，层层签订承包合同，执行效益、安全、质量否决权与经济利益相挂钩，实行绩效工资，工资奖金采用计质计量计工法、增收节支计奖法。

2）健全考核机制，严格检查与诊断

为顺畅地实现方针目标管理在建设工程施工中的应用与实施，企业成立方针目标实施、诊断领导小组及与之相配套的综合管理考评小组。根据方针目标管理体系的要求，细化考核、诊断内容和考核办法，坚持专项考核与综合考核，随机考核与重点考核相结合的原则，认真检查诊断方针目标计划的实施和对策落实状况，及时发现问题，及时纠偏，以此实现对方针目标实施运行的有效控制。

3）采用PDCA法进行控制

在方针目标实施中，企业采用PDCA方法，分四个阶段八个步骤，循环式地对目标实施进行有效的控制。单位工程、子单位工程的八个分部工程，按工序要求实施滚动管理，每一个分部工程进行二次小循环，一次大循环，通过大环套小环，小环含于大环，周而复始对施工进行滚动管理，环环相扣，使建设施工全过程、全方位地始终处于受控状态，使施工管理时刻保持良性循环，每个循环周期都有一个新的提高。

在每次周期完成后，根据数据信息资料和诊断检查的结果，综合利用其他现代化管理办

法对运行效果进行评估,及时纠正、控制目标管理运行方向。

采用排列图法找出存在的问题;运用鱼刺图法分析产生问题的主要原因;利用"A、B、C"方法找出关键的少数、次要的多数及它们的关系,寻找影响目标实施的关键点,为下次循环、修正决策计划提供纠正依据。

4)开展课题攻关和群众合理化建议活动

(1)控制质量成本扩大,减少因工程质量原因造成返工、材料的损失及工期影响,对易发生质量通病的部位和薄弱环节,易造成隐含故障的关键点和经过诊断已发生质量故障的部位与环节,狠抓课题攻关。每个班组、作业队都要对上述问题选定课题攻关,成立 QC 小组,开展群众性的攻关活动。

(2)积极开展群众性合理化建议活动,调动员工的积极性,发挥员工的才智,广泛收集员工的好方法、好点子,群策群力,实现持续改进,求得不断发展的愿景。

(3)开展人与人、班与班对口赛,队与队的技能技术比武赛和岗位练兵活动,推动员工整体技能的提高。

5. 成果评价

企业通过在建设工程施工过程中全面地、全方位地、全过程地推行方针目标管理,取得了令人满意的效果,不但按期完成合同的标的,同时也实现了年初制订的目标任务,各项经济技术指标创历史同期最好成绩。

(1)转变思想,不断创新,破除旧有管理模式,引入科学管理方法,改造我们施工企业,适应新时期建筑市场的需要。推广方针目标管理,使企业管理上一个新台阶,使管理更精细化、规范化、系统化、科学化。职工责任目标明确,工作有方向,企业有凝聚力,改变了施工企业的精神面貌。

(2)以推广方针目标管理为主线,结合不同现代化管理方法在建筑施工中的综合应用,使我们的管理更趋完善,更具有科学性,更具竞争力。

(3)由于方针目标管理是全员参与,全方位、全过程流动的综合管理模式,它有明确的奋斗目标和激励政策,极大地调动了职工的积极性和工作热情,参与企业的管理,渗透到企业各个层面中。职工不但要干好工作,还要管好企业,以企业发展为荣。

第六章 安全认证与企业安全文化

劳动在创造物质和精神财富的同时,也会给劳动者的健康带来一定的影响。不同行业存在不同程度的职业危害因素,特别是在高危险职业里,发生职业伤亡和损害的频率要大一些。所以在施工过程中必须控制职业危害因素,减少危害程度,使劳动者能够得到保护。职业安全卫生是指影响工作场所内员工、临时工作人员、合同方人员、访问者和其他人员健康和安全的条件和因素,但是不包括职工其他劳动权利和劳动报酬的保护,也不包括一般的卫生保健和伤病医疗工作。

进入21世纪,我国于2001年12月加入世贸组织之后,参照OHSAS 18001和OHSAS 18002国际标准体系,制定了职业健康安全管理的GB/T 28001和GB/T 28002国家标准,这进一步加强了企业安全文化工作的规范化和标准化管理。

GB/T 28001《职业健康安全管理标准》、GB/T 28002《职业健康安全管理体系指南》和GB/T 24001《环境管理体系要求及使用指南》是我国安全生产管理的主要实施标准。因此施工企业在进行企业安全文化建设时,应结合上述国家标准来制定。施工企业在进行企业安全文化建设工作时应遵循以下八个步骤。

(1)领导决策,系统策划。施工企业决策者要结合本企业的企业形象、安全管理现状等,借鉴先进的安全管理标准和价值观,提炼企业精神,制订适宜的安全管理目标和方针。按照GB/T 28001和GB/T 28002标准要求,提出企业安全文化建设工作计划。安全文化建设工作计划一般包含企业内安全管理现状、建设小组的组建、方针目标的制订、对国标知识的学习、建设进度计划及保障措施、费用支持、突破的重点难点等。系统策划过程中除考虑项目管理企业内部的安全现状,还要熟悉项目各参建方的安全管理现状,并进行合理策划和统筹安排。

(2)学习教育,系统培训。项目管理企业决策者要对中层和基层管理人员进行有关安全文化知识的引导,表示对文化建设的大力支持,并组织全体人员进行学习和系统培训,使其熟练掌握安全方面的法律法规、标准规范,项目管理模式中的安全管理过程、企业文化和项目文化、贯标程序等,为下一步工作做好知识铺垫。

(3)内外融合,归纳分析。在对企业安全文化情况进行摸底调查后,形成初步意见,运用现行有效的法律法规、标准规范以及成功企业的经验资料,对其进行整理、归纳和分析研究,寻找到调整企业内安全文化的突破口,并按照企业安全文化形态层次结构,着力构建企业安全物质、行为、制度和观念文化内容。特别是重点对制度文化和物质文化等"有形"内容的分析和调整。

(4)确定方针目标。根据相关法律法规要求和企业精神、企业文化,制定项目管理企业安全管理方针以及与方针相适应的管理目标指标。方针要明确,合规合情,目标要具体可行可量。

(5)建立体系。根据标准和法规要求,建立文件化的企业安全管理体系,包括管理手册、程序文件、具体准则(规章制度、规范规程、作业指导书等)和管理记录。

项目管理企业的安全生产保证体系是以安全生产为目的,有确定的组织结构,有明确的活动内容,配备必需的人员、资金、设施和设备,依照法律法规要求所开展的管理活动的整体体系。它是建立在 PDCA 诸环节构成的动态循环过程基础之上,根据施工现场安全生产的特点,通过制定安全方针、安全策划、实施运行、检查与纠正、管理评审达到持续改进的目的。

(6)宣传教育,应用实践。在严格实施体系文件的基础上,利用各种形式,开展灵活多样的安全宣传教育活动,比如培训活动、案例教育、安全月、创安全文明示范工地、板报宣传等,使员工的安全思想意识逐步统一到企业精神和方针目标上来,形成"安全至上"的良好氛围。项目管理企业的另一个重点工作,就是将安全文化理念深入到现场一线作业人员,培养其安全意识,提高安全素质,并制订激励办法。

(7)贯彻执行,监督指导。在安全文化建设及安全体系运行过程中,项目管理企业中的安全管理人员要严格按照体系文件要求控制运行活动,并对控制状况进行监督检查,对检查的问题及时整改验证,做到持续改进。此外,还要对运行过程进行针对性指导,以提高过程管理的有效性。

(8)评审总结,持续改进。项目管理企业的管理层要对企业安全文化建设情况进行定期评审总结,找出工作和资源上需要改进的环节,提出持续改进的要求和措施计划,以确保企业文化建设和体系运行持续、适宜、充分和有效。

第七章 安全管理人员、专业技术人员、特殊作业人员在企业安全管理中的地位与职能

（一）安全管理人员的职能

(1)积极宣传和贯彻国家、省、市有关安全工作的方针、政策、法规、规范、标准、制度和要求,并负责监督检查贯彻落实情况。

(2)制订安全工作计划,加强目标管理,根据施工生产情况,协同有关部门按年、季、月布置安全工作任务和要点。

(3)参加施工组织设计(或方案)的会审。审查安全操作规程或措施,并监督检查其落实情况。

(4)组织施工生产检查工作,公司每季度组织检查一次,二级单位每半月检查一次,项目部每周检查一次,工地班组每日检查一次,并做好检查的原始记录。

(5)积极配合文明安全工地活动和"达标"活动,组织开展各种安全竞赛活动及其他安全活动,并负责搞好总结、评比、表彰工作。

(6)负责协同教育等部门,加强对职工的安全技术培训、考核工作(含特种作业人员的培训、考核)。

(7)负责对新工人上岗前的安全教育和日常安全教育宣传工作。

(8)按照有关规定,负责按时统计、填报工伤月报表,各二级单位、项目部将安全生产情况填报公司生产部。

(9)负责调查重伤以上工伤事故,并在事故发生30日内填报"职工伤亡、重伤事故调查报告书"。

（二）安全科工作职能

(1)协助领导组织推动安全生产工作,贯彻执行有关安全生产法令、方针和政策。

(2)审查安全技术措施、计划,并督促有关部门贯彻执行。

(3)组织和协助有关部门制定和修订安全生产制度及安全操作规程,对制度、规程的贯彻执行进行监督检查。

(4)制订本公司安全发展规划、年度计划和创建安全文明工地、安全达标的目标计划。

(5)负责组织本公司在建工程的安全检查,参加上级部门组织的安全检查。经常深入工地进行安全巡查。

(6)指导基层专(兼)职安全员工作。

(7)对职工进行安全卫生的宣传教育、检查,监督基层单位安全培训工作,特别是新工人的岗前培训。

(8)参加伤亡事故的调查和处理,提出预防事故的措施,并督促按期执行。

（三）专职安全员的职能

（1）认真贯彻国家有关安全生产方针、政策、法令以及上级有关规章制度、指示和精神，坚持原则，尽职尽责。

（2）督促项目部领导，组织职工学习"安全技术操作规程"和定期进行安全生产思想教育。

（3）对施工工地进行经常性的巡回检查，协助组织好安全大检查，对查出的问题，督促有关人员进行及时整改，对冒险作业和违章者进行教育和制止。

（4）负责工伤事故的统计上报工作，参加伤亡事故的调查处理。

（5）及时收集有关资料，并加以整理、保管，及时总结经验，推广先进典型。

（四）施工管理人员的职能

（1）认真学习安全技术规范，钻研业务，不断提高安全管理水平。

（2）熟悉图纸，了解工程概况，绘制施工现场平面布置图，搞好现场布局。

（3）参与图纸会审，审理和解决图纸中的疑难问题。碰到大的技术问题，负责与甲方设计部门联系，妥善解决。

（4）根据工程特点，编制专项安全技术方案，并写出书面技术交底。

（5）填写施工日记，配合资料员整理安全技术资料和管理安全技术措施的落实。

（6）制定针对"四新"的安全保证措施。

（五）技术管理人员的职能

安全技术是劳动保护科学中的重要组成部分，是研究生产技术各个环节中的不安全因素与警示、保险、防护、救援等措施，以预防和控制安全和事故的发生及减少其危害的保证。

（1）负责编制建筑工程的施工组织设计（施工方案），施工组织设计中必须有安全技术措施。施工现场道路、围挡、临电线路、材料堆放和附属设施等的平面布置，都要符合安全、卫生、防火要求。对危险性较大的分部分项工程，依据相关规定，单独编制具有针对性的安全专项方案。

（2）专项方案编制人员应具有本专业中级技术职称，实行总承包的由总承包单位技术员组织编制。其中，起重机械安装、拆卸、深基坑、钢结构等工程，由专业承包单位技术人员负责编制。

（3）专项方案由施工单位技术负责人组织施工、技术、安全、质量等部门的专业技术人员进行审核。审核合格，由施工单位技术负责人审批，实行总承包的，应报总承包单位技术负责人审批。

（4）需专家论证审查的，专项方案审核通过后，施工单位技术负责人组织专家对方案进行论证审查，或者委托具有资格的工程咨询等第三方组织专家对方案进行论证审查，实行总承包的，由施工总承包单位组织专家论证。

（5）方案实施前，方案编制人员或技术负责人向工程项目人员的施工、技术、安全、设备等管理人员和作业人员进行安全技术交底。

施工现场的井坑、沟槽、各种孔洞、施工口、高压电附近多工种配合施工时，要按工程进度、特点等适时地向施工班长、作业人员进行有针对性的安全技术交底。

（6）做好季节性技术安全通知。加强季节性劳动保护及安全工作，夏季要做好防暑降温工作，冬季要做好防寒、防冻、防中毒工作，雷雨季节要注意高空作业、电气线路及设备元件的防雷工作和测试、检查、检修、维修、试验工作，要做好防洪抢险和防坍塌工作，要有行之有效的防雨雪、防大风措施。

（六）特种作业人员的职能

特种作业是指容易发生人员伤亡事故，对操作者本人、他人的生命健康及周围设施的安全可能造成重大危害的作业。特种作业人员是指直接从事特种作业的从业人员。特种作业人员在企业安全管理中有非常重要的地位。根据有关规定，特种作业人员包括电工作业人员，金属焊接、切割作业人员，起重机械作业人员，企业内机动车辆驾驶员，登高架设作业人员，锅炉作业人员等。

（1）特种作业人员要遵守规章制度，避免由于操作不当造成生产安全事故。

（2）特种作业人员要增强安全意识，熟练安全技能，提高安全素质，避免特种作业人员"三违"行为，以免诱发事故。

（3）生产经营单位的特种作业人员必须按照国家有关规定经专门的安全作业培训取得特种作业操作资格证书，方可上岗作业。

（4）特种作业人员要参加取证安全培训和复审安全培训。取证培训是指从事或准备从事特种作业操作的人员，为取得"特种作业操作证"而应参加的初次安全培训。复审培训是指已取得"特种作业操作证"后，持证人每满三年应参加复审的安全再培训。

第八章　安全与成本管理的关系

（一）安全对施工企业成本的影响

施工企业的成本由直接人工费、直接材料费、机械费用等部分组成。必要的安全生产投入是保证企业安全生产的物质基础，当安全工作到位、安全生产体系正常运行时，企业成本处于受控状况；当安全生产出现问题，随着事故的发生而导致的人员伤亡所需的费用支出以及由于事故发生而造成的停工、材料使用的加大、工期的延误都必然对企业的成本、利润产生影响，企业的经济效益随之而减；大的事故的出现甚至会造成企业成本几倍乃至于几十倍的增加。如某施工企业在过去几年中，由于企业施工性质的局限性、安全防范措施不到位和操作人员的不安全行为以及资金投入较少等，导致企业所支付的额外开销情况严重，一类伤亡事故的赔偿损失费用和其他一些费用增多；在劳动保护方面也没有采取有效的防范措施，致使患职业病人数增多；大大增加了企业的经营生产成本，从而严重影响了企业的经济效益。因此，抓好安全工作，保证安全生产正常运行，是降低成本、提高经济效益的重要措施。

（二）安全成本的定义及安全生产的经济意义

在我国，建筑施工行业一直都是安全事故多发的行业之一。深层的原因在于管理者对安全的经济意义、安全成本等基本概念及其相互之间的关系认识不足。

对施工企业而言，安全的经济意义在于：①通过防损、减损而直接产生经济利益，因为事故造成的损失最终体现为工程成本；②通过保障生产、激发劳动者的创造力，间接地发挥增值作用。

建筑施工企业安全成本分类方法很多，从安全成本优化角度考虑，最典型的分类是将安全成本分为保证性安全成本和损失性安全成本。保证性安全成本是指为保证和提高安全生产水平而支出的费用，损失性安全成本是指因安全问题影响生产（或安全水平不能满足生产需要）或因安全问题本身而产生的损失。其中，保证性安全成本包括固定预防费用、变动的预防费用和保险费用，损失性安全成本包括非保险费用。

事故所造成的无形损失体现在社会、企业、个人三方面，如对区域性经济和社会稳定的影响；对环境和公众安全的影响；对企业内部劳动关系、商誉和形象的影响；对与之相关的市场和发展机遇的影响等。而最直接的无形损失是受伤亡者本人的生命价值、生活质量、精神和肉体所承受的痛苦以及对其家庭造成的长期的，甚至是永久性的创伤。

根据安全成本的分类和内容，可以将固定的预防费用、特殊的预防费用和事故的保险费用集合在一起，定义为狭义的"安全投入（C）"，将变动的预防费用和事故的非保险费用集合在一起，并将其倒数定义成狭义的"安全产出（Y）"，这样，就可以定义出一个狭义的"安全效益（E）"，即 $E = CY$。从这一公式中，可以根据安全业绩的情况，调整 C 和 Y，以获得最佳的"安全效益"。

施工企业在工程项目施工中，实行必要的安全投入与提高经济效益是对立统一的，二者有着不可分割的联系。企业为了获得较好的经济效益,就必须注重安全,给予必要的资金投入以避免或减少事故的发生。一个企业安全工作搞得好,没有事故发生,也就没有产生损失性费用,这项没有产生的损失费用,实质上就是安全部门创造的效益和前期安全投入的回报。因此,适当的安全投入、实现安全生产是企业获取经济效益的基本条件或基本保证。实践证明,安全对企业生产的发展及总体经济效益的提高起着不可忽视的作用。尤其在现代化生产中,安全得不到保证,生产就根本无法进行。

第九章　安全专用基金的计提、使用、管理及其投入的必要性

（一）安全专用基金的提取、使用及管理

为了强化施工企业的安全生产意识，落实安全生产责任，确保安全生产费用按规定及时足额提取和合理使用，保证安全生产的资金投入，山东省建筑管理局出台了《安全生产费用提取、使用、财务管理暂行办法》。

1. 总则

（1）为加强安全生产费用财务管理，规范安全生产费用提取，保证企业安全生产资金有效实施，建立安全生产投入长效机制，维护企业、职工及社会公共利益，根据《山东省安全生产条例》和《高危行业安全生产费用财务管理暂行办法》等法律条文规定，制定本办法。

（2）本办法适用于施工企业范围内建筑施工、机电安装工程、市政公用工程生产经营活动。

（3）安全生产费用是指企业按规定标准提取，在成本中列支专门用于完善和改进企业安全生产条件的资金。

（4）安全费用按照"企业提取、政府监管、确保需要、规范使用、专户储存"的原则进行财务管理，专项用于安全生产。

2. 安全费用的提取标准

建筑施工以建筑安装工程造价为计提依据。各工程类别安全费用提取标准如下：

（1）房屋建筑工程为 2.0%（包括土木工程的新建、扩建、改建，建筑工程、线路管道、设备安装和装修工程）。

（2）市政公用工程、机电安装工程为 1.0%。

3. 安全生产费用的使用和管理

安全费用应当按照以下规定范围使用：

（1）从业人员的安全培训，教育费用支出；

（2）从业人员配备劳动防护用品费用及必要的应急救援器材，设备支出；

（3）安全设施、设备投入和维护保养费用支出；

（4）重大危险源、重大事故隐患的评估、整改、监控支出；

（5）安全技能培训及应急救援演练支出；

（6）安全生产检查与评价支出；

（7）其他与安全生产直接相关的支出。

4. 安全费用的计提与使用

建筑施工企业以建筑安装工程造价 2.0% 为计提依据，财务人员应根据在建工程年终

预结的方法计提,工程完工定案后及时调整计提数额,对未计提费用前发生的安全生产费用专户列支。计提安全生产费用后在同一账户冲减,安全费用账户应按规定范围使用,年度有节余的结转下年度使用,当年计提安全费用不足的,超出部分按正常成本费用渠道列支,企业所用安全费用形成的资产,应纳入相关资产进行管理。

　　企业办理团体人身意外伤害保险或个人意外伤害保险,所需保险费用直接列入成本(费用),不在安全费用中列支。企业为职工提供的职业病防治工伤保险、医疗保险所需费用,不在安全费用中列支。

(二)安全投入的重要性

　　必要的安全生产投入是实现安全生产的基本物质条件,也是提高企业经济效益和社会效益的基本保证。目前,建筑施工企业竞争日趋激烈,承接工程项目低价中标已成为市场通行的潜规则。许多企业为了抢占市场份额,都采用低成本战略,再加上新定额的出台和工程量清单报价的实施,多种因素使得行业整体利润率大幅下降,赢利空间越来越小,企业发展进入微利经营时代。这种竞争局势,使许多建筑施工企业在降低成本方面大做文章,有些企业在成本压力下千方百计地降低安全投入。有些企业只片面地追求眼前经济效益,不注重安全投入,在施工总体布局时,对安全方面考虑不够。在施工中,甚至对解决重大隐患所需费用也不愿投入。由于有些企业把安全生产投入与经济效益对立起来,使施工企业的各类大小事故不断发生。这些事故的发生,除了给国家、社会、职工造成许多直接、间接损失外,有的企业还为此付出几万、几十万甚至几百万的赔偿。

1.安全投入有利于提高经济效益

　　建筑施工企业在工程项目施工中,实行必要的安全投入与提高经济效益看似对立实则是统一的,二者有着不可分割的联系。企业为了获得较好的经济效益,就必须注重安全,给予必要的资金投入以避免或减少事故的发生。安全效益是企业经济效益的重要组成部分,安全效益有其自身的特点,即间接性、滞后性、长效性、复杂性,至今还没有一个统一的计算公式,属隐性效益。它往往通过减少事故的损失表现出来,所以在人们的认识中是一个比较模糊的概念,不像人们通常所理解的经济效益那样直观,但如果一个企业安全工作搞得好,没有事故发生,也就没有发生损失性费用,这项没有发生的损失费用,实质上就是安全管理工作创造的效益和前期安全投入的回报。因此,适当的安全投入是企业实现安全生产、获取经济效益的基本保证。实践证明,安全生产对企业生产的发展及总体经济效益的提高起着不可忽视的作用。特别在现代化的施工生产作业中,安全得不到保证,生产就根本无法进行。

　　建筑施工企业必要的安全投入,到底要投入多少比较合适,要根据工程项目的难易情况和危险性程度来定。以一个年产值为 6 亿~10 亿元的施工企业来看,承接的各类工程项目,根据实践经验初步统计,大约需要投入如下资金:一是用于施工现场安全防护的费用,设备和机具安全技术改造、应急抢险措施、改善劳动环境、除烟除尘、防毒害防噪声、安全施工隐患治理、安全网、脚手架等安全装置、安全措施以及劳动者个人劳动防护用品等,此类项目开支约占工程项目总价的 1%~1.5%;二是用于安全生产管理的费用,包括安全管理人员工资福利和办公设施费用、职工培训、创建安全文化、办理各种安全生产许可证件、建立有关的安全生产管理体系、接受各种安全检查以及检测检验和评价、召开各种安全管理会议、职工防暑降温、防冻、安全宣传教育、安全方面的表彰奖励等,此类项目开支约占工程项目总价的 0.8% ~ 1.2%;三是用于突发事件的处理费用。

2. 安全投入对施工企业信誉的影响

在市场竞争条件下,企业适当的安全生产投入可保证施工安全生产体系实施,保证工程项目施工生产的顺利进行,维护和提高企业的信誉和社会声望,有利于提高企业综合效益。反之,施工企业如果不能实现安全生产,事故频繁,一方面造成生产经营任务难以完成,工程施工进度缓慢,甚至工期的延误;另一方面,使业主方感到施工企业内部管理混乱,缺乏安全感和可信度,从而改变了双方良好的合作关系,导致工程项目合同难以续签,最后无法承揽后续工程项目等,使施工企业面临困境,直接影响到企业的商业信誉和社会声誉,甚至可能被市场淘汰。

(三)安全投入的着眼处

坚持"安全第一、预防为主、综合治理"的方针。一方面减少事故发生次数,可增加经济效益。施工企业每一事故的发生,都可能会有设备的损坏、工件的损失以及工作场所的恢复费用等。事故发生次数减少,企业就减少了这部分事故处理费用支出,最终导致企业经济效益增加;另一方面,每一事故的发生都不可避免地造成施工企业停工损失,而事故发生次数的减少以及事故严重程度的降低,也相应减少了停工损失费用,表现为企业间接经济效益的增加。

降低人员负伤率和人员死亡率。对于工伤事故的发生和事故死亡人数的处理,伤者需要进行医治及护理,企业需要支付医疗费、医药费,护理人员的工资,护理人员脱离生产岗位少创造的价值和各种补助以及事后处理费等,无论对企业和个人都造成很大的损失。因此预防为主,必要的安全投入和严格的安全生产管理,降低工人负伤率和工人死亡率,减少死亡人数,就可以减少这部分费用的开支,相对企业来说也就是增加了经济效益。

1. 制定应急预案

一旦发生事故,要将损失降至最低程度。通过安全设计、操作、维护、检查等措施,可以预防事故,降低风险,但不可能达到绝对安全。因此,需要安全投入,制定万一发生事故后应采取的紧急措施和应急方法。建立事故应急救援体系,在事故发生后迅速控制事故发展,保护现场人员和场外人员的安全,将事故对人员、财产和环境造成的损失降低至最低程度。

2. 学习运用现代安全管理技术,加大安全生产的科技投入

做好安全工作,能够提高企业的经济效益。现代安全科学管理是指用安全科学的观点和方法,对安全生产进行全面系统的科学管理。它是劳动保护工作发展过程中长期积累发展起来的,是劳动保护管理的一个质的飞跃。追求经济效益是企业永恒的主题。企业为了获得最大的经济效益,就要以市场为导向,以效益为目的,其基本条件就是不发生或少发生事故,所以防止事故的发生,是企业生产活动的基础,而科学的安全管理是防止事故必不可少的手段。一方面,施工企业要加大安全投入,通过学习培训,提高全员安全素质,建立现代

企业安全效益计算、考评体系，以此对企业及其高层领导进行考核。把系统工程原理、控制与信息技术运用到安全管理上，对系统的各个要素和各个环节实施过程监控，应用电子计算机进行安全信息的处理和信息的跟踪，使施工企业安全生产达到事先控制和预防控制的目的。把现代安全管理与传统的安全管理结合起来，研究、分析、评价、控制以及消除施工过程中的各种不安全因素，有效地防止各类事故的发生。另一方面，企业应加大施工安全生产的科技投入，加强与科研单位和高等院校合作，研究、开发、推广一批安全适用、先进可靠的施工生产工艺、技术措施和装备，淘汰落后工艺，通过科技进步提高企业的安全生产保证能力和安全生产水平，为施工企业创造出巨大的经济效益提供有力保证。

　　建筑施工企业要生存要发展，必须实现安全生产。我国目前已进入全面建设小康社会、和谐社会的历史阶段。建筑施工企业应负有历史使命和社会责任感，为整个社会稳定和经济发展做出积极的贡献。

第十章　安全创优与施工企业的管理心得

文明施工是现代建筑企业的管理理念,是现代化施工的一个重要标志。现代施工安全管理包括安全作业、文明施工和环境保护三部分,这三部分各成体系、各有侧重,但又相互联系、相互影响、相互作用,不能割裂,必须共建。按照现代企业管理理念,在施工生产过程中不但要确保生产安全,而且要围绕着"以人为本",改善施工现场作业的环境,丰富职工的文化生活,树立社会主义精神文明的风貌,充分展示企业文化建设成绩,展现企业形象与管理水平。安全生产、文明施工是建筑施工企业管理中的一个重要环节,只有安全生产文明施工不断规范化、科学化,才能确保安全生产,使企业获得最佳的经济效益。

施工企业应"高起点、严要求",组织开展落实成立专门的创建活动领导小组,层层分解落实目标责任,在施工过程中突出"以人为本"的工作理念,实现安全管理程序化、场容场貌秩序化和施工现场安全防护标准化。

（一）创优申报

1. 申报条件

(1)在省级行政区域内已被评为市级安全文明工地的在建工程工地。

(2)建筑施工企业必须取得"建筑施工企业安全生产许可证"。

(3)企业安全管理人员经省建设行政主管部门或有关部门安全生产考核合格,并取得安全生产考核合格证书(或相应证书);特殊工种作业人员经有关部门专门培训考核合格,取得特种作业人员安全操作证书;急救员、资料员等培训合格,持证上岗。

(4)施工现场使用的安全防护用具及机械设备购置与使用符合有关规定。

(5)工程量符合以下规定。

优良工地:土建工程,面积大于等于 2 600 m^2;安装、装饰装修工程,造价大于等于500万元。

示范工地:土建工程,面积大于等于 5 000 m^2;安装、装饰装修工程,造价大于等于500万元。

施工小区:面积大于等于 80 000 m^2,单位工程数量大于等于 6 个。

(6)有以下情形的不得申报:

使用竹脚手架、木脚手架或单排扣件式钢管脚手架的;使用菱苦土板、纤维板板房做临时设施的;使用 QT60/80 塔式起重机、井架式塔式起重机的;使用不符合有关规定的物料提升机的;使用不符合标准、自制高处作业吊篮的。

2. 申报资料

(1)《建筑施工安全文明工地申报表》、《建筑施工安全文明施工小区申报表》。

(2)《安全生产许可证》(或通过相应的安全生产认证证书)原件、复印件。

(3)市建筑施工安全监督机构推荐检查评分资料。

(4)创建安全文明工地方案与措施。

（二）复查验收与评定标准

1.复查验收内容

安全文明工地的复查验收以《建筑施工安全检查标准》规定的安全管理、文明施工、脚手架、基坑支护与模板工程、"三宝"和"四口"防护、施工用电、物料提升机与外用电梯、塔吊、起重吊装和施工机具 10 项内容为主,同时考核工程项目部安全生产责任制建立与落实情况,规章制度的建立健全和执行情况,安全生产管理机构建立及力量配备和职责履行情况,安全事故应急预案编制演练情况,事故报告、调查、处理和行政责任追究规定执行情况,安全防护用具及机械设备使用情况,起重机械设备拆装等专业与劳务承包队伍资质认证情况,工程监理单位履行安全生产职责情况以及行业主管部门有关安全生产规章制度的执行情况等。

2.检查程序

复查验收小组一般由从全省各地抽调的建筑施工安全生产专家组成,复查验收的工作程序一般为:

(1)听取受检工程项目部安全生产文明施工工作汇报(附书面材料);

(2)查看受检企业提供的安全生产技术资料;

(3)按《建筑施工安全检查标准》确定的项目和标准检查施工现场;

(4)对施工现场存有的严重安全隐患和不规范行为进行记录;

(5)对受检企业经理、项目经理以及施工现场有关人员进行提问,检查其对施工安全知识的熟知和掌握情况;

(6)检查组向受检项目现场反馈检查情况。

工程项目部的汇报一般应包括工程项目详细情况、创建文明工地主要措施、主要经验等,也可以介绍一下企业的情况与特点。

3.评定标准

优良工地:综合得分≥80 分,其他符合有关规定。

示范工地:综合得分≥90 分,其他符合有关规定。

施工小区:平均综合得分≥80 分,且不少于 10% 的单体工程(且不少于 1 个);综合得分≥90 分,单体最低得分不少于 75 分,其他符合有关规定。

复查验收后,工程竣工验收质量不合格、被有关部门通报批评或群众举报存有不文明行为并经查实的、发生四级以上安全生产事故的,取消文明工地资格。

（三）创优计划

施工企业应根据《建筑施工安全检查标准》、《建筑施工安全文明卫生工地管理规定》以及上级有关精神,对于符合创优申报条件的,建立安全创优计划,培养一个或几个省级安全、文明工地,达到以点带面的目的。

（四）案例

1.工程概况

安居上上城 5#楼工程位于某市高新开发区,该工程由某房地产公司开发建设,建筑面积为 12 333.6 m²,剪力墙结构,地下一层,地上 18 层,由某建筑工程公司中标承建,某设计所设计,某项目管理公司实施全过程旁站监理。目前该工程已完成十三个楼层的施工。

工程自 3 月份开工以来,项目部在市建管局安监科、区安监站等上级部门大力支持和监督指导下,认真按照创建"省级安全文明示范工地"的标准和要求,以高起点、严要求组织开展落实,成立了专门的创建活动领导小组,层层分解落实目标责任,在施工过程中突出"以人为本"的工作理念,实施绿色平安工程。

2. 施工现场与文明施工措施

(1)封闭管理:施工现场全封闭施工,大门定型化、颜色统一化,牢固美观,采用全市统一标准。大门口不锈钢"七牌两图"内容齐全,整洁醒目。

(2)现场生活区、办公区与作业区严格分开,施工道路平整坚实,采用 C25 混凝土硬化,道路通畅无积水,满足运输、消防要求。专人对场内外道路进行一日二次的洒水清扫,门口设置车辆进出冲刷设施,整个场区采取有组织排水。临设采用彩钢板房,按照施工平面图布置,选址合理,安装牢固,搭设整齐,办公室及五小设施室内清洁卫生。

(3)水冲式厕所,蹲坑间设置隔板,墙地面瓷砖镶贴,防蚊蝇纱门齐全,设专人定时清扫、消毒。

(4)保健急救:医疗室内设保健箱,医疗室内药品及急救器材配备齐全,派出项目人员进行急救培训,对施工现场职工开展经常性、季节性卫生防病宣传教育和自救演习,提高职工自我保健和自救意识。

（5）材料堆放：现场施工用钢材、钢管，根据平面图和现场情况分量、分规格、分时间进场，合理有效利用现场有限空间位置，对现场的材料分类堆放整齐，并悬挂标志牌。

（6）施工现场种植树木花草，创造绿色花园式施工现场。

（7）强化对施工现场的人员的安全教育，树立安全第一的思想。组织开展安全知识竞赛活动，提高作业人员安全生产意识。

3. 生产区文明施工管理措施

（1）工程主体采用密目网全封闭施工，兜底网、层间网、随层网设置严密并设竹笆进行全封闭围护。安全帽、安全网、安全带需使用登记备案产品。

（2）定型化通道口双层防护棚满足承重、防雨要求。"四口"、"五临边"工具化防护牢固、稳定、严密。

（3）施工现场采用电子监控系统，全面对现场施工过程和"三违"现象进行监督控制。

（4）商品混凝土的应用不仅提高了工效，降低了劳动强度，同时也减少了对周围环境的污染。

（5）各分部分项工程施工前，技术负责人及时对作业人员进行书面技术交底，并履行签字手续。

（6）高温季节施工，工地防暑物品准备充足，并合理安排作息时间，并进行防暑演练。

4. 施工过程安全防护措施

（1）悬挑脚手架的搭设严格按照 JGJ 130—2001 规范和专项方案，型钢的外伸长度、预埋钢筋均符合要求，连墙件按照两步三跨搭设并挂牌标示、剪刀撑在外侧立面整个长度和高度上连续设置，牢固美观。

（2）施工用电严格按照 JGJ 46—2005《建筑施工现场临时用电安全技术规范》施工，采用 TN-S 用电体系，总配电箱和分配电箱设置定型化防护栏及防雨棚围护。配电箱、电缆选用省备案推荐产品。施工用电设专人管理，每日班前及雨后检查用电线路及设备情况。

（3）起重机械设备安全装置齐全灵敏，经特种设备检验所检验合格，专人指挥，操作人员持证上岗，严格执行起重吊装"十不吊"规定。

5. 建筑施工安全文明工地申报表

工程项目名称				申报等级	
项目地址				建筑面积	m²
施工总承包单位				资质及等级	
安全许可证编号		联系人		联系电话	
建设单位		监理单位			
设计单位		结构类型		设计层数	
开工日期		计划竣工日期		形象进度	

续表

		岗位职务	姓　　名	安全考核合格证书编号	发证机关
安全教育培训与考核持证上岗情况	企业与项目安全管理人员	企业法人代表			
		企业分管经理			
		企业安全处(科)长			
		·项目负责人			
		项目专职安全生产管理人员　A			
		B			
		C			
	工程项目安全专设岗位与建筑施工特种作业人员	岗　　位	项目实有人数	持证上岗人数	持证上岗率(%)
		安全资料员			
		急救员			
		建筑电工			
		普通架子工			
		塔机司机			
		起重信号司索工			
		建筑焊工			
		施工升降司机			
		物料提升机司机			

	主要专业(劳务)承包单位名称	资质等级	分包内容	项目负责人
施工专业分包情况	1.			
	2.			
	3.			
	4.			
	5.			

市建筑安全监督机构推荐检查评分评价情况	安全管理(10分)	施工用电(10分)	
	文明施工(20分)	物料提升机与外用电梯(10分)	
	脚手架(10分)	塔吊(10分)	
	基坑支护与模板工程(10分)	起重吊装(5分)	
	"三宝""四口"防护(10分)	施工机具(5分)	
	总计得分(100分)		
	推荐等级(示范、优良)		
	推荐检查评语：		

建筑安全监督机构(盖章)
年　　　月　　　日

6.创优心得

通过创建活动的深入开展,企业认识到了创建安全文明工地不仅是建筑施工企业管理水平的体现,更是展现企业窗口的一面镜子,也是树品牌拓市场的有效途径之一,为此,在今后的工作中企业将一如既往地开展好创建安全文明工地活动,做好示范带头作用,为建筑业安全生产平稳、健康、持续发展做出贡献。

第十一章　投标中的施工组织设计与
施工安全技术措施

施工组织设计是以施工项目为对象编制的,用以指导其施工全过程各项施工活动的技术、经济、组织、协调和控制的综合性文件。施工组织设计是施工单位在施工前,按照国家和行业的法律、法规、标准等有关规定,从施工的全局出发,根据工程概况、施工工期、场地环境等条件,以及机械设备、施工机具和变配电设施的配备计划等方面的具体条件,拟定工程施工程序、施工流向、施工顺序、施工进度、施工方法、施工人员、技术措施(包括质量、安全)、材料供应,以及运输道路、设备设施和水电能源等现场设施的布置和建设作出规划,以便对施工中的各种需要和变化,做好事前准备,使施工建立在科学合理的基础上,从而取得最好的经济效益和社会效益。施工组织设计是组织工程施工的纲领性文件,是保证安全生产的基础。

(一)建筑工程施工组织设计

1.施工组织设计的含义

一栋建筑物或者一个建筑群体的施工是在有限的场地和空间集中大量的人、机、物来完成的。施工过程中可以采用不同的方法和不同的机具;而建筑物或建筑群体的施工顺序,也可以有不同的安排;工程开工以前所必须完成的一系列准备工作也可以采用不同的方法去进行。总之,不论在技术方面或在组织方面,通常都有许多可行的方案供施工人员去选择。怎样结合工程的性质、规模、工期、机械、材料、构件、运输、地质、气候等各项具体的条件,从经济、技术、质量、安全的全局出发,在众多的方案中选定最合理的方案,是施工人员在开始施工之前就必须解决的问题。在作出合理的决定之后,施工人员就可以对施工的各项活动作出全面的部署,编制出指导施工准备和施工全过程的技术经济文件,这就是施工组织设计。

施工组织设计是在国家和行业的法律、法规、标准的指导下,从施工的全局出发,根据各种具体条件,拟定工程施工方案、施工程序、施工流向、施工顺序、施工方法、劳动组织、技术措施,施工进度、材料供应、运输道路、场地利用、水电能源保证等现场设施的布置和建设作出规划,以便对施工中的各种需要及其变化,做好事前准备,使施工建立在科学合理的基础上,从而做到高速度地取得最好的经济效益和社会效益。

建筑工程施工组织设计是指导全局、统筹规划建筑工程施工活动全过程的组织、技术、经济文件。因此,从工程施工招投标、申报施工许可证和进行施工等活动都必须有工程施工组织设计作为指导。

2.施工组织设计的分类

施工组织设计一般分为施工组织总设计、单位工程施工组织设计和分部分项工程施工组织设计三类。

(1)施工组织总设计是以建设项目或群体工程为对象进行编制,对其进行统筹规划,指导全局的施工组织设计。一般在初步设计、技术设计或扩大设计批准后,即可进行编制施工组织总设计。由于大中型建设项目施工工期往往需要多年,因此,施工组织总设计又是编制施工企业年度施工计划的依据。

(2)单位工程施工组织设计是以一个单位工程或一个交工的系统工程为对象而编制的,在施工组织总设计的总体规范和控制下,进行较具体、详细的施工安排,也是施工组织总设计的具体化,是指导本工程项目施工生产活动的文件,也是编制本工程项目季、月度施工计划的依据。

单位工程施工组织设计是在全套施工图设计完成并进行会审、交底后,由直接组织施工的单位组织编制。并经本单位的计划、技术、质量、安全、动力、材料、财务、劳资等部门审核,由企业的技术负责人(总工程师)审批、签字后生效的技术文件。

(3)分部分项工程施工组织设计也称为专项施工方案,它的编制对象是危险性较大、技术复杂的分部分项工程或新技术项目,用来具体指导分部分项工程的施工。该施工组织设计的主要内容包括施工方案、进度计划、技术组织措施等。

(二)施工安全技术措施

施工安全技术措施是施工组织设计中的重要组成部分,它是具体安排和指导工程安全施工的安全管理与技术文件,是针对每项工程在施工过程中可能发生的事故隐患和可能发生安全问题的环节进行预测,从而在技术上和管理上采取措施,消除或控制施工过程中的不安全因素,防范发生事故。

建筑施工企业在编制施工组织设计时,应当根据建筑工程的特点制定相应的安全技术措施。因此,施工安全技术措施是工程施工中安全生产的指令性文件,在施工现场管理中具有安全生产法规的作用,必须认真编制和贯彻执行。

施工安全技术措施主要包括:

(1)进入施工现场的安全规定;

(2)地面及深坑作业的防护;

(3)高处及立体交叉作业的防护;

(4)施工用电安全;

(5)机械设备的安全使用;

(6)为确保安全,对于采用的新工艺、新材料、新技术和新结构,制定的有针对性的、行之有效的专门安全技术措施;

(7)预防自然灾害(防台风、防雷击、防洪水、防地震、防暑、防冻、防寒、防滑等)的措施;

(8)防火、防爆措施。

(三)专项安全施工组织设计的要点

1.专项安全施工组织设计的规定

专项安全施工组织设计也称分部分项工程安全施工组织设计。《中华人民共和国建筑法》第三十八条规定,对专业性较强的工程项目,应当编制专项安全施工组织设计。《建设工程安全生产管理条例》第二十六条规定,对专业性较强的,达到一定规模的危险性较大的分部分项工程,如基坑支护与降水工程,土方开挖工程,模板工程,起重吊装工程,脚手架工程,拆除、爆破工程应编制专项施工方案。根据这个规定,除必须在施工组织设计中编制施工安全技术措施外,还应编制分部分项工程,如脚手架、塔吊安拆、临时用电、爆破工程等的专项安全施工方案或者称为施工安全技术措施,详细地制订施工程序、方法及防护措施,确保该分部分项工程的安全施工。施工安全技术措施内容必须符合现行安全生产法律、法规和安全技术规范、标准。

2. **举例说明编制专项施工方案的要求和程序**

1)基坑(槽)土方开挖及降水工程

(1)土方开挖。

①应针对土质的类别、基坑的深度、地下水位、施工季节、周围环境、拟采用的机具来确定开挖方案;

②开挖的基坑(槽)设计深度如比邻近建筑物、构筑物的基础深时,应采取边坡支撑加固措施,并在施工中进行沉降和位移动态观测;

③根据基坑的深度、土质的特性和周围环境确定对基坑的支护方案;

④根据选定的基坑支护方案进行设计和验算;

⑤根据所采用的开挖方案编制操作程序和规程;

⑥绘制施工图;

⑦制定回填方案。

(2)降水工程。

①根据基坑的开挖深度、地下水位的标高、土质的特性及周围环境,确定降水方案;

②设计和验算降水方案的可靠性;

③编制降水的程序、操作规定、管理制度;

④绘制施工图。

2)临时用电(也称施工用电)工程

(1)现场勘测,确定变电所、配电室、总配电箱、分配电箱、开关箱及电线线路走向;

(2)负荷计算,根据用电设备等计算,确定电气设备及电线规格;

(3)变电所设计;

(4)配电线路设计;

(5)配电装置设计;

(6)接地设计;

(7)防雷;

(8)外电防护措施;

(9)安全用电及防火;

(10)用电工程设计施工图。

3)脚手架工程

(1)确定脚手架的种类、搭设方式和形状、使用功能;

(2)设计计算;

(3)绘制施工详图;

(4)编制搭设和拆除方案;

(5)交接验收、自检、互检、使用、维护、保养等的措施。

4)模板工程

(1)确定现浇混凝土梁、板、柱等采用的模板的种类及支撑材料;

(2)设计计算模板面和支撑体系的强度和变形;

(3)绘制平面、立面、剖面的构造详图;

(4)编制安装、拆除方案;

(5)制定检查、验收、使用等的措施。

5)高处作业工程

(1)确定对"四口"、临边、登高、悬空及交叉作业的防护方案;

(2)设计计算所选择的防护设施的可靠性能;

(3)绘制防护设施施工图;

(4)安装、拆除的规定;

(5)使用、管理、维护等的措施。

6)起重吊装工程

(1)根据构件或设备的形状、位置、重量、环境制定吊装方案;

(2)选择吊装机具;

(3)绘制吊装机位、路线等实施图;

(4)编制操作、防护及管理措施。

7)塔式起重机

(1)根据塔式起重机的产品性能及安全使用规程,编制安装及拆除的方案;

(2)设计轨道或塔式起重机基础及附墙装置;

(3)制定检查、验收、使用、维修、保养等的措施。

(四)某施工组织设计中的安全组织(案例)

1.安全管理目标

1)管理方针

在施工管理中,坚持"安全第一、预防为主"的安全管理方针,以安全促生产,以安全保目标。

2)管理目标及承诺

安全生产确保实现"建筑施工安全文明优良工地",杜绝重大人身伤亡事故和机械事故,一般工伤事故频率控制在1.5‰以下,确保安全生产。

2.安全生产组织保障体系

针对此项目的安全管理的特点,组织安全、技术、物资、财务有关人员以及精装修、安装、强弱电等各专责安全员形成一个健全的安全生产保障体系,确保安全生产资金的投入、安全管理落到实处、技术措施得当,确保做到安全生产管理目标的实现。

3.安全生产机构及岗位职责

成立以总承包项目经理为首,由项目专业经理、项目总工程师、项目安全负责人、项目安全员等相关职能部门及施工作业层组成的纵向到底、横向到边的安全生产管理机构,由企业总部主管部门提供垂直保障,并接受业主、监理以及市政府安全监督部门的监督。

(1)本工程安全生产组织机构如下图所示。

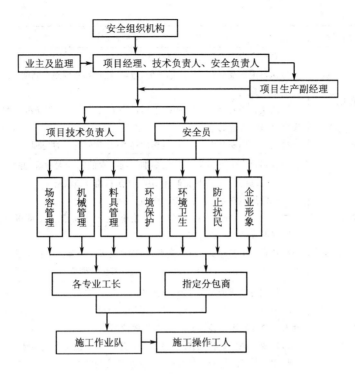

（2）项目主要岗位及部门的安全管理职责见下表。

主要岗位及部门的安全管理职责一览表

序号	岗位/部门名称	安全管理职责
1	总承包项目经理	1）项目经理是施工现场安全生产的第一责任人,负责建立健全安全生产责任制和有关安全生产规章制度 2）全面负责施工现场的安全管理、安全措施、安全生产等,保证施工现场的安全,组织施工过程的策划,组织编制职业健康安全与环境管理规划和管理方案的制定、实施、检查、落实等
2	项目总工	1）参与或主持编制项目职业健康安全与环境管理方案、管理规划,落实责任并组织实施;组织项目经理部的质量、职业健康安全与环境意识教育和专业技能培训 2）贯彻安全生产方针政策,严格执行安全消防技术规程、规范、标准及合约规定 3）协助项目经理制定本项目安全生产管理办法和各项规章制度,并监督实施 4）组织人员编制安全技术措施和分部工程安全方案,督促安全措施落实,解决施工过程中不安全的技术问题 5）组织安全技术交底,组织编制项目应急预案,落实应急准备和响应 6）参加每周一次的安全检查,对不安全因素定时、定人、定措施予以解决,并落实、检查
3	项目生产副经理	直接对专业项目安全生产负责,督促专业项目施工全过程的安全生产,纠正违章,配合有关部门排除施工不安全因素,安排项目经理部安全活动及安全教育的开展,监督劳保用品的发放和使用,并按规定组织检查、做好记录

序号	岗位/部门名称	安全管理职责
4	安全负责人	1)对安全生产工作负直接责任 2)执行国家及市安全生产的方针、政策、法规和各项规章制度,参与制定并执行项目安全生产管理办法 3)落实有关安全消防管理规定,对进场工人进行安全消防教育和培训,强化职工的安全意识和消防观念 4)组织现场安全生产、消防措施的检查,出现问题及时处理
5	安全员	1)在项目安全负责人领导下,参加每周一次的安全大检查,并做好检查记录。对查出的问题,负责下发隐患整改通知单,并亲自监督整改 2)经常组织安全生产、消防工作的宣传活动 3)发生安全事故时,首先采取应急措施,保护好现场,并立即报告,按照"四不放过"原则督促改进措施的落实 4)负责收集整理安全管理资料,及时向上级安全部门汇报本项目部安全状况,填报安全统计报表,项目竣工后及时整理上报安全管理资料
6	材料员	1)根据劳动防护用品计划及时供货 2)购置的劳动防护用品必须"三证"齐全(生产许可证、产品合格证、年检证),不符合安全标准的用品必须更换,严禁发放使用 3)按要求做好材料堆放及储存,防止坍塌,仓库配备灭火器材 4)组织员工进行安全技术操作规程的教育与学习 5)对现场的机械设备的进场、安拆、使用、维护、检修、保养进行管理,保证设备的安全运行
7	预算员	1)建立安全措施资金专管专用制度 2)检查落实合同中有关安全管理的要求
8	专业技术人员	1)执行国家及市安全生产的方针、政策、法规和各项规章制度,执行本项目安全生产管理办法和要求 2)主持对进场工人进行安全消防教育和培训,指导施工队(班组)正确使用劳动保护用品及消防设施 3)参加专业施工员对工人的安全消防技术交底,强调安全注意事项、不安全因素、可能发生事故的地方 4)深入现场检查安全消防措施的落实情况,发现不安全因素及时纠正,当出现险情时有权采取果断措施,并对违章指挥,不服从管理,违反安全管理规定的施工队(班组)和个人,按照有关规定给予处罚 5)现场发生安全事故时,先采取应急措施,保护好现场,并立即报告 6)行使安全生产奖惩权,及时沟通职业健康安全管理体系的有关信息
9	其他专业安全工程师	1)认真执行上级有关安全生产规定,合理安排工作,对所管辖消防安全生产负责 2)负责编制本专业的安全消防技术措施,并对作业班组进行技术交底 3)领导班组搞好安全生产活动,组织班组学习安全消防操作规程及安全规定,指导工人正确使用消防设施和劳保用品 4)经常检查作业环境及各种设备、设施的安全状况,发现问题及时纠正解决,对重点、特殊部位施工必须检查作业人员及各种设备、设施技术状况是否符合安全消防要求,严格执行安全消防技术交底制度,落实安全消防技术措施并监督执行 5)做好新工人的岗位教育,负责对班组进行安全消防操作方法的检查指导,制止违章,以身作则,遵章守纪,确保安全检查生产 6)及时消除各级组织检查发现的整改单和安全隐患,不留隐患

（3）本工程中制定和实施的安全生产管理制度见下表。

序号	制度名称	主要内容
1	安全生产责任制度	明确各级人员的安全责任，各级职能部门、人员在各自的工作范围内，对实现安全生产要求负责，做到安全生产工作责任横向到边、层层负责，纵向到底，一环不漏
2	安全专项方案编制、审查制度	根据建设部《危险性较大分部分项工程安全专项方案编制及专家论证审查办法》及公司技术管理规定，编写相关安全施工方案，并报相应部门审查、论证、审批，从技术上保障生产安全
3	安全专项资金保障制度	提取专款，用于落实劳动保护用品资金、安全教育培训专项资金以及保证安全生产的技术措施所需资金
4	班前检查制度	区域责任工程师和专业安全工程师必须督促与检查施工方、专业分公司对安全防护措施是否进行了检查
5	安全教育制度	凡进入施工现场的作业人员，必须先接受入场安全教育，只有具备相应的安全知识，掌握相应的安全技能，经考核合格后方可上岗作业
6	特种作业持证上岗制度	特种作业人员必须具有良好的安全操作技能，持有相应工种的操作证，经查验后方可上岗，并在施工过程中随时携带备查
7	安全技术交底制度	根据安全技术方案要求和现场实际情况，各级管理人员需逐级进行书面交底，最终向作业工人交代清楚作业流程、注意事项、可能存在的危险等事宜，并在施工过程中进行指导，检查安全技术交底的落实情况
8	安全活动制度	安全及文明施工管理部每周组织全体作业人员进行安全教育，对于上一周安全方面存在的问题进行总结，对本周的安全重点做必要的讲解
9	定期检查与隐患整改制度	项目经理部每周组织一次安全文明施工大检查，由项目领导带队，各部门、各分包单位参与检查，对检查发现的问题进行通报，签发书面整改通知单责成责任单位和责任人整改，并按期复查
10	机械设备安装验收制度	履带吊、塔吊、施工电梯等大中型机械设备安装实行验收制，未经验收不得投入使用
11	安全生产奖罚与事故报告制度	对施工过程中安全工作做得好的分包单位、作业班组、个人进行奖励，对不遵守安全生产规章制度、不落实安全措施方案的分包单位、作业班组及个人进行处罚，以督促整改，并对事故按程序及时进行报告
12	危急情况停工制度	一旦出现危及人员生命、财产安全的险情，要立即停工，待查明情况、排除险兆后方可复工
13	重要过程旁站制度	对于危险性大、工序特殊的生产过程，必须有管理人员现场指挥，出现问题及时处理
14	安全生产奖罚制度	对每次检查中位于前两名的单位给予1 200～3 000元奖励，对最后两名给予1 200～2 000元罚款或停工整顿
15	持证上岗制度	特殊工种必须持有上岗操作证，严禁无证操作

4.安全管理措施

1)安全生产管理措施

（1）采用专家集中授课，张贴海报进行教育培训。

（2）安全培训内容：施工现场的急救措施；建筑施工安全小常识；用电安全知识；特种作业人员上岗培训。

（3）分部分项安全技术交底。

（4）班前开展安全活动。

（5）定期带领班组长进行安全检查。

（6）安全标志与标牌，按照建办〔2005〕89 号文及招标文件的要求，在施工现场易发伤亡事故（或危险）处设置明显的、符合国家标准要求的安全警示标志牌或示警红灯，场内设立足够的安全宣传画、标语、指示牌、火警、匪警和急救电话提示牌。

2）个人防护措施

（1）坚持用好安全"三件宝"：所有进入现场人员必须戴安全帽，高空作业人员必须戴安全帽、系安全带、穿防滑绝缘鞋。

（2）防止高空坠落和物体打击。

（3）带电操作必须戴绝缘手套，进行可能引致眼睛受到伤害的工作，必须佩戴护目镜。

（4）严禁在高空和地面互相直接喊话。高空、地面通信联络一律用对讲机。

（5）高空作业人员佩戴工具袋，小型工具、焊条头子、高强度螺栓尾部等放在专用工具袋内，不得放在易失落地方。使用时，要握持牢固。所有工具（如榔头、扳手、撬棍等）穿上绳子套在安全带或手腕上，防止失落伤及他人。

（6）高空作业人员应身体健康，作业人员必须体检合格，严禁带病作业，禁止酒后作业。

（7）禁止工人违章用电，手持电动工具应设置漏电保护器。

（8）人不能站、坐任何起吊物上。

3）临边及洞口防护措施

（1）预留洞口的安全防护。

短边小于 500 mm 的洞口：

短边大于 500 mm 小于 1500 mm 的洞口：

短边大于 1500 mm 小于 2000 mm 的洞口：

(2)电梯井口的防护：

(3)楼梯的安全防护：

4)高空及交叉作业防护措施

凡在同一立面上、同时进行上下作业时,属于交叉作业,应遵守下列要求。

(1)禁止在同一垂直面的上下位置作业,否则中间应有隔离防护措施。

（2）在进行钢结构构件焊接、模板安拆、架子搭设拆除、电焊、气割等作业时，其下方不得有人操作。模板、架子拆除必须遵守安全操作规程，并应设立警戒标志，专人监护。

（3）楼层堆物（如模板、扣件、钢管等）应整齐、牢固，且距离楼板外沿的距离不得小于 1 m。

（4）高空作业人员应带工具袋，严禁从高处向下抛掷物料。

（5）严格执行"三宝一器"使用制度。凡进入施工现场的人员必须按规定戴好安全帽，按规定要求使用安全带和安全网。用电设备必须安装质量好的漏电保护器。现场作业人员不准赤背，高空作业不得穿硬底鞋。

5）外架防护措施

本工程外脚手架主要用于结构施工阶段的安全防护及外墙装修施工操作脚手架。根据施工组织情况及工程外观情况，采用双排落地架。外架沿建筑物外围环绕一周。脚手架随楼层施工逐步上升。

外墙脚手架全部采用 $\phi 48 \times 3.5$ 的钢管搭设，铺木脚手板，外侧悬挂绿色密目安全网。双排脚手架立杆纵距 1.5 m，横距 1.05 m，大横杆步距 1.5 m，内排立杆距墙 0.40 m。小横杆里端距墙 0.10 m。具体构造详见下图：

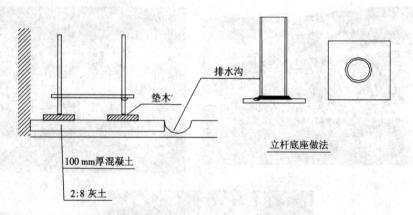

6）安全通道

为解决作业面上人及应急疏散问题，在四周设置若干应急通道，当发生突发事件时，作业面上的工作人员从应急通道下到做好楼梯的层面，再从楼梯脱险。

如下图所示：

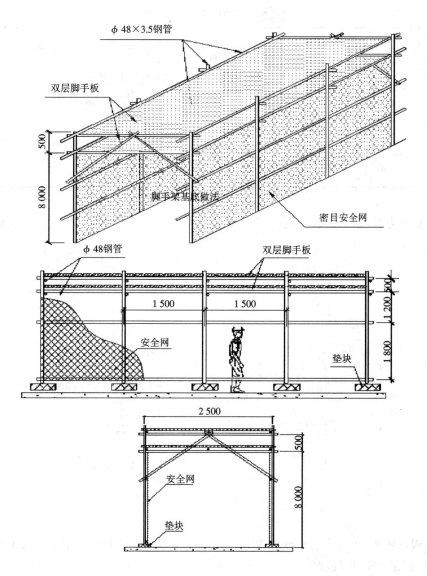

7）安全用电措施

严格执行《现场临时用电安全技术规范》(JGJ 46—2005)的要求,采用三级配电、TN-S接零保护和二级漏电保护系统,并安排专业电工24小时维护检修,确保安全用电无事故。

(1)临时用电管理如下。

①施工现场用电编制专项施工组织设计,报经主管部门及监理单位批准后实施。

②施工现场临时用电按有关要求建立安全技术档案。

③用电由具备相应专业资质的持证专业人员管理。

④整个施工现场临时用电线路及设备采用三级配电,漏电保护作两级保护。

(2)配电室及设施的保护措施如下表所示:

配电室及设施的保护措施一览表

序号	设施名称	保护措施
1	配电室	(1)设置外窗,以保证配电室内自然通风 (2)窗上钉2 mm厚钢板网并安装雨篷,以防雨水或动物进入 (3)配电室设置外开门,并加锁由专业电工保护 (4)配电室内设置两路照明线路:普通照明和事故照明 (5)按规定配备沙池、灭火器材 (6)在配电室架空进出线处,将绝缘子铁脚同配电室接地装置相连
2	配电柜	(1)装设电源隔离开关及短路、过载、漏电保护器 (2)配电柜金属框架设置保护接零

(3)临时电缆埋地布置,穿越临时道路处加钢套管,四周填沙保护,如下图所示:

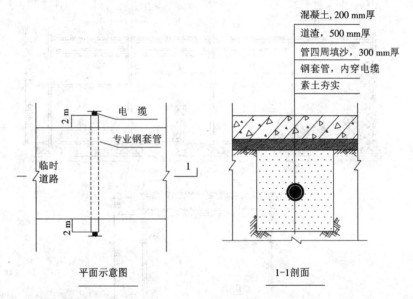

平面示意图　　　　　　　　1-1剖面

(4)现场照明:手持照明灯使用36 V以下安全电压,潮湿作业场所使用24 V安全电压,导线接头处用绝缘胶带包好。

(5)配电装置:配电箱内电器、规格参数与设备容量相匹配,按规定紧固在电器安装板上,严禁用其他金属丝代替熔丝。

(6)触电急救:加强安全用电教育及培训,让参建员工熟练掌握触电急救技能。触电急救应遵循切断电源、开放气道、恢复呼吸、恢复循环的步骤,如下图所示。

触电急救步骤1(切断电源)

触电急救步骤 2(开放气道)

触电急救步骤 3(恢复呼吸)

触电急救步骤 4(恢复循环)

8)机械设备的安全使用措施

本工程投入使用的机械设备主要有塔吊、物料提升机、汽车泵、挖掘机、钢筋、木工加工机械等施工机具,单位将严格执行《建筑机械使用安全技术规程》(JGJ 33—2001)的规定,强化日常安全管理和维护,确保机械设备的安全使用。

(1)塔吊。

①塔吊选用:选用安全生产许可证、产品合格证、准用证齐全的塔机,进场后检查塔机的行程限位器、超载保护装置等是否齐全,见下图。

②保险装置。吊钩设置自重式防脱钩装置,卷筒设钢丝绳防脱落装置,司机上下爬梯设置护圈(护圈直径 0.7 m,间距 0.5 m)。

③塔吊安拆(如下图)。由具有相应资质的专业队伍实施安拆,作业前编制专项方案报经相关部门审批后,向作业人员详细交底;安装完成后,由安全负责人组织验收,履行签字手续后方可投入使用。

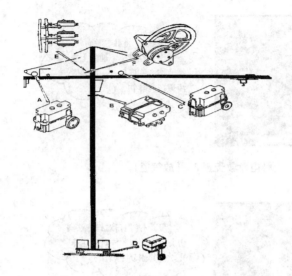

备注:

A—吊钩行程限位器

B—回转限位器

C—小车回程限位器

D—大车回程限位器

E—力矩限位器

F—起重量限位器

塔吊安全保护装置示意图

塔吊安拆

④塔吊使用及维护(如下图)。塔吊司机、指挥持证上岗,明确、统一塔吊指挥信号,建立交接班记录制度,坚持"十不吊"原则。

塔吊使用及维护

(2)施工机具。

①平刨。平刨安装护手装置,开关箱与平刨的距离不超过 3 m;不得使用既有平刨,又有圆锯等的多功能木工机械。

②圆盘锯。圆盘锯的锯片设防护罩、防护挡板及分料器;开关箱与圆盘锯的距离不超过 3 m;传动部位也安装防护罩,见下左图。

③手持电动机具。佩戴个人防护用品,不得随意接长电源,开关箱与手持电动机具距离

不超过 3 m,见下右图。

圆盘锯的安全防护

手持电动机具的安全使用

④钢筋机械。钢筋冷拉及焊接作业区要有防护措施,传动部位要有防护罩,开关箱与机械之间的距离不大于 3 m。

⑤电焊机。电焊机安装后验收合格方可使用,设置保护接零和漏电保护器,并设置可见分段点的隔离开关和断路器,保证一次接线、二次接线分别不超过 5 m 和 12 m。

⑥气瓶。各种气瓶距明火要大于 12 m,气瓶设置防振圈和防护帽;电焊机施焊现场的 12 m 范围内不得堆放氧气瓶、乙炔发生器、木材等易燃物;气焊严禁使用未安装减压器的氧气瓶进行作业,五级以上大风天气严禁明火作业。

⑦潜水泵。潜水泵的开关箱作保护接零,安装漏电保护器,按照说明书正确使用。

9)对各专业分包项目的安全管理控制措施

安全生产是施工总承包在整个施工过程中管理工作的关键环节,承担着从始至终的安全管理责任。

(1)施工总承包及各专业分包单位建立以项目经理为首的安全生产领导小组,有组织、有领导地开展安全生产活动。

(2)企业的法人代表与施工总承包项目经理签订安全责任状,明确双方在安全生产中的责任、权利和义务以及具体的安全生产考核指标。

(3)根据项目法施工的要求,施工总承包经理与各专业分包商经理签订安全生产协议,确定安全生产中的责任和指标。

(4)施工总承包及各专业业务主管部门负责人(专业工程师)与各专业部门的业务人员,各专业负责人和业务主管部门人员与作业班组、特殊工种作业人员都要分别签订安全生产协议书。从经理到生产班组纵向到底,一环不漏,各职能部门人员的安全生产责任做到横向到边,使全体职工增强安全知识,提高安全意识。

(5)各级人员的安全协议签订后,项目经理(安全工程师)监督、检查本协议的落实情况,确保安全考核指标的完成。

(6)各级安全管理协议,特别是各专业分包商的安全协议必须在各专业分包商进场前签订。

5.安全事故应急救援预案

1)编制目的

为了确保施工过程中出现紧急情况时,应急救援工作能迅速有效展开,控制紧急事件的发展并尽可能地消除事故,将事故对人、财产和环境的损失减少到最低程度,尽快恢复生产,特制定本预案。

2）应急工作原则

应急救援工作是以保护人员安全优先，防止和控制事故蔓延优先，保护环境优先为原则。贯彻统一指挥、分级负责、区域为主、单位自救和社会救援相结合、高效协调以及持续改进的思想。各项目部应结合自身的实际情况制定相应的应急救援预案和有效的工作措施。

3）危险源与风险分析

根据建设工程特点，可能发生的安全事故包括：坍塌（基坑、模板混凝土浇筑作业）、物体打击、高处坠落、机械伤害、触电、大型机械设备倒塌、火灾、食物中毒、传染病等安全生产事故和汛期、大风恶劣天气等突发事件。

4）组织机构及职责

（1）应急组织体系如图所示。

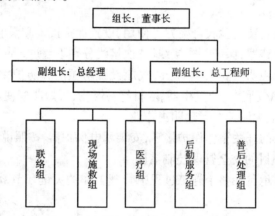

（2）应急机构。

公司应急领导小组：公司法人代表为该小组组长，主管安全、后勤的总经理为副组长，各处科室负责人及二级单位负责人为成员。

联络组：综合办公室负责人为组长，其他人员为成员。

（3）应急联系电话。

一旦发生事故，事故单位按照紧急事故处理流程，采取有效措施，防止事故的扩大。

应急联动电话：火警　119；急救　120；匪警　110。

主管部门：市住房和城乡建设委员会、市城建国资公司、建管局、公司生产安全处。

6.安全文明施工创优措施

1）安全文明创优组织机构

建立覆盖各专业分包商的安全文明创优组织机构，明确职责分工及奖惩措施，安全创优管理机构，见下图。

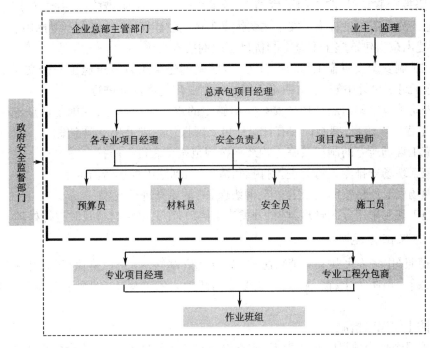

安全创优管理机构

2)创建山东省建筑施工安全文明优良工地的管理措施

(1)将本工程创建山东省建筑施工安全文明优良工地工作作为我公司主管部门的重点工作,负责申报及对现场进行指导和控制,确保获得此称号。

(2)成立创建山东省建筑施工安全文明优良工地领导小组,由项目经理任组长,负责安全文明工地创建的现场策划和实施。

(3)高起点,严要求,工程从开工准备开始,就将创建山东省建筑施工安全文明优良工地作为重点工作,各项安全文明工作均严格按照国家规范和省、市有关规定进行规划和设置,并在施工过程中严格各项检查制度。

(4)不定期地请省、市有关专家到现场检查指导工作,在施工过程中将各种不符合项消除。

(5)严格安全文明生产责任制,进场后,根据现场的实际情况,对安全生产、文明施工目标进行层层分解,落实到人,并与责任人签订协议书,明确各自的责任。

(6)严格对分包商的管理,将创建山东省建筑施工安全文明优良工地的相关要求写入分包合同,同时定期对分包商进行考核,将创建山东省建筑施工安全文明优良工地措施的落实作为重要考核内容,如两次考核不合格,坚决将其清退。

(7)做好对入场工人的教育工作,所有工人入场前均要对其进行入场教育,将创建安全文明工作的目标及实施方案和对工人的要求向工人讲解清楚,同时坚持对工人的日常教育工作,使创建工作深入人心,达到"操作按规程"的目的。

(8)现场安全文明领导小组每周组织相关人员对现场进行一次安全文明大检查,查出的不符合项按"三定"原则落实整改。

(9)现场设专职安全管理人员,每天对现场进行巡查,并按规定做好巡查记录。

（10）坚持专款专用，按工程进度情况，定期提取安全文明措施费，并专项用于安全生产、文明施工及山东省建筑施工安全文明优良工地的创建工作，任何人不得挪用。

3）创建山东省建筑施工安全文明优良工地的技术措施

（1）在编制安全文明施工组织设计前，就明确创建山东省建筑施工安全文明优良工地的目标，施工组织设计中安全、文明施工措施编制要以此为依据进行。

（2）外防护脚手架是展现现场安全文明施工的重要组成部分，在施工前就充分熟悉图纸和整个工程作业流程，编制详细有针对性可实际操作的脚手架专项方案。

（3）施工现场所有的洞口及临边均严格按规范按交底进行防护。

（4）施工现场安排专人每天进行打扫和清理，做到施工现场清洁卫生。

（5）现场用电严格按照"三级配电、两级保护"的原则进行设置。

（6）施工现场采用分区管理，材料分类集中码放整齐，废弃材料及时进行处理。

7. 消防保证措施

公司遵照《中华人民共和国消防法》（以下简称《消防法》），严格执行《常用国家消防技术规定汇编》，预防为主，防消结合，在保证消防投入的前提下，加强消防管理，消除火灾隐患。

1）消防组织保障措施

总包项目经理为项目防火负责人，成立以总包项目经理为首，由安全负责人的消防安全主任为组长、包括消防安全主管、项目总工程师、项目副经理（土建、安装）、相关部门构成的消防领导小组，并以消防领导小组为主体，健全消防管理组织机构，组织消防救援队，负责日常消防工作，消防干部的确定和更换均报当地消防监督机关备案。

消防组织机构见下图：

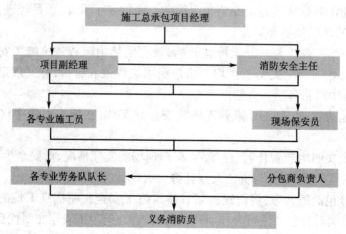

2）消防管理职责

（1）消防安全主任职责。

①每周检查灭火设施，并检测工程现场上安装的所有报警及探测器。

②每周检查安全通道、消防入口处、灭火设施及工作，并监督"工程现场消防安全计划"中所列的要求。

③联络工地辖区消防部门，包括安排工程现场检查和熟悉工程现场环境。

④联络工程现场安全管理人员，进行常规火险预防。

⑤保存所有核对、检查、测试、消防巡逻和火警演习程序的记录。

⑥定期监督和核对呼叫消防队的细节安排及实际操作程序。

⑦火警期间，担负起工程现场安全疏散所要求的责任，确保所有工作人员、工人及来访者到汇集点报道。

⑧随时推广"消防安全工作环境"概念。

（2）现场保安员的职责。

①在消防安全主任的直接控制下协助实施"工程现场消防安全计划"。

②纠正违反消防法规、规章的行为，并向消防负责人报告，提出对违章人员的处理意见。

③对重大火险隐患及时提出消除措施及建议，填发"火险隐患通知单"，并报消防监督机关备案。

④配备、管理消防器材，建立防火档案。

⑤组织义务消防队的业务学习和训练。

⑥组织扑救火灾，保护火灾现场。

⑦逐级防火责任制。

作为总承包商，将与各分包单位签订承包合同，规定分包单位的消防安全责任，并在施工中加强检查和监督。

3）消防设施、器材的配备

按照《消防法》及《常用国家消防技术规定汇编》的要求，足量配置现场消防器材、消防设施，并安排专人负责管理和维护、保养。

（1）本工程现场出入口均可供消防车辆出入，平时将安排专人看护，保证消防通道畅通无阻；生活区的场地也满足消防车辆的进出无阻。

（2）室外按每座消火栓保护半径不超过50 m设置消火栓（配置消防枪、接口各1只，消防水龙带50 m，不含临时木工房、模板堆场、危险品仓库等）。

（3）临时木工房、油漆房、模板堆场等每25 m² 配置一种合适的灭火器，油库、危险品仓库根据实际情况配备足够数量、种类合适的灭火器。

（4）本工程各楼均需要单独设置消防竖管，经计算，设置 DN 100 消防竖管，消防栓出水口 DN 65，每层设置9处消防栓箱，每个单元1个。

（5）生产区、办公区消防器材按"四四制"配置，即每套消防器材除包括消防沙池外，还包括消防锹、消防斧各4把，消防桶、灭火器各4只，沙池内始终保持填满沙。

（6）楼层内每层在楼梯间入口等便于取用的地点各配置一组灭火器（每组2只），铭牌朝外，并相应张贴指令标志。

（7）在外架上搭设马道，方便作业人员在突发事件时能及时撤离。

消防器材配置

（8）为防止电路短路或超负荷运行造成火灾，要求电路走线必须架空或埋地，线路选型必须充分考虑用电设备的功率。

4）消防管理措施

（1）防火教育与消防演练。

每月对职工进行一次防火教育，定期组织防火检查，建立防火工作档案。定期进行教育训练，熟悉掌握防火、灭火知识和消防器材的使用方法，增强自防、自救能力。

（2）可燃物资的存放与管理措施。

①库房用非燃材料搭设。

②本工程土方施工阶段大量挖掘机和运土车辆的用油量巨大，要求所有运土车辆在加油站加油，挖掘机的用油由小型油罐车运输到现场加油，杜绝现场大量的油料存放。

③易燃物品专库储存，在仓库的入口处张贴醒目的告示牌并配备足够数量的灭火筒，分类单独存放，保持通风，用电符合防火规定，化学类易燃品和压缩可燃性气体容器等，按其性质设置专用库房分类存放。

④及时消除使用后的废弃物料。

⑤严格防火措施，使用易燃物品时指定防火负责人，配备灭火器材，确保施工安全。

（3）明火作业控制措施。

①施工作业用火必须经消防安全主任审批，领取用火证，方可作业；用火证只在指定地点和限定时间内有效。

②具有火灾危险的场所禁止动用明火，确需动用明火时，事先向主管部门办理审批手续，并采用严密的消防措施，切实保证安全。

③生产、生活用火均应经消防安全主任批准，任何人不准擅自动用明火，使用明火时，远离易燃物，并备有消防车器材。

④现场设吸烟室，场内严禁吸烟。

⑤加强对电气焊人员的消防知识教育，持证上岗。在作业前办理用火手续，并配备适当的看火人员，看火人员随身携带灭火器具，在焊接过程中不准离开岗位。

5）其他管理措施

（1）工程消防管理委员会每周召开一次工作例会，总结前一阶段消防工作的情况，布置下一阶段的消防工作。

（2）制定消防工作总体方案，并根据不同季节和工程进度，制定出分阶段的防火预案及灭火方案。

（3）建立值班巡逻制度，遇有火警，应及时扑救并应立即向有关方面报警。

（4）加强用火、用电管理，严格执行电、气焊工的持证上岗制度。无证人员和非电、气焊工人员一律不准操作电气焊割设备，电气焊工要严格执行用火审批制度，操作前，要清除附近的易燃物，开具用火证，并配备看火人员及灭火器材。用火证当日有效，动火地点变换，要重新办理用火证手续。消防人员必须对用火严格把关，对用火部位、用火时间、用火人、场地情况及防火措施要了如指掌，并对用火部位经常检查，发现隐患问题，要及时予以解决。

（5）使用电气设备和易燃、易爆物品，必须严格落实防火措施，指定防火负责人，配备灭火器材，确保施工安全。

（6）施工建筑物内不准住人。特殊情况需要住人时，要报经上级机关批准，并与建设单位签订协议,明确管理责任。

(7)施工现场内禁止用易燃物支搭用房,现场及工程内不允许随便搭设更衣室、小工棚、小仓库,如确属需要,须经有关管理部门批准,并且使用非易燃材料支搭。施工现场内禁止存放易燃、易爆、有毒物品。因施工需要, 进入工程内的可燃材料,要根据工程计划, 限量进入, 并应采取可靠的防火措施。上述物品进场必须事先征得有关管理部门的同意,发给《特种物料进场许可证》方可进场,对擅自进料或超过批准数量进料的,按消防法规及内部规定追究主管人和当事人的责任。

(8)施工现场内因施工需要使用易燃的稀释剂或添加剂时,应在工程结构外调制完毕后进入工地内使用,各单位对施工过程中的易燃物品应及时清理,消除火险隐患。

(9)施工现场在有条件的情况下, 可设有防火措施的吸烟室。施工现场内严禁违章吸烟。

(10)现场施工要坚持防火安全交底制度, 特别是在进行电气焊、油漆粉刷或从事防水等危险作业时,防火安全交底要具有针对性。

(11)在防火施工作业前,必须制定防火预案,采取行之有效的防火措施,对防火材料的运输、使用,应严格执行操作规程,明确专人负责组织施工,防止发生火灾和爆炸事故。

(12)施工中,对所用木料必须加强管理。进场的新、整材料,要集中码放、整齐有序,并设专人看管,专门配备灭火器材。拆模后的木料要及时清运至专用木料周转场地,并严格管理。废旧木料要及时清运出场,严防火灾事故发生。

(13)施工现场内的供用电线路、电力设备须由正式电工统一安装,严禁私接电线和私自使用大功率电器设备,线路接头必须良好绝缘,不许裸露,开关、插座须有绝缘外壳。

6)消防应急预案

消防应急响应程序:接到火情报告→通报相关部门→组织现场补救→紧急疏散、消防到场施救→备案、恢复施工。

紧急疏散:如火情难以控制,立即组织紧急疏散。

(1)火警确认。

①火警级别。

一级火警:火场区域自动灭火装置或现场人员能够及时扑灭的火灾。

二级火警:火场区域灭火装置和现场人员短时无法扑灭的火灾。

②接到报警电话后,立即通知巡视人员迅速前往报警点进行确认。

如火情属误报,查明原因,通知中控室相关部门继续组织施工。

如火情属一级火警,立即向安全负责人报告火势情况,并就近取灭火器材或组织现场人员进行灭火。

如火情属二级火警,立即报警求助并启动紧急疏散程序。

(2)报警方式。

①内线报警:按工地和生活区安装火警警报电铃,并打电话给消防安全主任和主管,讲清自己的姓名、所在单位、着火部位、燃烧物质及火势程度。

②外线报警:当发现火情难以控制后,立即拨打119,并告知火灾发生准确地点、燃烧

物、联系电话、目前火情等；报警后，报警人员保护好火灾现场，待有关人员到场后提供真实情况应保持冷静。

提前找到消火栓位置，等候消防队到达并协助工作。

第十二章　单项工程安全报监程序

根据《中华人民共和国建筑法》和省级建筑相关管理条例的有关规定,为落实"安全第一,预防为主"的方针,强化建筑施工安全生产的全过程管理,使建筑施工安全生产工作进一步制度化、规范化,促进建筑施工安全生产和文明施工,建筑工程实行安全报监制度。

(一)有关安全报监的规定

(1)凡从事土木工程、房屋修缮与拆除、装饰装修、设备安装、管线敷设等施工和构配件生产活动的企业及个人,均实行建筑工程安全报监制度。

(2)省各级建设行政主管部门主管建筑工程安全报监工作;各级建筑施工安全监督管理部门或机构具体负责建筑工程安全报监工作。

(3)建筑施工企业办理建筑工程安全报监手续,必须提供下列资料:

①建筑施工企业安全生产许可证;

②工程中标通知书;

③工程施工合同;

④施工现场总平面布置图;

⑤施工现场周边环境安全评估表(一式两份);

⑥施工现场安全生产、文明施工措施计划与所需要费用预算计划,经建设、监理、施工单位盖章,由建设单位拨付安全生产措施费用的相关记账收据凭证;

⑦施工现场临时设施规划方案、围挡方案(建设、监理、施工单位盖章);

⑧工程施工组织设计(方案)和专业技术性强的分部(分项)工程的专项施工方案(施工单位负责人、技术负责人、项目总监签字,建设、监理、施工单位盖章);

⑨拟使用的施工机械设备以及安全防护用品的型号、数量;

⑩建筑施工企业为从事危险作业的职工办理的意外伤害保险手续;

⑪工程项目负责人、专项安全管理人员及特种作业人员的证书原件和复印件;

⑫外地施工企业提供育龄女职工(19~49岁)工程所在地社区出具的"流动人口婚育证明";

⑬职工夜校设立计划(单位 1 万 m² 以上,设立夜校领导小组、教学计划、设施配备、授课人员、课程表);

⑭其他需提供的资料。

(4)建设单位、监理单位、施工单位要在工程的不同阶段分别按照标准规范组织阶段性验收后方可继续施工。

①基础阶段:基础施工完毕,现场文明施工达到《建筑施工现场环境与卫生标准》要求,且脚手架基础处理完毕。

②主体施工阶段:工程每施工三层且不超过 10 m 为一个验收阶段。

③工程装饰阶段:主体工程完毕至所有施工设备撤出施工现场。

④其他:涉及地下暗挖工程、深基坑工程、30 m以上高空作业工程、大爆破工程施工完毕后,需增加一次验收;高大模板支撑系统安装完毕,现浇混凝土前,需增加一次验收;停工时间超过1个月的工程,复工前必须进行一次验收,经验收合格后方可开工。

(5)"建筑工程安全报监书"一式五份。由市建筑安全监督管理部门、工程所在地建筑安全监督管理部门、建设单位、施工单位、监理公司各持一份。

(6)施工企业应在工程开工前15日内到建筑施工安全监督管理部门或机构进行报监;建筑施工安全监督管理部门或机构应在3日内派员到施工现场进行核查验收,如符合工程安全报监手续,应在5日内作出可否开工的明确结论。

(7)建筑施工安全监督管理部门或机构应根据施工进度,按规定分阶段对办理了报监手续的工程的安全生产工作进行跟踪监督检查,并对每个阶段的情况写出书面检查结论,存档备案;工程竣工时,建筑施工安全监督管理部门或机构应对该工程及时进行综合验收评价,并作出结论,填于"报监书"中,"建筑工程安全报监书"应与其他工程文书资料一起交城建档案管理部门存档,以备查验。

(8)对不执行工程安全报监制度或报监手续不齐全的单位,其工程不得开工,情节严重者按相关法律法规进行处罚。

(二)案例

1.目录

(1)安全生产许可证

(2)中标通知

(3)施工合同

(4)平面布置图

(5)施工现场周边环境评估表

(6)现场安全文明生产措施

(7)施工现场临时设施规划方案

(8)施工组织设计和各专项方案

(9)施工机械及安全防护用品

(10)职工意外伤害保险

(11)施工现场安全负责人、特种作业人员证件

(12)职工夜校设立计划

2.建筑工程安全报监书

工程名称		工程面积	
建设单位		联系电话	
施工单位		联系电话	
监理单位		联系电话	
项目负责人		安全生产考核合证书编号	
现场安全负责人		联系电话	
监理人员		安全生产培训合格证编号	

工程地点		开竣工日期	

安全报监前建设单位、施工单位、监理单位审查项目如下。

（1）施工单位应组织施工技术人员编制施工组织设计（方案）和专业技术性强的分部（分项）工程专项施工方案，施工方案措施针对性要强，并经施工单位技术负责人审批，监理单位总监审核，建设单位按规定进行审查。对涉及地下暗挖工程、深基坑工程、高大模板工程、30 m以上高空作业工程、大爆破工程施工方案必须符合建设部有关规定的要求。

（2）施工现场周边环境安全评估表，以及对危险源进行重点防控措施方案。

（3）建设、施工和监理单位要按照安全报监规定要求，落实工程安全管理机构，专职管理人员和特种作业人员持证上岗配比情况，施工单位项目负责人和专职安全管理人员安全监督人员必须持有建管局颁发的安全生产考核合格证书。

（4）工程开工前，施工现场安全生产、文明施工、措施计划与所需要费用预算计划，并提供建设单位拨付安全生产文明施工费用的相关记账收据凭证。

（5）工程开工前，应由施工单位编制文明施工专项施工方案。方案内容应包括围挡墙、临建设施的搭设、场容场貌、卫生管理、环境保护、消防等主要内容，并经施工单位技术负责人审批，监理单位总监审核，建设单位按规定进行审查。

（6）施工现场的新建办公室、宿舍、食堂、厕所、淋浴间和生活学习等临建设施，提倡使用符合规定要求的装配式彩钢活动房屋，食堂灶台、烟道处要采取防火隔热措施。临建设施配套齐全，且满足其安全、通风、卫生、消防、用电和检查验收等规定要求。

（7）施工现场新建围挡和标志牌必须符合相应行政主管部门有关规定的要求，尽量使用符合规定要求的彩色喷塑压型钢板，可采用绘霓虹灯等形式进行美化、亮化，并达到安全整洁等规定要求。

8.施工现场必须设置车辆冲刷设施。

9.施工现场生活区、作业区应按照平面布置图设置，并有明确划分，场地地面应进行硬化。现场道路应采用混凝土硬化，并满足车辆行驶和抗压要求。

审查结论： 审查人 　　　　　　建设单位（章） 　　　　　　年　月　日	审查结论： 审查人 　　　　　　施工单位（章） 　　　　　　年　月　日	审查结论： 审查人 　　　　　　监理单位（章） 　　　　　　年　月　日

施工现场人员持证上岗情况

专职安全生产管理人员	证书编号	安全资料员	证书编号	急救员	证书编号
塔机司机	证书编号	架子工	证书编号	机械操作工	证书编号
塔机信号工	证书编号	起重工	证书编号	建筑电工	证书编号

建筑焊工	证书编号				

工程所在地建筑施工安全监督管理部门审批意见		（章） 　　　年　月　日

阶段 安全 生产 验收 情况	建设单位	结论
		工程负责人　　　　　　　　　　　　　　（章） 　　　　　　　　　　　　　　　　　年　月　日
	施工单位	结论
		总包单位技术负责人　　　　　　　　　　（章） 　　　　　　　　　　　　　　　　　年　月　日
	监理单位	结论
		项目总监　　　　　　　　　　　　　　　（章） 　　　　　　　　　　　　　　　　　年　月　日
	备注	

阶段 安全 生产 验收 情况	建设单位	结论
		工程负责人　　　　　　　　　　　　　　（章） 　　　　　　　　　　　　　　　　　年　月　日
	施工单位	结论
		总包单位技术负责人　　　　　　　　　　（章） 　　　　　　　　　　　　　　　　　年　月　日
	监理单位	结论
		项目总监　　　　　　　　　　　　　　　（章） 　　　　　　　　　　　　　　　　　年　月　日
	备注	

阶段安全生产验收情况	建设单位	结论 工程负责人	（章） 年　月　日
	施工单位	结论 总包单位技术负责人	（章） 年　月　日
	监理单位	结论 项目总监	（章） 年　月　日
	备注		
阶段安全生产验收情况	建设单位	结论 工程负责人	（章） 年　月　日
	施工单位	结论 总包单位技术负责人	（章） 年　月　日
	监理单位	结论 项目总监	（章） 年　月　日
	备注		
阶段安全生产验收情况	建设单位	结论 工程负责人	（章） 年　月　日
	施工单位	结论 总包单位技术负责人	（章） 年　月　日
	监理单位	结论 项目总监	（章） 年　月　日
	备注		

阶段安全生产验收情况	建设单位	结论		（章）
		工程负责人		年　月　日
	施工单位	结论		（章）
		总包单位技术负责人		年　月　日
	监理单位	结论		（章）
		项目总监		年　月　日
	备注			
竣工综合评价结论	建设单位	结论		（章）
		工程负责人		年　月　日
	施工单位	结论		（章）
		总包单位技术负责人		年　月　日
	监理单位	结论		（章）
		项目总监		年　月　日
	工程安全生产监督管理部门综合评价意见	结论		（章）
		监督人员		年　月　日
备注				

3. 施工现场周边环境安全评估表

评估项目如下：

(1) 毗邻高压线的状况；

(2) 施工对毗邻建筑物构筑物(含围挡墙、护坡、挡土墙)的影响；

（3）靠近山体、水体、油库、地下管线、坑道、堤坝、危险品库、军事设施、测量标志的状况；

（4）深基坑施工对周边环境的影响；

（5）施工对周边通信、道路等公用设施的影响；

（6）施工现场的临建设施选址是否合理，结构是否安全，围挡墙是否牢固可靠；

（7）施工现场对周边交通、行人、集贸市场和学校等人流密集区域的影响；

（8）施工中各种粉尘、废气、废水、固体废弃物以及噪声、振动对环境的污染和危害；

（9）其他可能造成严重后果的危险源。

基本情况

建设单位 项目负责人		总监理工程师	
施工单位 技术负责人		项目经理	
面积 造价		结构 层高	

评估情况、结论及相关措施如下。

　　某工程 A7 号、A8 号、A9 号楼，位于某市环湖中路以南，府东路以西，拥军街以北。新建建筑物周围无高压线，施工时不会对周围环境及通信、公路等公共设施造成影响。

　　施工现场临设拟建在新建建筑物南侧采用装配式彩钢活动板房，设置五小设施要求配套齐全且满足安全通风、卫生、消防、用电和检查、验收等规范要求，新建建筑物周围使用符合规定要求的砖砌墙体进行围挡，严格执行市建设局《关于规范建筑施工现场和标志牌的通知》要求，施工时采取防噪声、防污染等隔离措施，设置环境领导小组，针对爱护环境、文明施工、守法利民、预防污染、节能降耗、珍惜资源、持续改进、优化环境、制定具体措施，并派专人负责落实，把施工中产生的粉尘、废气以及噪声等对环境的污染和危害降至最低。为继续解放思想，推进科学发展，创建文明城市，构建社会主义和谐社会做出贡献。

建设单位：	监理单位：	施工单位：
项目负责人签字：	总监理工程师签字：	项目经理签字：
年　月　日	年　月　日	年　月　日

4. 施工现场临时设施规划、围挡方案

结合本工程实际情况及安全生产管理规定，保证建筑安全生产，创建省级安全文明工地，使临时设施项目落实到位，特制定临设规划方案。

（1）工地现场主要施工道路设 C_{25} 混凝土路面，主路宽度 6 m，支路宽度为 4 m。

（2）设总配电箱一个，分配电箱五个，开关箱 40 个，根据具体情况随时增加。

（3）主要出入口处设钢制大门一个，6 m 高，9 m 宽。

（4）施工现场,甲方指定场地周围设彩钢板瓦临时围墙,并绿化施工现场。

（5）施工现场临时工作棚需要设防护,标准要求防雨、防砸,根据实际场地大小而定。

（6）邻边及洞口防护需设钢管防护栏杆,标准大于 1.2 m 高,详见安全技术规范。

（7）新建楼外围用密目网防护,并在指定部位搭设安全通道 2 处。

（8）办公室及仓库总计 400 m² 左右。

根据本工程部署,施工方法和劳动力需求计划以及本工程需用的施工临时设施见下表:

序号	临时设施名称	占地面积(m²)
1	办公室	400
2	传达室	20
3	库房	20
4	厕所	200
5	男、女更衣室	50
6	会议室	60
7	娱乐室	60

5. 确保安全文明生产措施

1）组织措施

建立以项目经理为首的责任者的安全管理网络。

2）建立健全安全生产管理制度

（1）建立安全教育制度,加强三级教育,对新工人、新调换岗位的工人必须进行岗位安全培训,合格后方可上岗;对特殊工种如架工、机械工等除进行一般性安全教育外,必须实行专门的安全操作培训,在施工现场开辟安全教育专栏,介绍安全常识,增强职工的安全意识。

（2）建立健全安全生产责任制,做到目标明确,责任到人。

（3）制定安全技术措施计划,制定保证安全生产、改善劳动条件、防止伤亡事故、预防职业病等各项技术组织措施。

（4）安全检查制度。建立以自查为主,领导和群众检查相结合的原则,定期不定期地组织安全检查,对查出的隐患及时整改处理。

（5）安全原始记录制度。建立安全生产台账,作为总结经验、研究安全措施的依据。

（6）工程保险。除采取种技术管理的安全措施外,还应参加保险,确保工期人员及周围邻近建筑物的安全。

3）保证安全技术措施

（1）在安全出入口处,配置宣传标语,悬挂安全标志。

（2）进入施工现场,必须正确使用"三宝",严禁非施工人员进入施工现场,外单位参观人员需有人作陪。

（3）严禁违章操作、违章指挥,严禁酒后高空作业,机械操作等特殊工种需上岗证。

（4）构件和材料施工吊装时,吊具必须牢固,严禁吊臂下站人。

（5）脚手架的搭设必须科学合理,所用材料牢固,脚手架搭设和拆除时,应由专人负责指挥,以防钢管、扣件等坠落伤人。

(6)使用机械必须严格按操作规程由专人负责,机械要有可靠的接地和防雷措施。

(7)使用机械、钢丝绳、电器开关要定期检查,按机械规程施工。使用前需有检测部门人员验收,合格后方可使用,并做好原始记录。

(8)脚手架周边采用满挂目式安全网施工,施工现场周围采用砖墙封闭,并在工作面周围设立安全网等,以确保施工人员的施工安全和行走安全。

(9)施工现场临时用电的防护。

①严格执行《临时用电安全技术规范》(JG 46—2005)。

②配电箱配备用电总箱,配电系统采取分级配电,设立分配电箱、开关箱,要求外观完整、牢固、防雨、防尘,箱体外挂安全标志,统一编号。

③配电箱、开关箱要求:"一机一闸一触保",停止使用配电箱应切断电源,箱门上锁。

④配电线路必须按规定架设整齐,架空线采用绝缘导线。

⑤采用220 V电源照明时,应按规定布线和装设灯具,并在电源一侧加漏电保护器。

⑥电焊机单独设开关,外壳做接零接地保护。

(10)建立相应的清防措施。

①现场加工厂配备两个消火栓,消火栓应设明显标志,配备足够的消防水带。

②严格执行用火审批制度,凡用明火处,要有灭火器,并有专人看护。

③施工作业层和生活区配备足够的灭火器,并向工人传授使用基础知识,做到人人都懂,个个会用。

(11)雨季施工期间,经常检查脚手架,以防脚手架下沉。

4)文明施工和标准化管理措施

(1)道路水沟网络化:做到有路必有沟,水沟连成网,排水畅通,下雨不积水,行车无阻碍。

(2)围墙大门规范化:做到整齐合一,改掉过去工地脏、乱、差的局面,使之耳目一新。

(3)物料堆放定量化:定量、定点堆放材料,既利于现场文明管理,又不至于材料积压过多,工地要加强对土方、混凝土、砂浆在生产中的管理,避免造成扬尘。

(4)管理资料档案化:做到各类管理资料分门类编号,装订成册,便于查找存放,便于执行合同为创效益提供可靠的原始资料。

(5)班组"计划清"的制度化:从检查内容,每天的报表等串联起来实施,形成专人专责制度管理,促使班组"计划清"天天做,工完料要清。

(6)工序衔接定时化:坚持在总进度制约下,按月、旬、周编制作业计划,根据实际情况使资源平衡,工序搭接,并进行动态补网,各工序人员相对固定,以提高熟练程度,确保计划实现。

(7)合同管理程序化:加强对合同的学习、理解和管理,树立恪守合同观念。

(8)成本核算动态化:建立一套"先算后做,边算边做,做后再算"的标准,将成本控制落实到实处。

(9)虽然工程施工现场较窄,企业仍准备在施工现场内进行适当绿化,改变以前施工现场脏、乱、差的现象,创建一个花园式的施工现场。

(10)在工地大门口统一挂"十牌二图二栏":工程概况牌、项目组织管理机械牌、安全生产六纪律牌、十项安全技术措施牌、安全生产十个不准牌、建筑工人文明"十不"守则牌、施工现场职工道德牌、工地卫生制度牌,防火制度牌、安全生产记录牌;施工现场总平面图、现场卫生包干图;宣传栏、阅报栏。

（11）确保施工污水不外流,场内建筑垃圾集中堆放并及时清运;建筑垃圾在清运过程中,防止有飞灰现象;严格按环境保护要求施工,尽量降低施工产生的噪声。

（12）施工现场内严格按施工总平面布置图搭设临时设施,做到材料堆放整齐,地场平整、道路畅通、排水畅通,无大面积积水,临时设施建造力求整齐、美观。

（13）在整个施工现场专职文明工地管理员,负责工地施工现场的布置,道路畅通,材料堆放,环境卫生等工作。

（14）在施工生产区内根据各工种施工班组的施工进行卫生包干,在各自的包干区内每天清理,做到清洁、整齐并制定相应的奖罚措施。

6. 施工机械及安全防护用品

根据本工程具体情况土建部分采用的进场机械如下表:

序号	设备名称	型号	单位	数量	单台功率	进场时间
1	塔吊	QTZ63	台	1	31.7	开工前
2	塔吊	QTZ40	台	1	21.7	开工前
3	塔吊	QTZ25	台	1	20.8	开工前
4	施工电梯	SC100	台	2	22	12层后
5	物料提升机	WJ100	台	1	33	配合进前
6	砂浆搅拌机	UJ300	台	5	4.5	开工前
7	钢筋切断机	GJ5－40	台	4	5.5	开工前
8	钢筋调直机		台	4	5.5	开工前
9	钢筋弯曲机	GJ5－80	台	4	3.8	开工前
10	插入式振动器	HZ69－71A	台	2	2.2	开工前
11	木工平刨	MB1043	台	3	0.7	开工前
12	圆盘锯	MJ114	台	3	3	开工前
13	混凝土泵送机		台	2	32.2	配合进前
14	对焊机		台	1	38.01	开工前
15	交流电焊机		台	2	5.09	开工前

施工现场安全防护设施的使用计划

名称	规格	数量	费用计划(元)	备注
临设		14	11 0000	
围挡栏杆防护		4	80 000	
警示牌		16	900	50元/个
防护棚		4	4 000	1 000元/个

续表

名称	规格	数量	费用计划(元)	备注
密目网	6 000×1 500	6 000	150 000	25 元/片
安全平网	6 000×1 500	4 500	157 500	35 元/片
总配电箱	600 A	2	16 000	8 000 元/个
分配电箱	400 A	5	22 500	4 500 元/个
流动配电箱	200 A	10	30 000	2 400 元/个
安全帽		300	3 600	12 元/个
安全带		40	1 400	30 元/个
总计费用	575 900 元			

×××××公司
×××项目部

7. 设立职工夜校计划

施工现场设立职工夜校,集中对职工进行施工工艺规范、质量验收规范及各工种安全操作规程的培训教育,并设立夜校领导小组、制定教学计划、配置相应教材,由项目部安全员、质检员及技术员对职工进行现场教育。为切实将职工夜校计划落实到位,项目部特制定如下规定。

1) 夜校领导小组名单

组　　长:××(项目经理)

副组长:××(技术负责人)

成　　员:×××(安全员)

　　　　　(质检员)

　　　　　(技术员)

2) 教学计划、设施配备

施工现场职工晚上 7:00～8:00 在工地会议室集中学习施工技术、安全操作规程等方面的知识,每星期学习六次,并配备相应教材供职工学习。

3) 授课人员

授课人员有:××、×××、×××、×××

职工夜校授课人员均为取得相应安全、技术证书,能够解决实际问题的施工现场管理人员,能够使职工在夜校的学习中得到理论联系实际的收获。

后附:职工夜校课程表

课　程　表

日　　期	科　目	授课人
星期一	施工工艺规范	
星期二	安全操作规程	
星期三	质量验收规范	

日　期	科　目	授课人
星期四	现场施工技术	
星期五	安全操作规程	
星期六	质量验收规范	
星期天	休　息	

第十三章　施工现场安全管理与文明施工

施工现场的管理与文明施工是安全生产的重要组成部分。安全生产是树立以人为本的管理理念,保护社会弱势群体的重要体现;文明施工是现代化施工的一个重要标志,是施工企业一项基础性的管理工作,坚持文明施工具有重要意义。安全生产与文明施工是相辅相成的,建筑施工安全生产不但要保证职工的生命财产安全,同时要加强现场管理,保证施工井然有序,改变过去脏乱差的面貌,这对提高投资效益和保证工程质量具有深远意义。

(一)施工现场的平面布置与划分

施工现场的平面布置图是施工组织设计的重要组成部分,必须科学合理地规划、绘制出施工现场平面布置图,在施工实施阶段按照施工总平面图要求,设置道路、组织排水、搭建临时设施、堆放物料和设置机械设备等。

1.施工总平面图编制的依据

(1)工程所在地区的原始资料,包括建设、勘察、设计单位提供的资料;

(2)原有和拟建建筑工程的位置和尺寸;

(3)施工方案、施工进度和资源需要计划;

(4)全部施工设施建造方案;

(5)建设单位可提供房屋和其他设施。

2.施工平面布置原则

(1)满足施工要求,场内道路畅通,运输方便,各种材料能按计划分期分批进场,充分利用场地;

(2)材料尽量靠近使用地点,减少二次搬运;

(3)现场布置紧凑,减少施工用地;

(4)在保证施工顺利进行的条件下,尽可能减少临时设施搭设,尽可能利用施工现场附近的原有建筑物作为施工临时设施;

(5)临时设施的布置,应便于工人生产和生活,办公用房靠近施工现场,福利设施应在生活区范围之内;

(6)平面图布置应符合安全、消防、环境保护的要求。

3.施工总平面图表示的内容

(1)拟建建筑的位置,平面轮廓;

(2)施工用机械设备的位置;

(3)塔式起重机轨道、运输路线及回转半径;

(4)施工运输道路、临时供水排水管线、消防设施;

(5)临时供电线路及变配电设施位置;

(6)施工临时设施位置;

（7）物料堆放位置与绿化区域位置；

（8）围墙与入口位置。

4. 施工现场功能区域划分要求

施工现场按照功能可划分为施工作业区、辅助作业区、材料堆放区和办公生活区。施工现场的办公生活区应当与作业区分开设置，并保持安全距离。办公生活区应当设置于在建建筑物坠落半径之外，与作业区之间设置防护措施，进行明显的划分隔离，以免人员误入危险区域；办公生活区如果设置在在建建筑物坠落半径之内时，必须采取可靠的防砸措施。功能区规划设置时还应考虑交通、水电、消防和卫生、环保等因素。

这里的生活区是指建设工程作业人员集中居住、生活的场所，包括施工现场以内和施工现场以外独立设置的生活区。施工现场以外独立设置的生活区是指施工现场内无条件建立生活区，在施工现场以外搭设的用于作业人员居住生活的临时用房或者集中居住的生活基地。

（二）场地

施工现场的场地应当整平，清除障碍物，无坑洼和凹凸不平，雨季不积水，暖季应当绿化。施工现场应具有良好的排水系统，设置排水沟及沉淀池，现场废水不得直接排入市政污水管网和河流；现场存放的油料、化学溶剂等应设有专门的库房，地面应进行防渗漏处理。地面应当经常洒水，对粉尘源进行覆盖遮挡。

（三）道路

（1）施工现场的道路应畅通，应当有循环干道，满足运输、消防要求；

（2）主干道应当平整坚实，且有排水措施，硬化材料可以采用混凝土、预制块或用石屑、焦渣、砂头等压实整平，保证不沉陷、不扬尘，防止泥土带入市政道路；

（3）道路应当中间起拱，两侧设排水设施，主干道宽度不宜小于 3.5 m，载重汽车转弯半径不宜小于 15 m，如因条件限制，应当采取措施；

（4）道路的布置要与现场的材料、构件、仓库等堆场、吊车位置相协调、相配合；

（5）施工现场主要道路应尽可能利用永久性道路，或先建好永久性道路的路基，在土建工程结束之前再铺路面。

（四）封闭管理

施工现场的作业条件差，不安全因素多，在作业过程中既容易伤害作业人员，也容易伤害现场以外的人员。因此，施工现场必须实施封闭式管理，将施工现场与外界隔离，防止"扰民"和"民扰"，同时保护环境、美化市容。

1. 围挡

（1）施工现场围挡应沿工地四周连续设置，不得留有缺口，并根据地质、气候、围挡材料进行设计与计算，确保围挡的稳定性、安全性；

（2）围挡的用材应坚固、稳定、整洁、美观，宜选用砌体、金属材板等硬质材料，不宜使用彩布条、竹笆或安全网等；

（3）施工现场的围挡一般应高于 1.8 m；

（4）禁止在围挡内侧堆放泥土、沙石等散状材料以及架管、模板等，严禁将围挡做挡土墙使用；

（5）雨后、大风后以及春融季节应当检查围挡的稳定性，发现问题及时处理。

2. 大门

（1）施工现场应当有固定的出入口，出入口处应设置大门；

（2）施工现场的大门应牢固美观，大门上应标有企业名称或企业标志；

（3）出入口处应当设置专职门卫保卫人员，制定门卫管理制度及交接班记录制度；

（4）施工现场的施工人员应当佩戴工作卡。

（五）临时设施

施工现场的临时设施较多，这里主要指施工期间临时搭建、租赁的各种房屋临时设施。临时设施必须合理选址、正确用材，确保使用功能和安全、卫生、环保、消防要求。

1. 临时设施的种类

（1）办公设施，包括办公室、会议室、保卫传达室；

（2）生活设施，包括宿舍、食堂、厕所、淋浴室、阅览娱乐室、卫生保健室；

（3）生产设施，包括材料仓库、防护棚、加工棚（站、厂，如混凝土搅拌站、砂浆搅拌站、木材加工厂、钢筋加工厂、金属加工厂和机械维修厂）、操作棚；

（4）辅助设施，包括道路、现场排水设施、围墙、大门、供水处、吸烟处。

2. 临时设施的设计

施工现场搭建的生活设施、办公设施、两层以上、大跨度及其他临时房屋建筑物应当进行结构计算，绘制简单施工图纸，并经企业技术负责人审批方可搭建。临时建筑物设计应符合《建筑结构可靠度设计统一标准》（GB 50068）、《建筑结构荷载规范》（GB 50009）的规定。临时建筑物使用年限定为 5 年。临时办公用房、宿舍、食堂、厕所等建筑物结构重要性系数 $\gamma_0 = 1.0$，工地非危险品仓库等建筑物结构重要性系数 $\gamma_0 = 0.9$，工地危险品仓库按相关规定设计。临时建筑及设施设计可不考虑地震作用。

3. 临时设施的选址

办公生活临时设施的选址首先应考虑与作业区相隔离，保持安全距离，其次位置的周边环境必须具有安全性，例如不得设置在高压线下，也不得设置在沟边、崖边、河流边、强风口、高墙下以及滑坡、泥石流等地质灾害带上和山洪可能冲击到的区域。

安全距离是指，在施工坠落半径和高压线防电距离之外。建筑物高度 2 ~ 5 m，坠落半径 2 m；高度 30 m，坠落半径 5 m（如因条件限制，办公和生活区设置在坠落半径区域内，必须有防护措施）。1 kV 以下裸露输电线，安全距离为 4 m；330 ~ 550 kV，安全距离为 15 m（最外线的投影距离）。

4. 临时设施的布置原则

（1）合理布局，协调紧凑，充分利用地形，节约用地；

（2）尽量利用建设单位在施工现场或附近能提供的现有房屋和设施；

(3)临时房屋应本着厉行节约、减少浪费的精神,充分利用当地材料,尽量采用活动式或容易拆装的房屋;

(4)临时房屋布置应方便生产和生活;

(5)临时房屋的布置应符合安全、消防和环境卫生的要求。

5.临时设施的布置方式

(1)生活性临时房屋布置在工地现场以外,生产性临时设施按照生产的需要在工地选择适当的位置,行政管理的办公室等应靠近工地或是工地现场出入口;

(2)生活性临时房屋设在工地现场以内时,一般布置在现场的四周或集中于一侧;

(3)生产性临时房屋,如混凝土搅拌站、钢筋加工厂、木材加工厂等,应全面分析比较,确定位置。

(六)临时设施的搭设与使用管理

1.办公室

施工现场应设置办公室,办公室内布局应合理,文件资料宜归类存放,并应保持室内清洁卫生。

2.职工宿舍

(1)宿舍应当选择在通风、干燥的位置,防止雨水、污水流入;

(2)不得在尚未竣工建筑物内设置员工集体宿舍;

(3)宿舍必须设置可开启式窗户,设置外开门;

(4)宿舍内应保证有必要的生活空间,室内净高不得小于 2.4 m,通道宽度不得小于 0.9 m,每间宿人铺不得超过 2 层,严禁使用通铺,床铺应高于地面 0.3 m,宿舍居住人员不应超过 16 人;

(5)宿舍内的单人床不得小于 1.9 m×0.9 m,床铺间距不得小于 0.3 m;

(6)宿舍内应设置生活用品专柜,有条件的宿舍宜设置生活用品储藏室;宿舍内严禁存放施工材料、施工机具和其他杂物;

(7)宿舍周围应当搞好环境卫生,应设置垃圾桶、鞋柜或鞋架,生活区内应为作业人员提供晾晒衣物的场地,房屋外应道路平整,晚间有充足的照明;

(8)寒冷地区冬季宿舍应有保暖措施、防煤气中毒措施,火炉应当统一设置、管理,炎热季节应有消暑和防蚊虫叮咬措施;

(9)应当制定宿舍管理使用责任制,轮流负责卫生和使用管理或安排专人管理。

3.食堂

(1)食堂应当选择在通风、干燥的位置,防止雨水、污水流人,应当保持环境卫生,远离厕所、垃圾站、有毒有害场所等污染源的地方,装修材料必须符合环保、消防要求;

(2)食堂应设置独立的制作间、储藏间;

(3)食堂应配备必要的排风设施和冷藏设施,安装纱门纱窗,室内不得有蚊蝇,门下方应设不低于 0.2 m 的防鼠挡板;

(4)食堂的燃气罐应单独设置存放间,存放间应通风良好并严禁存放其他物品;

(5)食堂制作间灶台及其周边应贴瓷砖,瓷砖的高度不宜小于 1.5 m;地面应做硬化和

防滑处理,按规定设置污水排放设施;

(6)食堂制作间的刀、盆、案板等炊具必须生熟分开,食品必须有遮盖,遮盖物品应有正反面标志,炊具宜存放在封闭的橱柜内;

(7)食堂内应有存放各种佐料和副食的密闭器皿,并应有标志,粮食存放台距墙和地面应大于0.2 m;

(8)食堂外应设置密闭式泔水桶,并应及时清运,保持清洁;

(9)应当制定并在食堂张挂食堂卫生责任制,责任落实到人,加强管理。

4.厕所

(1)厕所大小应根据施工现场作业人员的数量设置;

(2)高层建筑施工超过8层以后,每隔四层宜设置临时厕所;

(3)施工现场应设置水冲式或移动式厕所,厕所地面应硬化,门窗齐全,蹲坑间宜设置隔板,隔板高度不宜低于0.9 m;

(4)厕所应设专人负责,定时进行清扫、冲刷、消毒,防止蚊蝇孳生,化粪池应及时清掏。

5.防护棚

施工现场的防护棚较多,如加工站厂棚、机械操作棚、通道防护棚等。

大型站厂棚可用砖混、砖木结构,应当进行结构计算,保证结构安全。小型防护棚一般钢管扣件脚手架搭设,应当严格按照《建筑施工扣件式钢管脚手架安全技术规范》要求搭设。

防护棚顶应当满足承重、防雨要求,在施工坠落半径之内的,棚顶应当具有抗砸能力。可采用多层结构。最上层材料强度应能承受10 kPa的均布静荷载,也可采用50 mm厚木板架设或采用两层竹笆,上下竹笆层间距应不小于600 mm.

6.搅拌站

(1)搅拌站应有后上料场地,应当综合考虑沙石堆场、水泥库的设置位置,既要相互靠近,又要便于材料的运输和装卸。

(2)搅拌站应当尽可能设置在垂直运输机械附近,在塔式起重机吊运半径内,尽可能减少混凝土、砂浆水平运输距离。采用塔式起重机吊运时,应当留有起吊空间,使吊斗能方便地从出料口直接挂钩起吊和放下;采用小车、翻斗车运输时,应当设置在大路旁,以方便运输。

(3)搅拌站场地四周应当设置沉淀池、排水沟。

①避免清洗机械时,造成场地积水;

②沉淀后循环使用,节约用水;

③避免将未沉淀的污水直接排入城市排水设施和河流;

④搅拌站应当搭设搅拌棚,挂设搅拌安全操作规程和相应的警示标志、混凝土配合比牌,采取防止扬尘措施,冬期施工还应考虑保温、供热等。

7.仓库

(1)仓库的面积应通过计算确定,根据各个施工阶段的需要先后进行布置;

(2)水泥仓库应当选择地势较高、排水方便、靠近搅拌机的地方;

(3)易燃易爆品仓库的布置应当符合防火、防爆安全距离要求;

（4）仓库内各种工具器件物品应分类集中放置，设置标牌，标明规格型号；

（5）易燃、易爆和剧毒物品不得与其他物品混放，并建立严格的进出库制度，由专人管理。

（七）施工现场的卫生与防疫

1.卫生保健

（1）施工现场应设置保健卫生室，配备保健药箱、常用药及绷带、止血带、颈托、担架等急救器材，小型工程可以用办公用房兼做保健卫生室；

（2）施工现场应当配备兼职或专职急救人员，处理伤员和职工保健，对生活卫生进行监督和定期检查食堂、饮食等卫生情况；

（3）要利用板报等形式向职工介绍防病的知识和方法，针对季节性流行病、传染病等，做好对职工卫生防病的宣传教育工作；

（4）当施工现场作业人员发生法定传染病、食物中毒、急性职业中毒时，必须在2小时内向事故发生所在地建设行政主管部门和卫生防疫部门报告，并应积极配合调查处理；

（5）现场施工人员患有法定的传染病或病源携带者时，应及时进行隔离，并由卫生防疫部门进行处置。

2.保洁

办公区和生活区应设专职或兼职保洁员，负责卫生清扫和保洁，应有灭鼠、蚊、蝇、蟑螂等措施，并应定期投放和喷洒药物。

3.食堂卫生

（1）食堂必须有卫生许可证；

（2）炊事人员必须持有身体健康证，上岗应穿戴洁净的工作服、工作帽和口罩，并应保持个人卫生；

（3）炊具、餐具和饮水器具必须及时清洗消毒；

（4）必须加强食品、原料的进货管理，做好进货登记，严禁购买无照、无证商贩经营的食品和原料，施工现场的食堂严禁出售变质食品。

（八）"五牌一图"与"两栏一报"

施工现场的进口处应有整齐明显的"五牌一图"，在办公区、生活区设置"两栏一报"。

（1）五牌指工程概况牌、管理人员名单及监督电话牌、消防保卫牌、安全生产牌、文明施工牌；一图指施工现场总平面图。

（2）各地区也可根据情况再增加其他牌图，如工程效果图等。五牌具体内容不作具体规定，可结合本地区、本企业及本工程特点设置。工程概况牌内容一般应写明工程名称、面积、层数、建设单位、设计单位、施工单位、监理单位、开竣工日期、项目经理以及联系电话。

（3）标牌是施工现场一项重要标志，所以不但内容应有针对性，同时标牌制作、挂设也应规范整齐、美观，字体工整。

（4）为进一步对职工做好安全宣传工作，要求施工现场明显处应有必要的安全内容的标语。

（5）施工现场应该设置"两栏一报"，即读报栏、宣传栏和黑板报，丰富学习内容，表扬好人好事。

（九）警示标牌的布置与悬挂

施工现场应当根据工程特点及施工的不同阶段，有针对性地设置、悬挂安全标志。

1. 安全标志的定义

安全警示标志是指提醒人们注意的各种标牌、文字、符号以及灯光等。一般来说，安全警示标志包括安全色和安全标志。安全警示标志应当明显，便于作业人员识别。如果是灯光标志，要求明亮显眼；如果是文字图形标志，则要求明确易懂。

根据《安全色》(GB2893—82)规定，安全色是表达安全信息含义的颜色，安全色分为红、黄、蓝、绿四种颜色，分别表示禁止、警告、指令和提示。

根据《安全标志》(GB2894—1996)规定，安全标志是用于表达特定信息的标志，由图形符号、安全色、几何图形（边框）或文字组成。安全标志分禁止标志、警告标志、指令标志和提示标志。安全警示标志的图形、尺寸、颜色、文字说明和制作材料等，均应符合国家标准规定。

2. 设置悬挂安全标志的意义

施工现场施工机械、机具种类多、高空与交叉作业多、临时设施多、不安全因素多、作业环境复杂，属于危险因素较大的作业场所，容易造成人身伤亡事故。在施工现场的危险部位和有关设备、设施上设置安全警示标志，这是为了提醒、警示进入施工现场的管理人员、作业人员和有关人员，要时刻认识到所处环境的危险性，随时保持清醒和警惕，避免事故发生。

3. 安全标志平面布置图

施工单位应当根据工程项目的规模、施工现场的环境、工程结构形式以及设备、机具的位置等情况，确定危险部位，有针对性地设置安全标志。施工现场应绘制安全标志布置总平面图，根据施工不同阶段的施工特点，组织人员有针对性地进行设置、悬挂或增减。

安全标志设置位置的平面图，是重要的安全工作资料之一，当一张图不能表明时可以分层表明或分层绘制。安全标志设置位置的平面图应由绘制人员签名，项目负责人审批。

4. 安全标志的设置与悬挂

根据国家有关规定，施工现场入口处、施工起重机械、临时用电设施、脚手架、出入通道口、楼梯口、电梯井口、孔洞口、桥梁口、隧道口、基坑边沿、爆破物及有害危险气体和液体存放处等属于危险部位，应当设置明显的安全警示标志。安全警示标志的类型、数量应当根据危险部位的性质不同，设置不同的安全警示标志。如：在爆破物及有害危险气体和液体存放处设置禁止烟火、禁止吸烟等禁止标志；在施工机具旁设置当心触电、当心伤手等警告标志；在施工现场入口处设置必须戴安全帽等指令标志；在通道口处设置安全通道等指示标志；在施工现场的沟、坎、深坑等处，夜间要设红灯示警。

安全标志设置后应当进行统计记录，并填写施工现场安全标志登记表。

（十）塔式起重机的设置

1. 位置的确定原则

塔式起重机的位置首先应满足安装的需要，同时，又要充分考虑混凝土搅拌站、料场位置，以及水、电管线的布置等。固定式塔式起重机设置的位置应根据机械性能、建筑物的平面形状、大小、施工段划分、建筑物四周的施工现场条件和吊装工艺等因素决定，一般宜靠近路边，减少水平运输量。有轨式塔式起重机的轨道布置方式，主要取决于建筑物的平面形状、尺寸和四周施工场地条件。轨道布置方式通常是沿建筑物一侧或内外两侧布置。

2. 应注意的安全事项

（1）轨道塔式起重机的塔轨中心距建筑外墙的距离应考虑到建筑物突出部分、脚手架、安全网、安全空间等因素，一般应不少于 3.5 m；

（2）拟建的建筑物临近街道，塔臂可能覆盖人行道，如果现场条件允许，塔轨应尽量布置在建筑物的内侧；

（3）塔式起重机临近的高压线，应搭设防护架，并且应限制旋转的角度，以防止塔式起重机作业时造成事故；

（4）在一个现场内布置多台起重设备时，应能保证交叉作业的安全，上下左右旋转，应留有一定的空间以确保安全；

（5）轨道式塔式起重机轨道基础与固定式塔式起重机机座基础必须坚实可靠，周围设置排水措施，防止积水；

（6）塔式起重机布置时应考虑安装与拆除所需要的场地；

（7）施工现场应留出起重机进出场道路。

（十一）材料的堆放

1. 一般要求

（1）建筑材料的堆放应当根据用量大小、使用时间长短、供应与运输情况确定，用量大、使用时间长、供应运输方便的，应当分期分批进场，以减少堆场和仓库面积；

（2）施工现场各种工具、构件、材料的堆放必须按照总平面图规定的位置放置；

（3）位置应选择适当，便于运输和装卸，应减少二次搬运；

（4）地势较高、坚实、平坦、回填土应分层夯实，要有排水措施，符合安全、防火的要求；

（5）应当按照品种、规格堆放，并设明显标牌，标明名称、规格和产地等；

（6）各种材料物品必须堆放整齐。

2. 主要材料半成品的堆放

（1）大型工具，应当一头见齐；

（2）钢筋应当堆放整齐，用方木垫起，不宜放在潮湿和暴露在外，受雨水冲淋；

（3）砖应码成方垛，不准超高并距沟槽坑边不小于 0.5 m，防止坍塌；

（4）沙应堆成方，石子应当按不同粒径规格分别堆放成方；

（5）各种模板应当按规格分类堆放整齐，地面应平整坚实，叠放高度一般不宜超高 1.6 m；大模板存放应放在经专门设计的存架上，应当采用两块大模板面对面存放，当存放在施

工楼层上时,应当满足自稳角度并有可靠的防倾倒措施;

（6）混凝土构件堆放场地应坚实、平整,按规格、型号堆放,垫木位置要正确,多层构件的垫木要上下对齐,垛位不准超高;混凝土墙板宜设插放架,插放架要焊接或绑扎牢固,防止倒塌。

3．场地清理

作业区及建筑物楼层内,要做到工完场地清,拆模时应当随拆随清理运走,不能马上运走的应码放整齐。

各楼层清理的垃圾不得长期堆放在楼层内,应当及时运走,施工现场的垃圾也应分类集中堆放。

（十二）社区服务与环境保护

1．社区服务

施工现场应当建立不扰民措施,有责任人管理和检查。应当与周围社区定期联系,听取意见,对合理意见应当及时采纳处理。工作应当有记录。

2．环境保护的相关法律法规

国家关于保护和改善环境,防治污染的法律、法规主要有《环境保护法》《大气污染防治法》《固体废物污染环境防治法》《环境噪声污染防治法》等,施工单位在施工时应当自觉遵守。

3．防治大气污染

（1）施工现场宜采取措施硬化,其中主要道路、料场、生活办公区域必须进行硬化处理,土方应集中堆放。裸露的场地和集中堆放的土方应采取覆盖、固化或绿化等措施。

（2）使用密目式安全网对在建建筑物、构筑物进行封闭,防止施工过程扬尘。

拆除旧有建筑物时,应采用隔离、洒水等措施防止扬尘,并应在规定期限内将废弃物清理完毕。

不得在施工现场熔融沥青,严禁在施工现场焚烧含有有毒、有害化学成分的装饰废料、油毡、油漆、垃圾等各类废弃物。

（3）从事土方、渣土和施工垃圾运输应采用密闭式运输车辆或采取覆盖措施。

（4）施工现场出入口处应采取保证车辆清洁的措施。

（5）施工现场应根据风力和大气湿度的具体情况,进行土方回填、转运作业。

（6）水泥和其他易飞扬的细颗粒建筑材料应密闭存放,沙石等散料应采取覆盖措施。

（7）施工现场混凝土搅拌场所应采取封闭、降尘措施。

（8）建筑物内施工垃圾的清运,应采用专用封闭式容器吊运或传送,严禁凌空抛撒;

（9）施工现场应设置密闭式垃圾站,施工垃圾、生活垃圾应分类存放,并及时清运出场;

（10）城区、旅游景点、疗养区、重点文物保护地及人口密集区的施工现场应使用清洁能源;

（11）施工现场的机械设备、车辆的尾气排放应符合国家环保排放标准要求。

4．防治水污染

（1）施工现场应设置排水沟及沉淀池,现场废水不得直接排入市政污水管网和河流;

（2）现场存放的油料、化学溶剂等应设有专门的库房，地面应进行防渗漏处理；

（3）食堂应设置隔油池，并应及时清理；

（4）厕所的化粪池应进行抗渗处理；

（5）食堂、盥洗室、淋浴间的下水管线应设置隔离网，并应与市政污水管线连接，保证排水通畅。

5. 防治施工噪声污染

（1）施工现场应按照现行国家标准《建筑施工场界噪声限值》（GB 12523）及《建筑施工场界噪声测量方法》（GB 12524）制定降噪措施，并应对施工现场的噪声值进行监测和记录；

（2）施工现场的强噪声设备宜设置在远离居民区的一侧；

（3）对因生产工艺要求或其他特殊需要，确需在某时至次日 6 时期间进行强噪声工作的，施工前建设单位和施工单位应到有关部门提出申请，经批准后方可进行夜间施工，并公告附近居民；

（4）夜间运输材料的车辆进入施工现场，严禁鸣笛，装卸材料应做到轻拿轻放；

（5）对产生噪声和振动的施工机械、机具的使用，应当采取消声、吸声、隔声等有效控制和降低噪声。

6. 防治施工照明污染

夜间施工严格按照建设行政主管部门和有关部门的规定执行，对施工照明器具的种类、灯光亮度加以严格控制，特别是在城市市区居民居住区内，减少施工照明对城市居民的影响。

7. 防治施工固体废弃物污染

施工车辆运输沙石、土方、渣土和建筑垃圾，采取密封、覆盖措施，避免泄漏、遗撒，并按指定地点倾卸，防止固体废物污染环境。

第十四章　需要专项方案的审批程序及典型案例

为了加强建筑施工安全技术管理,规范安全专项施工方案的编制、审查、论证、审批、实施和监督管理,防止生产安全事故的发生,凡从事房屋建筑以及与其配套的线路、管道、设备安装和装修工程的新建、改建、扩建等活动的建筑工程安全专项施工方案的编制、审查、论证、审批、实施和监督管理,遵从以下规定。

建筑工程安全专项施工方案(以下简称专项方案),是指在建筑施工过程中,施工单位在编制施工组织(总)设计的基础上,针对危险性较大的分部分项工程,单独编制的具有针对性的安全技术措施文件。

危险性较大的分部分项工程是指在建筑工程施工过程中存在的、可能导致作业人员群死群伤或造成重大不良社会影响的分部分项工程。

施工单位应当建立专项方案的编制、审查、论证、审批和实施制度,保证方案的针对性、可行性和可靠性,并严格按照方案组织施工。

(一)方案需要编制和论证的范围

下列危险性较大的分部分项工程以及临时用电设备在 5 台及以上或设备总容量在 50 kW 及以上的施工现场临时用电工程施工前,施工单位应编制专项方案。

1. 土石方开挖工程

(1)开挖深度 3 m 及以上的基坑(沟、槽)的土方开挖工程;

(2)地质条件和周围环境复杂的基坑(沟、槽)的土方开挖工程;

(3)凿岩、爆破工程。

2. 基坑支护工程

(1)开挖深度 3 m 及以上的基坑(沟、槽)支护工程;

(2)地质条件和周边环境复杂的基坑(沟、槽)支护工程。

3. 基坑降水工程

(1)需要采取人工降低水位,且开挖深度 3 m 及以上的基坑工程;

(2)需要采取人工降低水位,且地质条件和周边环境复杂的基坑工程。

4. 模板工程及支撑体系

(1)工具式模板工程,包括滑模、爬模、飞模、大模板等。

(2)混凝土模板支架工程:

①搭设高度 5 m 及以上的;

②搭设跨度 10 m 及以上的;

③施工总荷载 10 kN/m² 及以上的;

④集中线荷载 15 kN/m 及以上的;

⑤高度大于支撑水平投影宽度且相对独立无结构可连接的;

⑥用于钢结构安装等满堂承重支撑系统工程。

5.脚手架工程

(1)落地式钢管脚手架;

(2)附着升降脚手架;

(3)悬挑式脚手架;

(4)高处作业吊篮;

(5)自制卸料平台、移动操作平台;

(6)新型及异型脚手架。

6.起重吊装工程

(1)采用非常规起重设备、方法,且单件起吊重量在10 kN及以上的起重吊装工程;

(2)采用起重机械设备进行安装的工程。

7.起重机械设备拆装工程

(1)塔式起重机的安装、拆卸、顶升;

(2)施工升降机的安装、拆卸;

(3)物料提升机的安装、拆卸。

8.拆除、爆破工程

(1)建筑物、构筑物拆除工程;

(2)采用爆破拆除的工程。

9.其他危险性较大的工程

(1)建筑幕墙安装工程;

(2)预应力结构张拉工程;

(3)钢结构及网架工程;

(4)索膜结构安装工程;

(5)地下暗挖、隧道、顶管施工及水下作业工程;

(6)水上桩基工程;

(7)人工挖扩孔桩工程;

(8)采用新技术、新工艺、新材料、新设备,可能影响工程质量和施工安全,尚无技术标准的分部分项工程以及其他需要编制专项方案的工程。

(二)需要论证的方案

下列超过一定规模的危险性较大的分部分项工程,应由工程技术人员组成的专家组对专项方案进行论证、审查。

1.深基坑工程

(1)开挖深度5 m及以上的深基坑(沟、槽)的土方开挖、支护、降水工程;

(2)地质条件、周围环境或地下管线较复杂的基坑(沟、槽)的土方开挖、支护、降水工程;

(3)可能影响毗邻建筑物、构筑物结构和使用安全的基坑(沟、槽)的开挖、支护及降水工程。

2.模板工程及支撑体系

(1)混凝土模板支撑工程:

①搭设高度 8 m 及以上的;

②搭设跨度 18 m 及以上,施工总荷载大于 15 kN/m² 的;

③集中线荷载 20 kN/m 及以上的。

(2)工具式模板工程,包括滑模、爬模、飞模工程。

(3)承重支撑体系:用于钢结构安装等满堂支撑体系,承受单点集中荷载 7 kN 以上。

3.脚手架工程

(1)搭设高度 50 m 及以上的落地式脚手架;

(2)悬挑高度 20 m 及以上的悬挑式脚手架;

(3)提升高度 150 m 及以上附着升降脚手架。

4.起重吊装工程

(1)采用非常规起重设备、方法,且单件起吊重量在 100 kN 及以上的起重吊装工程;

(2)2 台及以上起重机抬吊作业工程;

(3)跨度 30 m 以上的结构吊装工程。

5.起重机械安装拆卸工程

(1)起重量 300 kN 及以上的起重设备安装拆卸工程;

(2)高度 200 m 及以上内爬起重设备的拆卸工程。

6.拆除、爆破工程

(1)采用爆破拆除的工程;

(2)码头、桥梁、烟囱、水塔和高架等建筑物、构筑物的拆除工程;

(3)拆除中容易引起有毒有害气(液)体或粉尘扩散、易燃的工程;

(4)易爆事故发生的特殊建筑物、构筑物的拆除工程;

(5)可能影响行人、交通、电力设施、通信设施或其他建筑物、构筑物安全的拆除工程;

(6)文物保护建筑、优秀历史建筑或历史文化风景区控制范围的拆除工程。

7.其他工程

(1)施工高度 50 m 及以上的建筑幕墙安装工程;

(2)跨度大于 36 m 及以上的钢结构安装工程;

(3)跨度大于 60 m 及以上的网架和索膜结构安装工程;

(4)开挖深度超过 16 m 的人工挖扩孔桩工程;

(5)地下暗挖、隧道、顶管及水下作业工程;

(6)采用新技术、新工艺、新材料、新设备,可能影响工程质量和施工安全,尚无技术标准的分部分项工程,以及其他需要专家论证的工程。

(三)专项方案的编制与审批

(1)专项方案应由施工单位组织编制,编制人员应具有本专业中级及以上专业技术职称。

实行施工总承包的,应由施工总承包单位组织编制。其中,起重机械设备安装拆卸、深基坑、附着升降脚手架、建筑幕墙、钢结构等专业工程,应由专业承包单位负责编制。

(2)除工程建设标准有明确规定外,专项方案主要应包括以下内容。

①工程概况:危险性较大的分部分项工程概况、施工平面布置、施工要求和技术保证条件。

②编制依据:所依据的法律、法规、规范性文件、标准、规范的目录或条文,以及施工组织(总)设计、勘察设计、图纸等技术文件名称。

③施工计划:包括施工进度计划、材料与设备计划。

④施工工艺:技术参数、工艺流程、施工方法、检查验收等。

⑤施工安全保证措施:组织保障、技术措施、应急预案、监测监控等。

⑥劳动力组织:专职安全生产管理人员、特种作业人员等。

⑦计算书及相关图纸、图示。

(3)专项方案的审核、审批:专项方案应由施工单位技术负责人组织施工、技术、设备、安全、质量等部门的专业技术人员进行审核。审核人员中至少有2人应具有本专业中级及以上专业技术职称。其中,需专家论证的,审核人员中至少有2人应具有本专业高级及以上专业技术职称。

审核合格,由施工单位技术负责人审批;实行施工总承包的,还应报总承包单位技术负责人审批。

工程监理单位应组织本专业监理工程师对施工单位提报的专项方案进行审核,审核合格,由监理单位项目总监理工程师审批。

专项方案的编制、审核、审批等人员应由本人在专项方案审批表上签名并注明专业技术职称。

(四)方案的专家论证

(1)需专家论证审查的专项方案审核通过后,施工单位应组织专家对方案进行论证审查,或者委托具有相应资格的勘察设计、科研、大专院校和工程咨询等第三方组织专家进行论证审查。

实行施工总承包的,由施工总承包单位组织专家论证。

(2)专家组应当由5名及以上符合相关专业要求的专家组成。专家组中同一单位的人员,不应超过半数;本工程项目的建设、勘察设计、施工和工程监理等参建各方的人员不得作为专家组成员。

(3)专家组的专家应具备下列基本条件:

①诚实守信、作风正派、学术严谨;

②从事专业工作15年以上或具有丰富的专业经验;

③具有高级专业技术职称或高级技师职业资格。

(4)专家论证审查宜采用会审的方式。下列人员应当参加专家论证会:

①专家组成员;

②方案编制人员;

③建设单位项目负责人或技术负责人；

④施工单位分管安全的负责人、技术负责人、项目负责人、项目技术负责人、项目专职安全生产管理人员；

⑤监理单位项目总监理工程师及相关人员；

⑥勘察、设计单位项目技术负责人及相关人员。

（5）专家论证的主要内容包括：

①专项方案内容是否完整；

②专项方案计算书和验算依据是否符合有关工程建设标准，采用新技术、新工艺、新材料、新设备的工程专项方案的数学模型是否准确；

③专项方案是否可行，是否符合现场实际情况。

（6）专项方案经论证后，专家组应当提交论证报告，对论证的内容提出明确的意见。专家组成员本人应在论证报告上签字、注明专业技术职称，并对审查结论负责。专家组论证报告应作为专项方案的附件。

（7）施工单位应当根据专家组提交的论证报告对专项方案进行修改完善，经施工单位技术负责人、工程项目总监理工程师和建设单位项目负责人签字后，方可实施。

（8）实行施工总承包的，还应经施工总承包单位技术负责人审核签字。

专家组认为专项施工方案需做重大修改的，施工单位应当根据论证报告组织修改，并重新组织专家进行论证。

社区的市建筑工程管理部门或建筑安全监督机构应当建立专项方案论证审查专家库和专家诚信档案，及时更新专家库，公示专家名单，为方案论证组织单位提供人员信息。

专家库的专业类别及专家数量应根据本地实际情况设置，其人员资格审查办法、适用范围、专家职责等管理制度由各市制定。

（五）方案的实施

施工单位必须严格执行专项方案，不得擅自修改经过审批的专项方案。如因设计、结构等因素发生变化，确需修订的，应重新履行审核、论证、审批程序。

方案实施前，应由方案编制人员或技术负责人向工程项目的施工、技术、安全、设备等管理人员和作业人员进行安全技术交底。施工作业人员应严格按照专项方案和安全技术交底进行施工。在专项方案实施过程中，施工单位或工程项目的施工、技术、安全、设备等有关部门应对专项施工方案的实施情况进行检查。施工单位应当指定专人对专项方案实施情况进行现场监督和按规定进行监测，发现不按照专项施工方案施工的行为要予以制止并要求立即整改。

专职安全生产管理人员应进行现场监督，发现有危及人身安全紧急情况的，应当立即组织作业人员撤离危险区域。

施工单位技术负责人应当定期巡查专项方案实施情况。

施工单位应建立健全专项方案实施情况的验收制度。在方案实施过程中，对于按规定需要验收的危险性较大的分部分项工程，施工单位（或工程项目）、监理单位应当组织有关人员进行验收。验收合格的，经施工单位项目技术负责人及项目总监理工程师签字后，方可进入下一道工序。

需经专家论证的危险性较大的分部分项工程的验收,必须由施工单位组织,并由施工单位技术负责人签字。实行工程施工总承包的,由总承包单位组织。

存在危险性较大的分部分项工程,施工单位应在施工现场醒目位置挂牌公示,公示内容应包括:危险性较大的工程的名称、部位、措施、施工期限、安全监控责任人和举报电话等。

(六)典型案例 某施工企业高大支模的施工方案

1.高大支模施工组织设计

1)编制依据

(1)工程施工图纸及现场概况;

(2)《建筑施工模板安全技术规范》(JGJ 162—2008);

(3)《建筑施工高处作业安全技术规范》(JGJ 80—91);

(4)《建筑施工安全检查标准》(JGJ 59—99);

(5)《建筑施工手册》;

(6)《建筑结构荷载规范》(GB 50009—2001)2006 年版;

(7)《混凝土结构施工质量验收规范》(GB 50204—2002);

(8)《混凝土模板用胶合板》(GB/T 17656—2008);

(9)《木结构设计规范》(GB 50005—2003);

(10)《钢结构设计规范》(GB 50017—2003);

(11)《混凝土结构设计规范》(GB 50010—2002);

(12)《冷弯薄壁型钢结构技术规范》(GB 50018—2002)。

2)工程概况、施工部署

工程名称		施工单位	
建设单位		监理单位	
设计单位		建筑地点	
项目经理		技术负责人	
建筑面积	m²	结构类型	
地上层数		地下层数	
建筑高度	m	±0.000 标高相当于	m

3)材料准备和要求

(1)钢管。

应采用外径 48 mm,壁厚 3.5 mm 钢管。钢管应符合现行国家标准《直缝电焊钢管》(GB/T 13793)或《低压流体输送用焊接钢管》(GB/T 3092)中规定的 Q235 普通钢管的要求,并应符合现行国家标准《碳素结构钢》(GB/T 700)中 Q235-A 级钢的规定。不得使用有严重锈蚀、弯曲、压扁及裂纹的钢管。

(2)扣件。

扣件式钢管脚手架采用可锻铸铁制作的扣件,其材质要符合现行国家标准《钢管脚手架扣件》(GB 15831)的规定,由有扣件生产许可证的生产厂家提供,不得有裂纹、气孔、缩松、砂眼等锻造缺陷,扣件的规格应与钢管相匹配,贴和面应干整,活动部位灵活。

（3）模板。

胶合模板板材表面应平整光滑,具有防水、耐磨、耐酸碱的保护膜,并应有保温性能好、易脱模和可两面使用等特点。板材厚度不应小于12 mm,并应符合国家现行标准《混凝土模板用胶合板》(ZBB 70006)的规定。胶合模板应采用耐水胶,其胶合强度不应低于木材或竹材顺纹抗剪和横纹抗拉的强度,并应符合环境保护的要求。进场的胶合模板除应具有出厂质量合格证外,还应保证外观及尺寸合格。

（4）安全平网。

安全平网应采用锦纶、维纶、涤纶或其他的耐候性不低于上述品种（耐候性）的材料制成;平网宽度不得小于3 m;菱形或方形网目的安全网,其网目边长不大于8 cm;边绳与网体连接必须牢固,平网边绳断裂强力不得小于7 kN;筋绳分布应合理,平网上两根相邻筋绳的距离不小于30 cm,筋绳断裂强力不大于3 kN;安全网所有节点必须固定;按规定的方法进行试验,安全平网的冲击性能应符合"10 m冲击高度下,网绳、边绳、系绳不断裂"。阻燃安全平网必须具有阻燃性,其续燃、阴燃时间均不得大于4 s。

（5）木材。

模板结构或构件的树种应根据各地区实际情况选择质量好的材料,不得使用有腐朽、霉变、虫蛀、折裂、枯节的木材。

模板结构设计应根据受力种类或胜任下表的要求选用相应的木材材质等级。木材材质标准应符合现行国家标准《木结构设计规范》(GB 50005)的规定。

模板结构或构件的木材材质等级

主要用途	材质等级
受拉或拉弯构件	Ⅰa
受弯或压弯构件	Ⅱa
受压构件	Ⅲa

当需要对模板结构或构件木材的强度进行测试验证时,应按现行国家标准《木结构设计规范》(GB 50005)的检验标准进行。

施工现场制作的木构件,其木材含水率应符合下列规定:

①制作的原木、方木结构,不应大于25%;

②板材和规格材,不应大于20%;

③受拉构件的连接板,不应大于18%;

④连接件,不应大于15%。

（6）其他材料与工具。

拉接杆、铁板卡子、10#槽钢、φ14螺栓、φ12螺栓等。

锤子、打眼电钻、活动扳手、手锯、水平尺、线坠、撬棒、吊装索具等。

（7）划分施工区、段。

根据工程结构的形式、特点及现场条件,决定以后浇带为界安排一个班组进行模板作业。水平施工缝的留设位置以后浇带为准。

4) 劳动力需求计划

各施工阶段模板支设及拆除需要的劳动力见下表:

劳动力计划表

序号	施工阶段	模板工(人)	备注
1	基础施工阶段	60	
2	主体施工阶段	120	

5) 主要周转材料计划表

序号	名称	规格	数量	单位	备注
1	竹胶板		7 000	m²	12 mm 厚
2	木方		560	m³	
3	钢管	6 m	10 000	根	$\phi 48$ mm×3.5 mm
4		4 m	10 000	根	
5		3 m	14 000	根	
6		2.5 m	8 400	根	
7		1.5 m	14 000	根	
8		1.2 m	12 000	根	
9		1 m	12 000	根	
10	扣件	直角	100 000	个	
11		旋转	6 000	个	
12		对接	16 000	个	
13	顶托		6 000	个	

6) 定位测量

主体结构整体效果是通过施工的各道工序来保证的,测量放线作为先导工序贯穿于各施工环节。本工程放线时凡为保证精度需要提供的基准线、轴线、墙柱定位尺寸线都及时给出,凡有关工序需要配合的检测都及时予以满足。此外,为保证测量放线自身的精度,施工现场测量人员须经挑选并经过培训,在放线工作中正确合理使用仪器和钢尺,按规定检验仪器,检定钢尺,从而保证测量放线工作顺利进行。

(1)投点放线。

用经纬仪引测建筑物的边柱或墙轴线,并以该轴线为起点,引出其他各条轴线,然后根据施工图墨线弹出模板的内边线和中心线,以便于模板的安装和校正。

(2)标高测量。

根据模板实际的要求用水准仪把建筑物水平标高直接引测到模板安装位置。在无法直接引测时,可采取间接引测的方法,即用水准仪将水平标高先引测到过渡引测点,作为上层结构构件模板的基准点,用来测量和复核其标高位置。

（3）找平。

模板承垫底部应预先找平，以保证模板位置正确，防止模板底部漏浆。常用的找平方法是沿模板内边线用1∶3水泥砂浆抹找平层，另外，在外墙、边柱部位，继续安装模板前，要设置模板承垫条带，并用仪器校正，使其平直。

7）施工方法

采用先进合理的模板体系是保证工程质量的重要环节，因此，结合本工程结构形式、特点和我们已经施工同类工程的经验，按不同部位设计适合本特点的合理适用的模板及支撑体系，满足工程质量进度要求。

本工程厚度为120 mm，板跨度分别为8.7～6.5 m不等，板模板采用60 mm×80 mm木方，间距200 mm作为水平加强楞；垂直木方水平向，采用ϕ48 mm×6 mm钢管加快拆头，间距900 mm作为加强楞；满堂脚手架双向ϕ48 mm×3.5 mm间距1 000 mm钢管作为顶撑，水平杆步距1 200 mm，满堂脚手架每间隔四跨加一道剪刀撑以增强架体稳定性。板模板拼缝采用刮汽车腻子方法进行封堵，以防止漏浆。

（1）立面图：

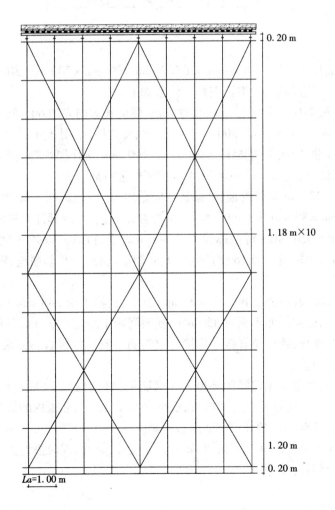

（2）平面图：

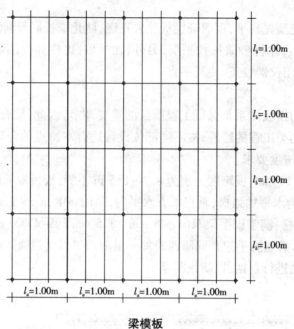

$l_a=1.00$m

$l_a=1.00$m

$l_a=1.00$m

$l_a=1.00$m

$l_a=1.00$m $l_a=1.00$m $l_a=1.00$m $l_a=1.00$m

梁模板

本工程梁断面尺寸分别为:500 mm×1 500 mm,400 mm×700 mm,500 mm×1 100 mm,400 mm×600 mm,且有斜形梁,拟选用模板体系如下。

①直梁梁底、梁侧模板采用12 mm厚竹胶板,顺梁长方向采用60×80 mm间距200 mm木方作为加强肋,ϕ48 mm×2 m@500 mm钢管作侧模立档,采用ϕ48×3.5 m@1 000 mm钢管作垂直方向支撑肋,竖向采用ϕ48 mm×5 m@500 mm钢管加快拆头作顶撑。高度大于700 mm的梁为保证不胀模,加设一道M14对拉螺栓进行加固。

②梁侧模采用12 mm厚竹胶板,顺梁长方向采用60 mm厚、80 mm宽、间距200 mm木板做加强带,60 mm×80 mm木方间距500 mm作侧模挡,梁底部加固采用铁板卡间距500 mm进行加强。梁上采用M14对拉螺栓间距500 mm进行加固,以防止梁胀模。为防止梁断面过小,在梁内口上加设二级16钢筋间距1 m钢筋内撑,梁模板拼缝均采用汽车腻子封堵,以防止漏浆。

柱模采用18厚木胶板外钉60 mm×80 mm方木,柱箍采用ϕ48 mm×3.5 m加固,采用M14对拉螺栓拉接,竖向间距不超过450 mm,横向间距不超过400 mm,具体原则见后。

柱模安装工艺流程:弹柱位置线→焊接定位钢筋→安装柱模板→安装对拉螺栓→安柱箍→加斜撑→校正→预检。

柱模安装前,先在已经预埋好的ϕ20 mm钢筋头(柱四角,长200 mm)上焊接ϕ16 mm的柱定位钢筋。斜撑采用钢管配合快拆头,底部顶在事先预埋在板内的短钢筋头上,钢筋头规格为ϕ20 mm,长200 mm,预埋钢筋头与柱距离为3/4柱高。

为保证柱模板的位置准确且不扭曲,要求在支设柱模板的同时搭设剪刀撑,剪刀撑同满堂脚手架连为一个整体,如下图。

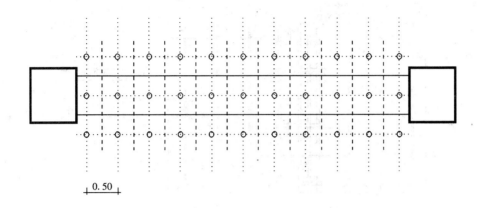

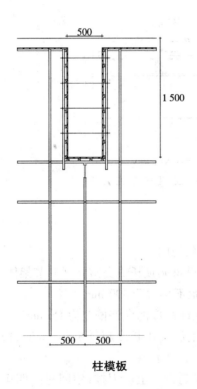

柱模板

　　主体施工时,钢筋混凝土柱的四角容易产生漏浆,出现砂棱角的质量通病,在柱头与主、次梁的交接处部位容易产生连接不顺直、漏浆、边角不规则的质量通病,施工中采用如下模板配制措施,来解决此类质量问题,木胶板裁割边应刷涂两度树脂保护层,防止此处易浸水湿胀而毛化损坏。如果木胶板有毛边的现象,要求将毛边打磨掉,同时涂好两度树脂保护层继续施工。梁柱交接处采取梁模顶柱头模板,次梁模顶主梁模的方法。

　　柱模合模前,将柱根杂物清理干净,验收合格后方可浇混凝土。

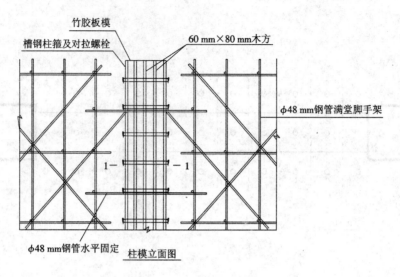

柱模立面图

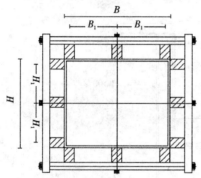

8)其他技术要求

(1)每根立杆底部必须平整、稳固。

(2)梁、板底部位立杆上可设可调顶托或交错立杆调节架体高度,顶托上设钢管支撑一道,钢管上设方木支撑,方木间距不得大于300 mm。

(3)支架立杆竖直设置每4 m高度的允许偏差为15 mm。

(4)设在支架立杆顶部的顶托,伸出长度超过300 mm时,应采取斜撑固定等可靠措施固定。

(5)满堂模板支架外围设置满设一道剪刀撑,中间每隔四排支架立杆设置一道横向剪刀撑,由底至顶连续设置,防止架体整体失稳。

(6)承受梁底及板底荷载横杆与立杆交接处设置两个抗滑扣件。

(7)固定柱箍槽钢的 $\phi14$ mm对拉螺栓两端必须备双。

9)构造与安装措施(8~20 m)

(1)在立柱底距地面200 mm高处,沿纵横水平方向应按纵下横上的程序设扫地杆。可调支托底部的立柱顶端应沿纵横向设置一道水平拉杆。扫地杆与顶部水平拉杆之间的间距,在满足模板设计所确定的水平拉杆步距要求条件下,进行平均分配确定步距后,在每一步距处纵横向应各设一道水平拉杆。所有水平拉杆的端部均应与四周建筑物顶紧顶牢。无处可顶时,应在水平拉杆端部和中部沿竖向设置连续式剪刀撑。当模板支架高度在8~20 m时,在最顶步距两水平拉杆中间应加设一道水平拉杆。

（2）当模板支架高度在8~20 m时,模板支架立柱在外侧周圈应设由下至上的竖向连续式剪刀撑;中间在纵横向应每隔10 m左右设由下至上的竖向连续式剪刀撑,其宽度宜为4~6 m,并在剪刀撑部位的顶部、扫地杆处设置水平剪刀撑。剪刀撑杆件的底端应与地面顶紧,夹角宜为45°~60°。还应在纵横向相邻的两竖向连续式剪刀撑之间增加之字斜撑,在有水平剪刀撑的部位,应在每个剪刀撑中间处增加一道水平剪刀撑(如下图)。

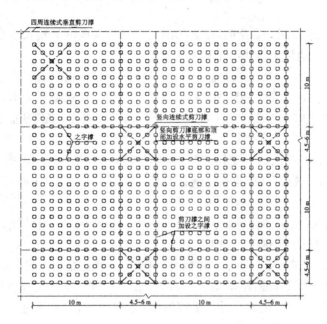

剪刀撑布置图

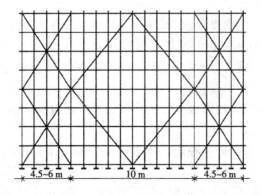

（3）当支架立柱高度超过5 m时,应在立柱周圈外侧和中间有结构柱的部位,按水平间距6~9 m、竖向间距2~3 m与建筑结构设置一个固结点。

（4）立柱接长严禁搭接,必须采用对接扣件连接,相邻两立柱的对接接头不得在同步内,且对接接头沿竖向错开的距离不宜小于500 mm,各接头中心距主节点不宜大于步距的1/3。严禁将上段的钢管立柱与下段钢管立柱错开固定在水平拉杆上,见下图。

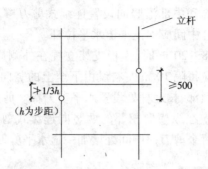

（5）当立柱底部不在同一高度时,高处的纵向扫地杆应向低处延长不少于2跨,高低差不得大于1 m,立柱距边坡上方边缘不得小于0.5 m。

（6）每根立柱底部应设置底座及垫板,基土应坚实,并应有排水措施。垫板应有足够强度和支承面积,且应中心承载,垫板厚度不得小于50 mm。若地基土达不到承载要求,无法防止立柱下沉,则应先施工地面下的工程,再分层回填夯实基土,浇筑地面混凝土垫层,达到强度后方可支模。

（7）顶部应设可调支托,U形支托与楞梁两侧间如有间隙,必须楔紧,其螺杆伸出钢管顶部不得大于200 mm,螺杆外径与立柱钢管内径的间隙不得大于3 mm,安装时应保证上下同心。

（8）现浇钢筋混凝土梁、板,当跨度大于4 m时,模板应起拱;当设计无具体要求时,起拱高度宜为全跨长度的1/1 000～3/1 000。

（9）模板及其支架在安装过程中,必须设置有效防倾覆的临时固定设施。

（10）安装模板应保证工程结构和构件各部分形状、尺寸和相互位置的正确,防止漏浆,构造应符合模板设计要求。模板应具有足够的承载能力、刚度和稳定性,应能可靠承受新浇混凝土自重和侧压力以及施工过程中所产生的荷载。

（11）拼装高度为2 m以上的竖向模板,不得站在下层模板上拼装上层模板。安装过程中应设置临时固定设施。

（12）当支架立柱成一定角度倾斜,或其支架立柱的顶表面倾斜时,应采取可靠措施确保支点稳定,支撑底脚必须有防滑移的可靠措施。

（13）除设计图另有规定者外,所有垂直支架柱应保证其垂直。梁和板的立柱,其纵横向间距应相等或成倍数。

（14）施工时,在已安装好的模板上的实际荷载不得超过设计值。已承受荷载的支架和附件,不得随意拆除或移动。

（15）安装模板时,安装所需各种配件应置于工具箱或工具袋内,严禁散放在模板或脚手板上;安装所用工具应系挂在作业人员身上或置于所佩戴的工具袋中,不得掉落。

（16）当模板安装高度超过3.5 m时,必须搭设脚手架,除操作人员外,脚手架下不得站其他人。

（17）吊运模板时,必须符合下列规定:

①作业前应检查绳索、卡具、模板上的吊环,必须完整有效,在升降过程中应设专人指挥,统一信号,密切配合;

②吊运散装模板时,必须码放整齐,待捆绑牢固后方可起吊;

③严禁起重机在架空输电线路下面工作;

④遇 5 级及以上大风时,应停止一切吊运作业。

(18)木料应堆放在下风向,离火源不得小于 30 m,且料场四周应设置灭火器材。

(19)柱模板应符合下列规定:

①现场拼装柱模时,应适时地安设临时支撑进行固定,斜撑与地面的倾角宜为 60°,严禁将大片模板系在柱子钢筋上;

②待四片柱模就位组拼经对角线校正无误后,应立即自下而上安装柱箍;

③若为整体预组合柱模,吊装时应采用卡环和柱模连接,不得采用钢筋钩代替;

④柱模校正(用四根斜支撑或用连接在柱模顶四角带花篮螺栓的揽风绳,底端与楼板钢筋拉环固定进行校正)后,应采用斜撑或水平撑进行四周支撑,以确保整体稳定;当高度超过 4 m 时,应群体或成列同时支模,并应将支撑连成一体,形成整体框架体系;当需单根支模时,柱宽大于 500 mm 应每边在同一标高上设置不得少于 2 根斜撑或水平撑;斜撑与地面的夹角宜为 45°~60°,下端尚应有防滑移的措施;

⑤角柱模板的支撑,除满足上款要求外,还应在里侧设置能承受拉力和压力的斜撑。

(20)独立梁和整体楼盖梁结构模板应符合下列规定:

①安装独立梁模板时应设安全操作平台,并严禁操作人员站在独立梁底模或柱模支架上操作及上下通行;

②底模与横楞应拉接好,横楞与支架、立柱应连接牢固;

③安装梁侧模时,应边安装边与底模连接,当侧模高度多于 2 块时,应采取临时固定措施;

④起拱应在侧模内外楞连固前进行。

10)模板拆除措施

(1)模板的拆除措施应经技术主管部门或负责人批准,拆除模板的时间可按现行国家标准《混凝土结构工程施工质量验收规范》(GB 50204)的有关规定执行。冬期施工的拆模,应符合专门规定。

(2)当混凝土未达到规定强度或已达到设计规定强度,需提前拆模或承受部分超设计荷载时,必须经过计算和技术主管确认其强度能足够承受此荷载后,方可拆除。

(3)拆模前应检查所使用的工具是否有效和可靠,扳手等工具必须装入工具袋或系挂在身上,并应检查拆模场所范围内的安全措施。

(4)模板的拆除工作应设专人指挥。作业区应设围栏,其内不得有其他工种作业,并应设专人负责监护。拆下的模板、零配件严禁抛掷。

(5)拆模的顺序和方法应按模板的设计规定进行。当设计无规定时,可采取先支的后拆、后支的先拆、先拆非承重模板、后拆承重模板,并应从上而下进行拆除。拆下的模板不得抛扔,应按指定地点堆放。

(6)多人同时操作时,应明确分工,统一信号或行动,应具有足够的操作面,人员应站在安全处。

(7)高处拆除模板时,应符合有关高处作业的规定。严禁使用大锤和撬棍,操作层上临时拆下的模板堆放不能超过 3 层。

（8）在提前拆除互相搭连并涉及其他后拆模板的支撑时，应补设临时支撑。拆模时，应逐块拆卸，不得成片撬落或拉倒。

（9）拆模如遇中途停歇，应将已拆松动、悬空、浮吊的模板或支架进行临时支撑牢固或相互连接稳固。对活动部件必须一次拆除。

（10）已拆除了模板的结构，应在混凝土强度达到设计强度值后方可承受全部设计荷载。若在未达到设计强度以前，需在结构上加置施工荷载时，应另行核算，强度不足时，应加设临时支撑。

（11）遇6级或6级以上大风时，应暂停室外的高处作业。雨、雪、霜后应先清扫施工现场，方可进行工作。

（12）拆除有洞口模板时，应采取防止工作人员坠落的措施。洞口模板拆除后，应按国家现行标准《建筑施工高处作业安全技术规范》（JGJ 80—1991）的有关规定及时进行防护。

（13）当立柱的水平拉杆超出2层时，应首先拆除2层以上的拉杆。当拆除最后一道水平拉杆时，应和拆除立柱同时进行。

（14）当拆除4~8 m跨度的梁下立柱时，应先从跨中开始，对称地分别向两端拆除。拆除时，严禁采用连梁底板向旁侧一片拉倒的拆除方法。

（15）拆除平台、楼板下的立柱时，作业人员应站在安全处。

（16）梁、板模板应先拆梁侧模，再拆板底模，最后拆除梁底模，并应分段分片进行，严禁成片撬落或成片拉拆。

（17）拆除时，作业人员应站在安全的地方进行操作，严禁站在已拆或松动的模板上进行拆除作业。拆除模板时，严禁用铁棍或铁锤乱砸，已拆下的模板应妥善传递或用绳钩放至地面。严禁作业人员站在悬臂结构边缘敲拆下面的底模。

（18）待分片、分段的模板全部拆除后，方允许将模板、支架、零配件等按指定地点运出堆放，并进行拔钉、清理、整修、刷防锈油或脱模剂，入库备用。

11）安全管理措施

（1）从事模板作业的人员，应经安全技术培训。从事高处作业人员，应定期体检，不符合要求的不得从事高处作业。

（2）安装和拆除模板时，操作人员应配戴安全帽、系安全带、穿防滑鞋。安全帽和安全带应定期检查，不合格者严禁使用。

（3）模板及配件进场应有出厂合格证或当年的检验报告，安装前应对所用部件（立柱、楞梁、吊环、扣件等）进行认真检查，不符合要求者不得使用。

（4）模板工程应编制施工设计和安全技术措施，并应严格按施工设计与安全技术措施的规定进行施工。在安装、拆除作业前，工程技术人员应以书面形式向作业班组进行施工操作的安全技术交底，作业班组应对照书面交底进行上、下班的自检和互检。

（5）施工过程中的检查项目应符合下列要求：

①立柱底部基土应回填夯实；

②垫木应满足设计要求；

③底座位置应正确，顶托螺杆伸出长度应符合规定；

④立杆的规格尺寸和垂直度应符合要求，不得出现偏心荷载；

⑤扫地杆、水平拉杆、剪刀撑等的设置应符合规定，固定应可靠；

⑥安全网和各种安全设施应符合要求。

(6)在高处安装和拆除模板时,周围应设安全网或搭脚手架,并应加设防护栏杆。在临街面及交通要道地区,尚应设警示牌,派专人看管。

(7)作业时,模板和配件不得随意堆放,模板应放平放稳,严防滑落。脚手架或操作平台上临时堆放的模板不宜超过3层,连接件应放在箱盒或工具袋中,不得散放在脚手板上。脚手架或操作平台上的施工总荷载不得超过其设计值。

(8)对负荷面积大和高4 m以上的支架立柱采用扣件式钢管、门式钢管脚手架时,除应有合格证外,对所用扣件应采用扭矩扳手进行抽检,达到合格后方可承力使用。

(9)施工用的临时照明和行灯的电压不得超过36 V;当为满堂模板、钢支架及特别潮湿的环境时,不得超过12 V。照明行灯及机电设备的移动线路应采用绝缘橡胶套电缆线。

(10)有关避雷、防触电和架空输电线路的安全距离应符合国家现行标准《施工现场临时用电安全技术规范》(JGJ 46—2005)的有关规定。施工用的临时照明和动力线应采用绝缘线和绝缘电缆线,且不得直接固定在钢模板上。夜间施工时,应有足够的照明,并应制定夜间施工的安全措施。施工用临时照明和机电设备线严禁非电工乱拉乱接。同时还应经常检查线路的完好情况,严防绝缘破损漏电伤人。

(11)模板安装高度在2 m及以上时,应符合国家现行标准《建筑施工高处作业安全技术规范》(JGJ 80—1991)的有关规定。

(12)模板安装时,上下应有人接应,随装随运,严禁抛掷。且不得将模板支搭在门窗框上,也不得将脚手板支搭在模板上,并严禁将模板与上料井架及有车辆运行的脚手架或操作平台支成一体。

(13)支模过程中如遇中途停歇,应将已就位模板或支架连接稳固,不得浮搁或悬空。拆模中途停歇时,应将已松扣或已拆松的模板、支架等拆下运走,防止构件坠落或作业人员扶空坠落伤人。

(14)作业人员严禁攀登模板、斜撑杆、拉条或绳索等,不得在高处的墙顶、独立梁或在其模板上行走。

(15)模板施工中应设专人负责安全检查,发现问题应报告有关人员处理。当遇险情时,应立即停工和采取应急措施;待修复或排除险情后,方可继续施工。

(16)在大风地区或大风季节施工时,模板应有抗风的临时加固措施。

(17)当钢模板高度超过15 m时,应安设避雷设施,避雷设施的接地电阻不得大于4 Ω。

(18)当遇大雨、大雾、沙尘、大雪或6级以上大风等恶劣天气时,应停止露天高处作业。5级及以上风力时,应停止高空吊运作业。雨雪停止后,应及时清除模板和地面上的积水及冰雪。

(19)使用后的木模板应拔除铁钉,分类进库,堆放整齐。若为露天堆放,顶面应遮防雨篷布。

12)文明施工与环保措施

(1)生活用水,垃圾等要倒入指定地点。

(2)出场车辆一律用水冲洗干净轮胎,做到轮下不粘泥。

(3)混凝土输送泵、混凝土搅拌机等大型施工机具应搭设防噪声棚,以免影响周边居民。

（4）施工现场的照明灯具根据施工需要进行设置,避免对周围的影响。

（5）运输、浇筑应采取有效防尘措施。

13）应急救援措施

（1）应急预案的方针与原则。

坚持"安全第一,预防为主"、"保护人员安全优先"的方针,贯彻"常备不懈、统一指挥"高效协调的原则。为给员工在施工场区创造更好的安全施工环境,应保证各种应急资源处于良好的备战状态,指导应急行动按计划有序地进行,防止因应急行动组织不力或现场救援工作的无序和混乱而延误事故的应急救援,有效避免或降低人员的伤亡和财产损失,救助实现应急行动的快速、有序、高效,充分体现应急救援应急策划。

（2）应急预案工作流程图。

针对本工程支模高、梁截面尺寸大的实际情况,认真识别危险源,特制订本项目发生紧急情况或事故的应急措施,开展应急知识教育和应急演练,提高现场操作人员应急能力,减少突发事件造成的损失和不良影响,其应急准备和响应工作程序如下图所示。

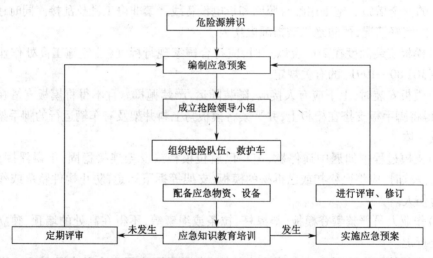

应急准备和响应工作程序图

（3）突发事件风险分析和预防。

本工程在分析、辨识施工中,危险因素是楼面梁板层高达 12.6 m ,梁截面尺寸 500 mm ×1 500 mm ,板厚平均120 mm ,支架受荷偏大,可能产生支架的不稳定性,扣件滑移造成框架梁混凝土倒塌,高空坠落、高空落物伤人等。在工地已采取机电管理、安全管理各种防范措施的基础上,还需要作好以下危险因素产生的应急方案。

（4）突发事件及风险预防措施。

施工工作面外脚手架必须高于工作面 1.5 m 并满铺一层脚手板及垂直面满挂安全网。

本高支模方案施工前组织专家论证评审签字,报监理审批同意后方可执行。

支架搭设完毕、班组自检合格、报项目部质检组组织详细逐项检查合格后报监理检查。

逐个扣件进行检查拧紧度是否达到 40 N·m 扭力矩。

逐根立杆检查是否与地下室底板及梁底模顶牢固。

梁侧模板对拉螺栓每端必须用双螺母拧紧。

认真通过审核审定本高支模结构设计计算,是否符合规范要求。

从中间或两对边开始向两侧平衡浇筑混凝土,同时在混凝土浇筑时,不能集中过多混凝土于某点部位,防止局部超负荷。

浇筑混凝土时,无关人员不准在模板支架下,要有专职安全员看护,配置专业工种进行监护并及时处理,在有可能出现事故前及时发现并及时处理,将安全隐患消除在萌芽状态。

（5）应急资源分析。

①应急力量的组成。项目部成员。

②应急设备、物资准备。已配备有药箱药品、救护车辆,配有多部对讲机,配置有灭火器、担架等。

③应急准备。

④机构与职责。

一旦发生施工安全事故,公司领导及有关部门负责人必须立即赶赴现场,组织指挥抢险,成立现场抢险领导小组。

应急组织的分工职责如下。

组长职责：

决定是否存在或可能存在重大紧急事故,要求应急服务机构提供帮助并实施场外应急计划,在不受事故影响的地方进行直接控制；

复查和评估事故可能发展的方向,确定其可能的发展过程；

指导设施的部分停工,并与领导小组的有关人员配合指挥现场人员撤离,确保任何受伤害者都能得到足够的重视；

与现场外应急机构取得联系,及时对紧急情况的记录作出安排；

在场内实行交通管制,协助场外应急机构开展服务工作；

在紧急状态结束后,控制受影响地点的恢复,并组织有关人员参加事故的分析和处理。

副组长职责：

评估事故的规模和发展趋势,建立应急步骤,确保员工的安全和减少设施和财产损失；

如有必要,在救援服务机构到来之前直接参与救护工作；

安排寻找受伤者及安排重伤人员撤离现场,到安全地带集中；

设立与应急救援中心的通信联络,为应急服务机构提供建议和信息；

协助组长组织指挥,协调救援工作,组长不在现场时,可代替组长的职责。

组员职责：

在组长或副组长的指挥下,负责现场的维护、抢救、警戒等工作,具体落实执行组长或副组长下达的救援方法、措施的指令等。

⑤应急资源。

应急资源的设备是应急救援工作的重要保障,项目部根据潜在事件性质和后果分析,配备应急救援所需的救援手段、救援设备、交通工具,医疗设备药品,生活保障物资等如下表所列。

主要应急救援物资设备表

序号	材料设备名称	单位	数量	在何处
1	小车	台	1	现场
2	灭火器	个	4	现场
3	药箱及药品	个/批	1	现场
4	对讲机	部	4	现场
5	手机	部	4	现场
6	担架	副	1	现场

⑥教育训练。

在工程进行施工前一周,由组长组织救援小组人员进行抢险知识教育及应急预案演练,全面提高应急救援能力。

⑦互相协议。

项目部事先与地方医院建立正式互相协议,以便在事故发生时得到外部救援力量和资源的援助。

⑧应急响应。

出现事故时,在现场的任何人员都必须立即向组长报告,汇报内容包括事故的地点、事故的程度、迅速判断事故可能发展的趋势、伤亡情况等,及时抢救伤员、在现场警戒、观察事故发展的动态并及时将现场的信息向组长报告。

组长接到事故发生的报告后,立即赶赴现场并组织、调动救援的人力、物力赶赴现场展开救援工作,并立即向公司救援领导负责人汇报事故情况及需要公司支援的人力、物力。事故的各情况由公司向外向上汇报。

(6)模板支撑架倒塌事故的应急救援。

①模板及支架倒塌事故的主要危害:模板及支架倒塌事故主要造成人员伤害、财产损失、作业环境破坏。

②应急救援方法如下。

a.有关人员的安排。

组长、副组长接到通知后马上到现场全程指挥救援工作,立即组织、调动救援的人力、物力赶赴现场展开救援工作,并立即向公司救援领导汇报事故情况及需要公司支援的人力、物力。组员立即进行抢救。

b.人员疏散、救援方法。

人员的疏散由组长安排的组员进行具体指挥,指挥人员疏散到安全地方,并做好安全警戒工作。各组员和现场其他人员对现场受伤害、受困的人员、财物进行抢救。人员被支架或其他物件压住时,先对支架进行观察,如需局部加固的,立即组织人员进行加固后,方可进行相应的抢救,防止抢险过程中再次倒塌,造成进一步的伤害。加固或观察后,确认没有进一步的危险,立即组织人力、物力进行抢救。

c.伤员救护。

休克、昏迷的伤员救援。让休克者平卧,不用枕头,腿部抬高30度。若属于心源性休克不能平卧,可采用半卧。注意保暖和安静,尽量不要搬动,如必须搬动时,动作要轻。保持呼吸道畅通或实行人工呼吸。

受伤出血,用止血带止血、加压包扎止血。

立即拨打 120 急救电话或送医院。

d. 现场保护。

由具体的组员带领警卫人员在事故现场设置警戒区域,用三色纺织布或挂有彩条的绳子圈围起来,由警卫人员旁站监护,防止闲人进入。

(7)现场恢复。

充分辨识恢复过程中存在的危险,当安全隐患彻底清楚后,方可恢复正常工作状态。

2. 梁模板计算书

1)编制依据

《建筑施工模板安全技术规范》(JGJ 162—2008);

《建筑结构荷载规范》(GB 50009—2001)2006 年版;

《木结构设计规范》(GB 50005—2003);

《钢结构设计规范》(GB 50017—2003);

《混凝土结构设计规范》(GB 50010—2002);

《冷弯薄壁型钢结构技术规范》(GB 50018—2002)。

2)参数信息

(1)模板支架参数。梁截面宽度 0.5 m;梁截面高度 1.5 m;模板支架高度 H 为 12 m;楼板厚度 0.12 m;立杆梁跨度方向间距 l_a 为 0.5 m;梁两侧立柱间距 l_b 为 1 m,梁下增加 1 根立柱;水平杆最大步距 1.2 m;梁底面板下次楞采用方木支撑;钢管按 $\phi48$ mm $\times 3.0$ mm 计算;面板采用 12 mm 厚竹胶合板。

(2)梁侧模板参数。主楞龙骨材料为钢楞,截面类型为圆钢管 48 mm $\times 3.0$ mm;次楞龙骨材料为木楞,宽度 40 mm,高度 60 mm;主楞间距 500 mm;次楞间距 200 mm;穿梁螺栓水平间距 500 mm;穿梁螺栓竖向间距 400 mm;穿梁螺栓直径 14 mm。

(3)荷载参数。模板与小楞自重(G_{1k})0.5 kN/m²;每米立杆承受结构自重 0.124 8 kN/m;新浇筑混凝土自重(G_{2k})24 kN/m³;钢筋自重(G_{3k})1.5 kN/m³;

可变荷载标准值:施工人员及设备荷载(Q_{1k})1 kN/m²;振捣混凝土对水平面模板荷载(Q_{2k})2 kN/m²;振捣混凝土对垂直面模板荷载(Q_{2k})4 kN/m²;倾倒混凝土对梁侧模板产生水平荷载(Q_{3k})4 kN/m²。

3)新浇混凝土对模板侧压力标准值计算

新浇筑的混凝土作用于模板的侧压力标准值,按下列公式计算,并取其中的较小值:

$$F = 0.22\gamma_c t_0 \beta_1 \beta_2 \sqrt{V} = 0.22 \times 24 \times 5.7 \times 1.2 \times 1.2 \times 1.22 = 52.873 \text{ kN/m}^2$$

$$F = \gamma_c H = 24 \times 1.5 = 36.000 \text{ kN/m}^2$$

其中　γ_c——混凝土的重力密度,取 24 kN/m³;

t_0——新浇混凝土的初凝时间,按 $200/(T+15)$ 计算,取初凝时间为 5.7 h;

T——混凝土的入模温度,经现场测试,为 20 ℃;

V——混凝土的浇筑速度,取 1.5 m/h;

H——混凝土侧压力计算位置处至新浇混凝土顶面总高度,取 1.5 m;

β_1——外加剂影响修正系数,取 1.2;

β_2——混凝土坍落度影响修正系数,取 1.2。

根据以上二公式计算,新浇筑混凝土对模板的侧压力标准值取较小值 36.000 kN/m²。

4)梁侧模板面板计算

面板采用竹胶合板,厚度为 12 mm,按简支跨计算,验算跨中最不利抗弯强度和挠度。取主楞间距 0.50 m 作为计算单元。

面板的截面抵抗矩 $W = 50.00 \times 1.2 \times 1.2/6 = 12.000$ cm³

截面惯性矩 $I = 50.00 \times 1.2 \times 1.2 \times 1.2/12 = 7.200$ cm⁴

(1)强度验算。

①计算时两端按简支板考虑,其计算跨度取支承面板的次楞间距 $L = 0.20$ m。

②荷载计算。新浇筑混凝土对模板的侧压力标准值 $G_{4k} = 36.000$ kN/m²,振捣混凝土对侧模板产生的荷载标准值 $Q_{2k} = 4$ kN/m²。

均布线荷载设计值为:

$q_1 = 0.9 \times [1.2 \times 36\,000 + 1.4 \times 4\,000] \times 0.50 = 21\,960$ N/m

$q_1 = 0.9 \times [1.35 \times 36\,000 + 1.4 \times 0.7 \times 4\,000] \times 0.50 = 23\,634$ N/m

根据以上两者比较应取 $q_1 = 23\,634$ N/m 作为设计依据。

③强度验算。施工荷载为均布线荷载:

$$M_1 = \frac{q_1 l^2}{8} = \frac{23\,634 \times 0.20^2}{8} = 118.17 \text{ N} \cdot \text{m}$$

面板抗弯强度设计值 $f = 35$ N/mm²

$$\sigma = \frac{M_{max}}{W} = \frac{118.17 \times 10^3}{12.000 \times 10^3} = 9.85 \text{ N/mm}^2 < f = 35 \text{ N/mm}^2$$

面板强度满足要求。

(2)挠度验算。验算挠度时不考虑可变荷载值,仅考虑永久荷载标准值,故其作用效应的线荷载计算如下。

$q = 0.50 \times 36\,000 = 18\,000$ N/m = 18.000 N/mm

面板最大容许挠度值 200.00/250 = 0.80 mm

面板弹性模量 $E = 9\,000$ N/mm²

$$\nu = \frac{5ql^4}{384EI} = \frac{5 \times 18.000 \times 200.00^4}{384 \times 9\,000 \times 7.200 \times 10^4} = 0.579 \text{ mm} < 0.80 \text{ mm}$$

满足要求。

5)梁侧模板次楞计算

次楞采用木楞,宽度 40 mm,高度 60 mm,间距 0.2 m 截面抵抗矩 W 和截面惯性矩 I 分别为:

截面抵抗矩 $W = 4.0 \times 6.0 \times 6.0/6 = 24.000$ cm³

截面惯性矩 $I = 4.0 \times 6.0 \times 6.0 \times 6.0/12 = 72.000$ cm⁴

(1)强度验算。

①次楞承受模板传递的荷载,按均布荷载作用下三跨连续梁计算,其计算跨度取主楞间距,$L = 0.5$ m。

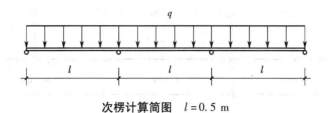

次楞计算简图 $l = 0.5$ m

②荷载计算。新浇筑混凝土对模板的侧压力标准值 $G_{4k} = 36.000$ kN/m², 振捣混凝土对侧模板产生的荷载标准值 $Q_{2k} = 4$ kN/m²。

均布线荷载设计值为：

$$q_1 = 0.9 \times [1.2 \times 36\,000 + 1.4 \times 4\,000] \times 0.2 = 8\,784 \text{ N/m}$$

$$q_2 = 0.9 \times [1.35 \times 36\,000 + 1.4 \times 0.7 \times 4\,000] \times 0.2 = 9\,454 \text{ N/m}$$

根据以上两者比较应取 $q = 9\,454$ N/m 作为设计依据。

③强度验算。计算最大弯矩

$$M_{max} = 0.1ql^2 = 0.1 \times 9.454 \times 0.5^2 = 0.236 \text{ kN} \cdot \text{m}$$

最大支座力 $1.1ql = 1.1 \times 9.454 \times 0.5 = 5.20$ kN

次楞抗弯强度设计值 $[f] = 17$ N/mm²

$$\sigma = \frac{M_{max}}{W} = \frac{0.236 \times 10^6}{24.000 \times 10^3} = 9.833 \text{ N/mm}^2 < 17 \text{ N/mm}^2$$

满足要求。

（2）挠度验算。验算挠度时不考虑可变荷载值，仅考虑永久荷载标准值，故其作用效应的线荷载计算如下：

$$q = 36\,000 \times 0.2 = 7\,200 \text{ N/m} = 7.200 \text{ N/mm}$$

次楞最大容许挠度值 $l/250 = 500/250 = 2.0$ mm

次楞弹性模量 $E = 10\,000$ N/mm²

$$\nu = \frac{0.677ql^4}{100EI} = \frac{0.677 \times 7.200 \times 500^4}{100 \times 10\,000 \times 72.000 \times 10^4} = 0.423 \text{ mm} < 2.0 \text{ mm}$$

满足要求。

6）梁侧模板主楞计算

主楞采用钢楞双根，截面类型为：圆钢管 48 mm × 3.0 mm，间距 0.50 m，截面抵抗矩 W 和截面惯性矩 I 分别为：

截面抵抗矩 $W = 4.49$ cm³

截面惯性矩 $I = 10.78$ cm⁴

（1）强度验算。

①主楞承受次楞传递的集中荷载 $P = 5.20$ kN，按集中荷载作用下三跨连续梁计算，其计算跨度取穿梁螺栓间距 $L = 0.4$ m（见下图）。

②强度验算。

最大弯矩 $M_{max} = 0.364$ kN · m

主楞抗弯强度设计值 $[f] = 205$ N/mm²

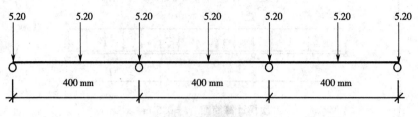

主楞计算简图(kN)

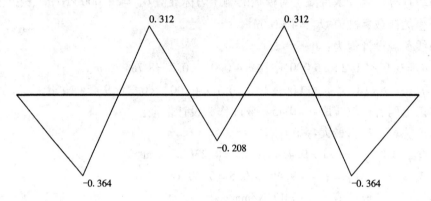

主楞弯矩图(kN·m)

$$\sigma = \frac{M_{max}}{W \times 2} = \frac{0.364 \times 10^6}{4.490 \times 10^3 \times 2} = 40.535 \text{ N/mm}^2 < 205 \text{ N/mm}^2$$

满足要求。

（2）挠度验算。验算挠度时不考虑可变荷载值,仅考虑永久荷载标准值,其作用效应下次楞传递的集中荷载 $P = 3.960$ kN,主楞弹性模量 $E = 206\,000$ N/mm^2。

主楞最大容许挠度值　$l/250 = 400/250 = 2$ mm

经计算主楞最大挠度　$V_{max} = 0.065$ mm < 2 mm

满足要求。

对拉螺栓计算如下。

对拉螺栓轴力设计值:

$$N = abF_s$$

其中　a——对拉螺栓横向间距;

　　　b——对拉螺栓竖向间距;

　　　F_s——新浇混凝土作用于模板上的侧压力、振捣混凝土对垂直模板产生的水平荷载或倾倒混凝土时作用于模板上的侧压力设计值其值如下:

$$F_s = 0.95(r_G G_{4k} + r_Q Q_{2k}) = 0.95 \times (1.2 \times 36.000 + 1.4 \times 4) = 46.36 \text{ kN},$$

$$N = 0.50 \times 0.40 \times 46.36 = 9.27 \text{ kN}。$$

对拉螺栓可承受的最大轴向拉力设计值

$$N_t^b = A_n F_t^b$$

其中　A_n——对拉螺栓净截面面积;

　　　F_t^b——螺栓的抗拉强度设计值。

本工程对拉螺栓采用 $M14$,其截面面积 $A_n = 105.0$ mm^2,可承受的最大轴向拉力设计值

$N_t^b = 17.85\ kN > N = 9.27\ kN$。

满足要求。

7) 梁底模板面板计算

面板采用竹胶合板,厚度为 12 mm。取梁底横向水平杆间距 0.5 m 作为计算单元。

面板的截面抵抗矩　$W = 50.0 \times 1.2 \times 1.2/6 = 12.000\ cm^3$

截面惯性矩　$I = 50.0 \times 1.2 \times 1.2 \times 1.2/12 = 7.200\ cm^4$

(1) 强度验算。

①梁底次楞为 5 根,面板按连续梁计算,其计算跨度取梁底次楞间距 $L = 0.125$ m。

②荷载计算。

作用于梁底模板的均布线荷载设计值为

$$q_1 = 0.9 \times [1.2 \times (24 \times 1.5 + 1.5 \times 1.5 + 0.5) + 1.4 \times 2] \times 0.5 = 22.19\ kN/m$$

$$q_1 = 0.9 \times [1.35 \times (24 \times 1.5 + 1.5 \times 1.5 + 0.5) + 1.4 \times 0.7 \times 2] \times 0.5$$
$$= 24.42\ kN/m$$

根据以上两者比较应取 $q_1 = 24.42$ kN/m 作为设计依据(见下图)。

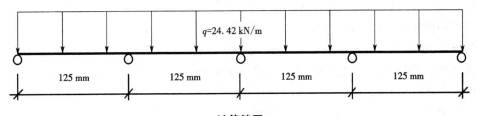

计算简图

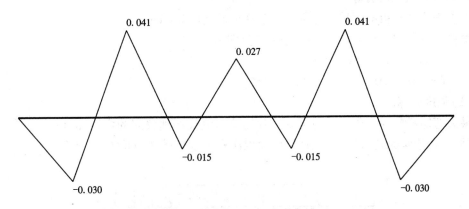

弯矩图(kN·m)

经过计算得到从左到右各支座力分别为:

　　$N_1 = 1.199$ kN;$N_2 = 3.489$ kN;$N_3 = 2.834$ kN;$N_4 = 3.489$ kN;$N_5 = 1.199$ kN

最大弯矩

　　$M_{max} = 0.041$ kN·m

梁底模板抗弯强度设计值　$[f](N/mm^2) = 35\ N/mm^2$

梁底模板的弯曲应力按下式计算:

$$\sigma = \frac{M_{max}}{W} = \frac{0.041 \times 10^6}{12.000 \times 10^3} = 3.417 \text{ N/mm}^2 < 35 \text{ N/mm}^2$$

满足要求。

（2）挠度验算。

验算挠度时不考虑可变荷载值,仅考虑永久荷载标准值,故其作用效应的线荷载计算如下:

$$q = 0.5 \times (24 \times 1.5 + 1.5 \times 1.5 + 0.5) = 19.38 \text{ kN/m}$$

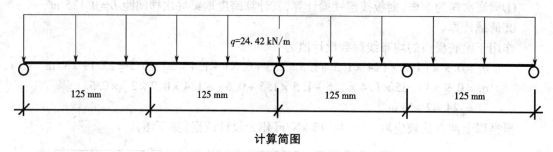

计算简图

面板弹性模量　$E = 9\,000 \text{ N/mm}^2$

经计算,最大变形　$V_{max} = 0.046 \text{ mm}$

梁底模板的最大容许挠度值　$125/250 = 0.5 \text{ mm}$

最大变形　$V_{max} = 0.046 \text{ mm} < 0.5 \text{ mm}$

满足要求。

8）梁底模板次楞计算

本工程梁底模板次楞采用方木,宽度 60 mm,高度 80 mm。

次楞的截面惯性矩 I 和截面抵抗矩 W 分别为:

$$W = 6.0 \times 8.0 \times 8.0/6 = 64 \text{ cm}^3$$

$$I = 6.0 \times 8.0 \times 8.0 \times 8.0/12 = 256 \text{ cm}^4$$

（1）强度验算。

最大弯矩考虑为永久荷载与可变荷载的计算值最不利分配的弯矩和,取受力最大的次楞,按照三跨连续梁进行计算,其计算跨度取次楞下水平横杆的间距 $L = 0.5$ m。

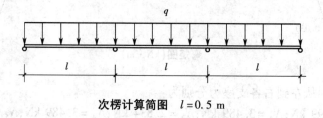

次楞计算简图　$l = 0.5$ m

荷载设计值　$q = 3.489/0.5 = 6.978 \text{ kN/m}$

最大弯矩　$M_{max} = 0.1ql^2 = 0.1 \times 6.978 \times 0.5^2 = 0.174 \text{ kN} \cdot \text{m}$

次楞抗弯强度设计值　$[f] = 17 \text{ N/mm}^2$

$$\sigma = \frac{M_{max}}{W} = \frac{0.174 \times 10^6}{64 \times 10^3} = 2.719 \text{ N/mm}^2 < 17 \text{ N/mm}^2$$

满足要求。

（2）挠度验算。

次楞最大容许挠度值　$l/250 = 500/250 = 2.0$ mm

验算挠度时不考虑可变荷载值，只考虑永久荷载标准值

$q = 2.769/0.5 = 5.538$ N/mm

次楞弹性模量　$E = 10\ 000$ N/mm^2

$$\nu = \frac{0.677ql^4}{100EI} = \frac{0.677 \times 5.538 \times 500^4}{100 \times 10\ 000 \times 256 \times 10^4} = 0.092\ \text{mm} < 2.0\ \text{mm}。$$

满足要求。

9）梁底横向水平杆计算

横向水平杆按照集中荷载作用下的连续梁计算。

集中荷载 P 取梁底面板下次楞传递力，如下图。

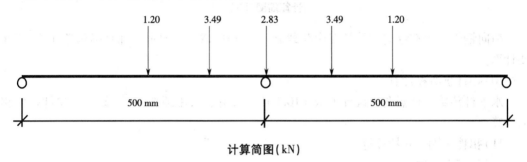

计算简图（kN）

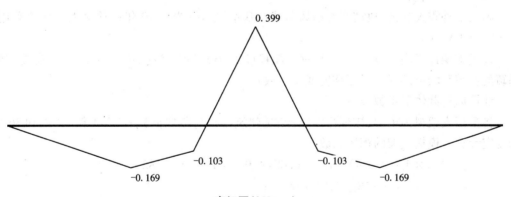

弯矩图（kN·m）

经计算，从左到右各支座力分别为

$N_1 = 0.675$ kN；　$N_2 = 10.861$ kN；　$N_3 = 0.675$ kN

最大弯矩　$M_{\max} = 0.399$ kN·m

最大变形　$V_{\max} = 0.146$ mm

（1）强度验算。

支撑钢管的抗弯强度设计值　$[f]$（N/mm^2）$= 205$ N/mm^2

支撑钢管的弯曲应力按下式计算：

$$\sigma = \frac{M_{\max}}{W} = \frac{0.399 \times 10^6}{4.49 \times 10^3} = 88.864\ \text{N/mm}^2 < 205\ \text{N/mm}^2$$

满足要求。

（2）挠度验算。

支撑钢管的最大容许挠度值 $l/150 = 500/150 = 3.3$ mm 或 10 mm

最大变形 $V_{max} = 0.146$ mm < 3.3 mm

满足要求。

梁底纵向水平杆计算如下。

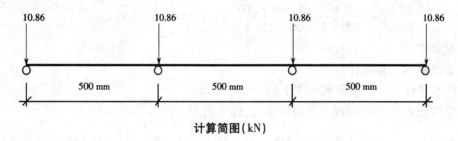

计算简图（kN）

横向钢管作用在纵向钢管的集中荷载 $P = 10.861$ kN。纵向水平杆只起构造作用，不需要计算。

10）扣件抗滑移计算

水平杆传给立杆竖向力设计值 $R = 10.861$ kN，由于采用顶托，不需要进行扣件抗滑移的计算。

11）扣件式钢管立柱计算

（1）风荷载计算。

因在室外露天支模，故需要考虑风荷载。基本风压按当地 10 年一遇最大风压值采用，$\omega_0 = 0.65$ kN/m²。

模板支架计算高度 $H = 12$ m，按地面粗糙度 B 类，田野、乡村、丛林、丘陵以及房屋比较稀疏的乡镇和城市郊区。风压高度变化系数 $\mu_z = 1.14$。

计算风荷载体形系数如下。

将模板支架视为桁架，按现行国家标准《建筑结构荷载规范》表 7.3.1 第 32 项和 36 项的规定计算。模板支架的挡风系数

$$\varphi = 1.2 \times A_n / (l_a \times h) = 1.2 \times 0.091 / (0.5 \times 1.2) = 0.182$$

$$A_n = (l_a + h + 0.325 l_a h) d = 0.091 \text{ m}^2$$

式中 A_n——一步一跨内钢管的总挡风面积；

　　　　l_a——立杆间距，0.5 m；

　　　　h——步距，1.2 m；

　　　　d——钢管外径，0.048 m；

　　　　系数 1.2——节点面积增大系数；

　　　　系数 0.325——模板支架立面每平方米内剪刀撑的平均长度。

单排架无遮拦体形系数 $\mu_{st} = 1.2\varphi = 1.2 \times 0.182 = 0.22$，

无遮拦多排模板支撑架的体形系数：

$$\mu_s = \mu_{st} \frac{1 - \eta^n}{1 - \eta} = 0.22 \frac{1 - 0.85^{10}}{1 - 0.85} = 1.18,$$

式中　η——风荷载地形地貌修正系数；

　　n——支撑架相连立杆排数。

风荷载标准值　$\omega_k = \mu_z \mu_s \omega_0 = 1.14 \times 1.18 \times 0.65 = 0.874 \ kN/m^2$

风荷载产生的弯矩标准值：

$$M_w = \frac{0.9^2 \times 1.4 \omega_k l_a h^2}{10} = \frac{0.9^2 \times 1.4 \times 0.874 \times 0.5 \times 1.2^2}{10} = 0.071 \ kN \cdot m$$

轴心压力设计值 N 计算如下。

上部梁传递的最大荷载设计值为 10.861 kN 。

立柱轴心压力设计值 N 为 10.861 kN。

(2)立柱稳定性计算。

立柱的稳定性计算公式：

$$\frac{N}{\varphi A} + \frac{M_w}{W} \leqslant f$$

式中　N——轴心压力设计值(kN)，$N = 10.861$ kN；

　　φ——轴心受压稳定系数，由长细比 $\lambda = L_0/i$ 查表得到；

　　L_0——立杆计算长度，m，取纵横向水平拉杆的最大步距 $L_0 = 1.2$ m。

　　i——立柱的截面回转半径，cm，$i = 1.59$ cm；

　　A——立柱截面面积，cm^2，$A = 4.24 \ cm^2$；

　　M_w——风荷载产生的弯矩标准值；

　　W——立柱截面抵抗矩，cm^3，$W = 4.49 \ cm^3$；

　　f——钢材抗压强度设计值，N/mm^2，$f = 205 \ N/mm^2$。

立柱长细比计算：

$$\lambda = L_0/i = 120.0/1.59 = 75 \ < 150$$

长细比满足要求。

按照长细比查表得到轴心受压立柱的稳定系数 $\varphi = 0.72$；

$$\frac{N}{\varphi A} + \frac{M_w}{W} = \frac{10.861 \times 10^3}{0.72 \times 4.24 \times 10^2} + \frac{0.071 \times 10^6}{4.49 \times 10^3} = 35.577 + 15.813 = 51.390 \ N/mm^2 < f$$

$$= 205 \ N/mm^2 ,$$

立柱稳定性满足要求。

(3)立柱底地基承载力验算。

①上部立柱传至垫木顶面的轴向力设计值 $N = 10.861$ kN。

②垫木底面面积 A：

垫木作用长度 1 m，垫木宽度 0.3 m，垫木面积　$A = 1 \times 0.3 = 0.3 \ m^2$

③地基土为碎石土，其承载力设计值　$f_{ak} = 200 \ kN/m^2$

立柱垫木地基土承载力折减系数 $m_f = 0.8$。

④验算地基承载力：

立柱底垫木的底面平均压力

$$P = \frac{N}{A} = \frac{10.861}{0.3} = 36.2 \ kN/m^2 < m_f f_{ak} = 200 \times 0.8 = 160 \ kN/m^2 ,$$

满足要求。

第十五章　安全事故处理程序及剖析

（一）安全事故处理程序

1. 安全事故等级

根据生产安全事故（以下简称事故）造成的人员伤亡或者直接经济损失，事故一般分为以下等级：

（1）特别重大事故，是指造成 30 人以上（包括本数，下同）死亡，或者 100 人以上重伤（包括急性工业中毒，下同），或者 1 亿元以上直接经济损失的事故；

（2）重大事故，是指造成 10 人以上 30 人以下（包括本数，下同）死亡，或者 50 人以上 100 人以下重伤，或者 5 000 万元以上 1 亿元以下直接经济损失的事故；

（3）较大事故，是指造成 3 人以上 10 人以下死亡，或者 10 人以上 50 人以下重伤，或者 1 000 万元以上 5 000 万元以下直接经济损失的事故；

（4）一般事故，是指造成 3 人以下死亡，或者 10 人以下重伤，或者 1 000 万元以下直接经济损失的事故。

2. 报告程序

事故发生后，事故现场有关人员应当立即向本单位负责人报告；单位负责人接到报告后，应当于 1 小时内向事故发生地县级以上人民政府安全生产监督管理部门和负有安全生产监督管理职责的有关部门报告。

情况紧急时，事故现场有关人员可以直接向事故发生地县级以上人民政府安全生产监督管理部门和负有安全生产监督管理职责的有关部门报告。

安全生产监督管理部门和负有安全生产监督管理职责的有关部门逐级上报事故情况，每级上报的时间不得超过 2 小时。

3. 报告内容

报告事故应当包括下列内容：

（1）事故发生单位概况；

（2）事故发生的时间、地点以及事故现场情况；

（3）事故的简要经过；

（4）事故已经造成或者可能造成的伤亡人数（包括下落不明的人数）和初步估计的直接经济损失；

（5）已经采取的措施；

（6）其他应当报告的情况。

4. 其他情况

事故报告后出现新情况的，应当及时补报。

自事故发生之日起 30 日内，事故造成的伤亡人数发生变化的，应当及时补报。道路交通事故、火灾事故自发生之日起 7 日内,事故造成的伤亡人数发生变化的,应当及时补报。

5. 事故发生后应采取的行动

事故发生单位负责人接到事故报告后,应当立即启动事故相应应急预案,或者采取有效措施,组织抢救,防止事故扩大,减少人员伤亡和财产损失。

施工单位和人员应当妥善保护事故现场以及相关证据,任何单位和个人不得破坏事故现场、毁灭相关证据。

因抢救人员、防止事故扩大以及疏通交通等原因,需要移动事故现场物件的,应当做出标志,绘制现场简图并做出书面记录,妥善保存现场重要痕迹、物证。

事故调查组向施工单位和个人了解与事故有关的情况,并要求其提供相关文件、资料,施工单位和个人不得拒绝。

事故发生单位的负责人和有关人员在事故调查期间不得擅离职守,并应当随时接受事故调查组的询问,如实提供有关情况。

6. 事故原因分析

事故分析的目的主要是为了弄清事故情况,从思想、管理和技术等方面查明事故原因,分清事故责任,提出有效改进措施,从中汲取教训,防止类似事故重复发生。对一起事故的原因详细分析,通常有两个层次,即直接原因和间接原因。对事故进行原因分析,主要依据《企业职工伤亡事故调查分析规章》(GB 6442—1986)。

1)事故原因分析的基本步骤

在进行事故调查原因分析时,通常按照以下步骤进行。

(1)整理和阅读调查材料。

(2)分析伤害方式。通常包括受伤部位、受伤性质、起因物、致害物、不安全状态和不安全行为等。

(3)分析确定事故的直接原因。

(4)分析确定事故的间接原因。

2)事故的直接原因

《企业职工伤亡事故调查分析规则》(GB 6442—1986)规定,事故的直接原因是指机械、物质或环境的不安全状态和人的不安全行为。

(1)机械、物质或环境的不安全状态具体包括以下方面:

①防护、保险、信号等装置缺乏或有缺陷;

②设备、设施、工具、附件有缺陷;

③个人防护用品用具(包括防护服、手套、护目镜及面罩、呼吸器官护具、听力护具、安全帽、安全带、安全鞋等)缺乏或有缺陷;

④生产(施工)场地环境不良,主要包括照明光线不良、通风不良、作业场所狭窄、作业场地混乱、交通线路配置不安全和地面滑等方面。

(2)人的不安全行为主要包括以下方面:

①操作错误,忽视安全,忽视警告;

②造成安全装置失效;

③使用不安全设备;

④手代替工具操作；

⑤物体（指成品、半成品、材料、工具、切屑和生产用品等）存放不当；

⑥冒险进入危险场所；

⑦攀、坐不安全位置（如平台护栏、汽车挡板、吊车吊钩）；

⑧在起吊物下作业、停留；

⑨机器运转时加油、修理、检查、调整、焊接、清扫等工作；

⑩有分散注意力行为；

⑪在必须使用个人防护用品用具的作业或场合中，忽视其使用；

⑫不安全装束；

⑬对易燃、易爆等危险物品处理错误等。

3）事故的间接原因

《企业职工伤亡事故调查分析规则》（GB 6442—1986）规定，属下列情况者为间接原因：

（1）技术和设计上有缺陷。工业构件、建筑物、机械设备、仪器仪表、工艺过程、操作方法、维修检验等的设计，施工和材料使用存在问题；

（2）教育培训不够，未经培训，缺乏或不懂安全操作技术知识；

（3）劳动组织不合理；

（4）对现场工作缺乏检查或指导错误；

（5）没有安全操作规程或不健全；

（6）没有或不认真实施事故防范措施，对事故隐患整改不力；

（7）其他。

7. 事故处理

1）事故处理的原则

根据《中华人民共和国安全生产法》、《企业职工伤亡事故报告和处理规定》等法律、法规的规定，事故调查处理应当遵循以下原则。

（1）实事求是、尊重科学的原则。事故调查处理必须以事实为依据，以法律为准绳，运用科学的调查和分析手段，严肃认真地对事故进行调查、分析和处理。

（2）"四不放过"的原则。"四不放过"即事故原因未查清不放过，防范措施未落实不放过，职工群众未受过教育不放过，事故责任者未受到处理不放过。

（3）公正、公平、公开的原则。公正、公平就是以事实为依据，实事求是地对事故进行调查处理；公开，是指事故调查处理结果要在一定范围内公开。

（4）分级管辖的原则。

2）事故责任分析

事故责任分析是在事故原因分析的基础上进行的，查清事故发生原因，是确定事故责任的依据。责任分析的目的在于使责任者汲取教训，改进工作。

根据事故调查确定的事实，通过事故原因（包括直接原因和间接原因）的分析，找出对应于这些原因的人及其与事件的关系，确定事故的责任者。按责任者与事故的关系分为直接责任者、主要责任者和领导责任者。

（1）直接责任者。指其行为与事故的发生有直接关系的人员。

（2）主要责任者。指对事故的发生起主要作用的人员。

有下列情况之一时,应由肇事者或有关人员负直接责任或主要责任:

①违章指挥或违章作业、冒险作业造成事故的;

②违反安全生产责任制和操作规程,造成伤亡事故的;

③违反劳动纪律、擅自开动机械设备或擅自更改、拆除、毁坏、挪用安全装置和设备,造成事故的。

(3)领导责任者。指对事故的发生负有领导责任的人员。

有下列情况之一时,有关领导应负领导责任:

①由于安全生产责任制、安全生产规章和操作规程不健全,职工无章可循,造成伤亡事故的;

②未按规定对职工进行安全教育和技术培训,或职工未经考试合格上岗操作造成伤亡事故的;

③机械设备超过检修期限或超负荷运行,或因设备有缺陷又不采取措施,造成伤亡事故的;

④作业环境不安全,未采取措施造成伤亡事故的。

事故发生单位应当认真汲取事故教训,落实防范和整改措施,防止事故再次发生。防范和整改措施的落实情况应当接受工会和职工的监督。

3)事故处罚

(1)施工单位主要负责人有下列行为之一的,处上一年年收入40%至80%的罚款;属于国家工作人员的,并依法给予处分;构成犯罪的,依法追究刑事责任。

①不立即组织事故抢救的;

②迟报或者漏报事故的;

③在事故调查处理期间擅离职守的。

(2)施工单位及其有关人员有下列行为之一的,对事故发生单位处100万元以上500万元以下的罚款;对主要负责人、直接负责的主管人员和其他直接责任人员处上一年年收入60%至100%的罚款;属于国家工作人员的,并依法给予处分;构成违反治安管理行为的,由公安机关依法给予治安管理处罚;构成犯罪的,依法追究刑事责任。

①谎报或者瞒报事故的;

②伪造或者故意破坏事故现场的;

③转移、隐匿资金、财产,或者销毁有关证据、资料的;

④拒绝接受调查或者拒绝提供有关情况和资料的;

⑤在事故调查中作伪证或者指使他人作伪证的;

⑥事故发生后逃匿的。

(3)施工单位对事故发生负有责任的,依照下列规定处以罚款:

①发生一般事故的,处10万元以上20万元以下的罚款;

②发生较大事故的,处20万元以上50万元以下的罚款;

③发生重大事故的,处50万元以上200万元以下的罚款;

④发生特别重大事故的,处200万元以上500万元以下的罚款。

(4)事故发生单位主要负责人未依法履行安全生产管理职责,导致事故发生的,依照下列规定处以罚款;属于国家工作人员的,并依法给予处分;构成犯罪的,依法追究刑事责任。

①发生一般事故的,处上一年年收入 30% 的罚款;

②发生较大事故的,处上一年年收入 40% 的罚款;

③发生重大事故的,处上一年年收入 60% 的罚款;

④发生特别重大事故的,处上一年年收入 80% 的罚款。

事故发生单位对事故发生负有责任的,由有关部门依法暂扣或者吊销其有关证照;对事故发生单位负有事故责任的有关人员,依法暂停或者撤销其与安全生产有关的执业资格、岗位证书;事故发生单位主要负责人受到刑事处罚或者撤职处分的,自刑罚执行完毕或者受处分之日起,5 年内不得担任任何生产经营单位的主要负责人。

(二)事故案例分析——某办公楼工程土方塌陷事故

1.事故简介

2000 年 6 月 22 日 2 时 30 分,某省某办公楼工程,在人工配合挖掘机进行基坑作业过程中,基坑突然坍塌,将 5 名作业人员埋入土中,造成 3 人死亡,2 人受伤。

2.事故发生经过

该工程于 2000 年 6 月 19 日开工,6 月 20 日进行基础土方机械挖掘作业,并派 11 名作业人员配合挖土作业。6 月 22 日凌晨 2 时 30 分,当基坑已挖至长 27.3 m、宽 6~8 m、深 4.7 m 时,挖掘机在基坑西侧北端挖完土退出,当 11 名作业人员进入基坑西侧北端清槽作业时,基坑边坡土方突然坍塌,将其中 5 人埋入土中,其中 3 人经抢救无效死亡,2 人受伤。

3.事故原因分析

1)技术原因

(1)没有认真按照施工组织设计的要求施工。基坑挖掘时放坡不足,没有及时发现并处理基坑西侧 80 cm 厚的陈旧性回填土,导致基坑西侧北端边坡土方坍塌,是此次事故的技术原因。

(2)挖掘机在挖土作业中的行走道路基坑西侧约 4 m,行驶过程中挠动了基坑西侧的土方,使基坑西侧北端的土方突然坍塌,是此次事故的间接技术原因。

2)管理原因

(1)施工现场的监护人员,没有对基坑挖掘的放坡和基坑坍塌部位进行有效的监护,是此事故的间接管理原因。

(2)对施工作业人员的安全教育缺乏针对性,使作业人员安全意识不强,自我防护能力低,冒险进入危险施工作业现场也是此次事故的管理原因。

4.事故责任认定及处理意见

该事故系施工作业过程中发生的安全事故,且为有关人员的过失责任造成的,因此应认定为一起生产安全责任事故。死亡人数为 3 人,属较大伤亡事故。

(1)施工单位未对施工人员进行有效的安全教育和安全事项的告知,编制专项施工方案的深度不够且存在一定的缺陷,未指派专职安全员进行现场监督,对事故的发生负有主要责任,建议原发证机关降一级施工资质处理,限期 2 年内不得在省内承揽工程。同时由市安全生产管理局对其处以罚款 15 万元。

(2)监理单位未按《建设工程安全生产管理条例》等有关规定履行工程监理职责,对事故发生有监督失职责任,建议市建设行政主管部门按《建设工程安全管理条例》处以罚款15万元。

(3)建设单位对安全生产工作重视不够,对事故发生负有管理责任,建议有关部门对其责令期限停工整改,给予通报批评,并处以罚款1万元。

(4)建议司法机关依法追究项目安全员、项目技术负责人、现场负责人的刑事责任。

(5)项目经理在施工过程中经常空位,对施工过程中存在的安全问题未能及时研究解决,建议原发证机关吊销其项目经理资格,由司法机关依法追究其刑事责任;并处以罚款2万元。

(6)项目总监理工程师对专项施工方案审查不严,对现场监理工作指导、管理不力,对事故发生负有一定责任,建议撤销其项目总监理工程师职务。

5. 事故的结论与教训

(1)技术管理存在严重缺陷。基础施工应根据地质勘察资料、基坑周边环境和基坑土质状况,对边坡的稳定性进行计算,制定土方工程的放坡或者支护的方案和措施,按照分层开挖的原则进行施工。在该项土方施工中,没有按照规范要求制定分层开挖的步骤,也没有按照规范和施工组织设计的要求进行放坡或者进行支护。因此,当土质密度较低,且受基坑周边环境严重影响时,基坑边坡的稳定性必然降低,由于缺少机械开挖基坑的放坡或者支护方案和措施,从而导致事故发生。

(2)在土方施工过程中,施工技术人员本应在施工现场放线定位,根据施工组织设计确定放线比例,控制机械开挖位置,检测边坡稳定性。在此次事故中,施工技术人员没有对基坑放坡比例和基坑边坡稳定状况进行观测,因此未能有效预防事故。

6. 事故的预防措施

(1)土方施工必须结合地质勘查结果和基坑周边环境,根据基坑支护技术规范制定施工方案和技术措施,以确保土方施工的安全生产。

(2)在土方工程施工过程中,施工现场的专职安全管理人员和技术人员必须在现场监测,对施工中违反施工规范、施工组织设计和技术措施的现象,及时纠正。

7. 相关知识

土方的稳定平衡与调配是土方工程施工的一项重要工作,施工单位应根据实际情况进行稳定性计算。在计算中,应综合考虑土的松散率、压缩率、沉降量等影响土方量变化的各种因素。

土方开挖的顺序、方法必须与专项施工方案相一致,并遵循"开槽支撑,先撑后挖,分层开挖,严禁超挖"的原则。基坑分层开挖的厚度,应根据工程土质、环境等具体情况决定,防止卸荷过程中引起土体失稳。

在土方工程施工测量中,除开工前的复测放线外,还应配合施工对平面位置(包括控制边界线、分界线、边坡的上口线等)、边坡坡度和标高等经常进行测量,校核是否符合专项施工方案要求。

第十六章　工会组织与安全健康(安康杯活动)

为推动企业建立和完善安全生产规章制度,提高广大员工的安全意识,做好员工人身安全和身体健康保障工作,促进企业经济发展,每年省建设厅、市建设局、市安全生产监督管理局都下发关于"安康杯"竞赛活动的通知。施工企业要积极响应上级号召,进一步促进公司安全健康,形成党政工团齐抓共管的安全生产新格局,结合建筑业的特点。根据省建设系统"安康杯"竞赛考核标准,工会参与制定各施工企业自己的"安康杯"竞赛活动实施方案。

(一)首先要成立领导机构,明确指导思想

领导小组是由施工企业的领导班子及工会主席组成,下设活动办公室,负责活动具体工作。

指导思想:为持续开展"安康杯"竞赛活动,进一步促进公司安全生产工作平稳发展,坚持"安全第一、预防为主、综合治理"的方针,牢固树立"以人为本、安全发展"的理念,积极组织实施群众性安康工程,以"安康杯"竞赛活动为载体,形成新的安全生产格局,以实际行动维护广大职工的合法权益,确保职工生命安全健康,全面推进安全生产管理、安全文化建设、职工安全健康教育培训等工作。

(二)竞赛主题:弘扬企业安全文化,加强班组安全管理

(1)文化是企业安全变革的先导,是企业前进的动力,是企业和谐发展的保障,企业发展的每一个起始点或转折点,文化均起着重要的推动作用,蕴藏在企业新体制、新制度、新生产方式中的文化价值理念,不断解放和改造着生产者的思想,支撑着生产者的信念,以文化为先导、视文化为推动力,把安全生产上升到文化的角度,把"安康杯"竞赛活动作为弘扬企业文化要素看待,其基本出发点是深入挖掘文化的内涵,深刻表达安全生产的丰富内容,准确把脉企业安全生产的求新创新,为深化企业安全生产,提升企业形象进行有效实践。

(2)企业安全生产的文化性,走的是一条与时代需求相吻合的路子,它承载着诸多丰富的文化成分,其中蕴涵着更加科学的先进生产方式、生产制度与严谨的生产管理、严密的安全监督环节,从国家到地方政府,为广大企业安全生产工作创新提供了许多有力条件和机遇,企业要紧紧抓住这个机遇,认真领会,扎实工作,不断拓展安全生产的新视野,扩大安全生产管理的新路径,在广大职工中创立一种欣欣向荣的安全生产景象,为一线职工提供良好的生产空间。

(3)企业安全生产的文化性,凝结着企业经济发展需求对于安全生产的重新识别,表现出了对更高层次的生产地位的认可,在力促企业全面进步的基础上,形成群众性的安全生产认同感,有效带动企业生产上台阶,让企业生产、生产管理承载起创新发展的重要责任。

(三)加强班组安全管理,促进班组安全生产制度建设

班组是企业生产的基础阵地,是凝聚职工智慧和能力的源泉,班组在企业生产中起着至

关重要的作用,注重班组安全管理,目的是打造安全生产的坚实基础,建立示范性班组,带动企业班组长效发展,在班组中积极推广新的安全技术、安全措施,对班组成员中的聪明才智能够及时发现、及时总结、及时上报、及时推广,按照制度先行、以法生产的原则,建立健全班组安全生产机制,从人员、制度、编制、工作性质、技术特性、生产设施、资金投入等方面,进行综合研究,确立班组建设方向。

(四)设立三方安全生产监督体系

为更加坚实地贯彻执行安全生产的有关条例和制度,积极有效地开展"安康杯"竞赛活动,各部门除严格按照有关文件、法规开展活动外,在原有安全生产监督检查的基础上,设立"工会监督"、"群众监督"、"安全管理干部监督"为基础的三方监督体系。

(1)"工会监督",企业工会与二级单位工会组织,要以企业健康发展、持续发展为方向,以广大职工群众关心的热点和难点为目标,以维护为中心,以民主管理为载体,发挥工会组织多元化监督职能,完善措施,突出重点,创新手段,按时间、部门、要求、制度、活动进展,广泛开展"安康杯"竞赛活动监督检查。

(2)"群众监督",群众是安全生产的主体,是推动生产力进步的主力军,建立群众监督体系,把安全生产、安全生产制度、安全生产竞赛活动与职工群众的具体行为密切联系起来,起到既能参与生产,又能起到监督安全措施、安全设施的作用,以此提升群众安全生产的思想素质,实现职工群众在实际生产中的转型升级。

(3)"安全管理干部监督",其内涵是认真贯彻执行国家制定的有关安全生产方面的方针政策、法律法规、法令条例、文件精神,竞赛活动规定要求、安全生产设施、安全防护措施的建立,努力坚持以法治企,依法生产,理顺安全生产体制,科学规划,有效实施,做到以点带面、以面代全、积极推行科学严谨的安全措施,明确各生产环节在实践中的制衡作用,于实践中坚持高标准,严要求,多角度、多渠道、多层面、脚踏实地地采取有效监督,不断提升安全生产标准,积极构建安全生产环境。

(五)竞赛范围

公司各级生产单位、项目部、车间(班组)100%参赛。

(六)竞赛活动内容

(1)加强安全生产管理。各单位和班组要根据不同季节、时段的施工特点,加强日常检查和专项检查,重点做好重大危险源措施落实关和监控关,及时地发现和消灭安全隐患。

(2)加强企业安全文化建设。广泛深入地开展"十个一",安全知识竞赛等形式的安全文化活动,确保不同形式活动的开展,真正落实到基层每一个班组、每一名职工,加强职工遵章守规的自律行为,推进职业病防治。

(3)加强班组安全建设及对职工的教育与管理。要立足施工现场,着眼安全生产长效机制,以"弘扬企业安全文化,加强班组安全管理"活动为主题,落实"三级"安全教育,坚持安全发展、和谐发展,强化现场文明,树立品牌工程,把在建工程作为树立企业形象的窗口,实现施工现场安全防护设施定型化、工具化、标准化,给职工创造一个安全、舒适、卫生的工作环境,在公司内部形成一种积极进取、争优夺杯的良好态势。

（七）竞赛目标

生产班组和群众达到 100% 参赛，实现全年生产零事故，年度末不发生重大消防和重大交通事故。

（八）竞赛组织领导

成立"安康杯"竞赛活动领导小组，负责此次活动的部署、组织、实施、检查、考核和表彰。领导小组包括组长、副组长和小组成员。

第十七章　应急预案与安全生产

（一）生产经营单位安全生产事故应急预案编制导则

引言

生产经营单位安全生产事故应急预案是国家安全生产应急预案体系的重要组成部分。制订生产经营单位安全生产事故应急预案是贯彻落实"安全第一、预防为主、综合治理"方针，规范生产经营单位应急管理工作，提高应对风险和防范事故的能力，保证职工安全健康和公众生命安全，最大限度地减少财产损失、环境损害和社会影响的重要措施。为了贯彻落实《国务院关于全面加强应急管理工作的意见》，指导生产经营单位做好安全生产事故应急预案编制工作，解决目前生产经营单位应急预案要素不全、操作性不强、体系不完善、与相关应急预案不衔接等问题，规范生产经营单位应急预案的编制工作，提高生产经营单位应急预案的编写质量，根据《安全生产法》和《国家安全生产事故灾难应急预案》，制定本标准。

应急管理是一项系统工程，生产经营单位的组织体系、管理模式、风险大小以及生产规模不同，应急预案体系构成不完全一样。生产经营单位应结合本单位的实际情况，从公司、企业（单位）到车间、岗位分别制订相应的应急预案，形成体系，互相衔接，并按照统一领导、分级负责、条块结合、属地为主的原则，同地方人民政府和相关部门应急预案相衔接。

应急处置方案是应急预案体系的基础，应做到事故类型和危害程度清楚，应急管理责任明确，应对措施正确有效，应急响应及时迅速，应急资源准备充分，立足自救。

1. 范围

本标准规定了生产经营单位编制安全生产事故应急预案（以下简称应急预案）的程序、内容和要素等基本要求。

本标准适用于中华人民共和国领域内从事生产经营活动的单位。

生产经营单位结合本单位的组织结构、管理模式、风险种类、生产规模等特点，可以对应急预案框架结构等要素进行调整。

2. 术语和定义

1）应急预案 emergency response plan

针对可能发生的事故，为迅速、有序地开展应急行动而预先制定的行动方案。

2）应急准备 emergency preparedness

针对可能发生的事故，为迅速、有序地开展应急行动而预先进行的组织准备和应急保障。

3）应急响应 emergency response

事故发生后，有关组织或人员采取的应急行动。

4）应急救援 emergency rescue

在应急响应过程中，为消除、减少事故危害，防止事故扩大或恶化，最大限度地降低事故造成的损失或危害而采取的救援措施或行动。

5）恢复 recovery

事故的影响得到初步控制后,为使生产、工作、生活和生态环境尽快恢复到正常状态而采取的措施或行动。

3．应急预案的编制

1）编制准备

编制应急预案应做好以下准备工作:

(1)全面分析本单位危险因素、可能发生的事故类型及事故的危害程度;

(2)排查事故隐患的种类、数量和分布情况,并在隐患治理的基础上,预测可能发生的事故类型及其危害程度;

(3)确定事故危险源,进行风险评估;

(4)针对事故危险源和存在的问题,确定相应的防范措施;

(5)客观评价本单位应急能力;

(6)充分借鉴国内外同行业事故教训及应急工作经验。

2）编制程序

(1)成立应急预案编制工作组。结合本单位部门职能分工,成立以单位主要负责人为领导的应急预案编制工作组,明确编制任务、职责分工,制定工作计划。

(2)资料收集。收集应急预案编制所需的各种资料(相关法律法规、应急预案、技术标准、国内外同行业事故案例分析、本单位技术资料等)。

(3)危险源与风险分析。在危险因素分析及事故隐患排查、治理的基础上,确定本单位的危险源、可能发生事故的类型和后果,进行事故风险分析,并指出可能产生的次生、衍生事故,形成分析报告,分析结果作为应急预案的编制依据。

(4)应急能力评估。对本单位应急装备、应急队伍等应急能力进行评估,并结合本单位实际,加强应急能力建设。

(5)应急预案编制。针对可能发生的事故,按照有关规定和要求编制应急预案。应急预案编制过程中,应注重全体人员的参与和培训,使所有与事故有关人员均掌握危险源的危险性、应急处置方案和技能。应急预案应充分利用社会应急资源,与地方政府预案、上级主管单位以及相关部门的预案相衔接。

(6)应急预案评审与发布。应急预案编制完成后,应进行评审。评审由本单位主要负责人组织有关部门和人员进行。外部评审由上级主管部门或地方政府负责安全管理的部门组织审查。评审后,按规定报有关部门备案,并经生产经营单位主要负责人签署发布。

4．应急预案体系的构成

应急预案应形成体系,针对各级各类可能发生的事故和所有危险源制订专项应急预案和现场应急处置方案,并明确事前、事发、事中、事后的各个过程中相关部门和有关人员的职责。生产规模小、危险因素少的生产经营单位,综合应急预案和专项应急预案可以合并编写。

1）综合应急预案

综合应急预案是从总体上阐述处理事故的应急方针、政策,应急组织结构及相关应急职责,应急行动、措施和保障等基本要求和程序,是应对各类事故的综合性文件。

2)专项应急预案

专项应急预案是针对具体的事故类别(如煤矿瓦斯爆炸、危险化学品泄漏等事故)、危险源和应急保障而制定的计划或方案,是综合应急预案的组成部分,应按照综合应急预案的程序和要求组织制定,并作为综合应急预案的附件。专项应急预案应制定明确的救援程序和具体的应急救援措施。

3)现场处置方案

现场处置方案是针对具体的装置、场所或设施、岗位所制定的应急处置措施。现场处置方案应具体、简单、针对性强。现场处置方案应根据风险评估及危险性控制措施逐一编制,做到事故相关人员应知应会,熟练掌握,并通过应急演练,做到迅速反应、正确处置。

5.综合应急预案的主要内容

1)总则

(1)编制目的。简述应急预案编制的目的、作用等。

(2)编制依据。简述应急预案编制所依据的法律法规、规章以及有关行业管理规定、技术规范和标准等。

(3)适用范围。说明应急预案适用的区域范围以及事故的类型、级别。

(4)应急预案体系。说明本单位应急预案体系的构成情况。

(5)应急工作原则。说明本单位应急工作的原则,内容应简明扼要、明确具体。

2)生产经营单位的危险性分析

(1)生产经营单位概况。主要包括单位地址、从业人数、隶属关系、主要原材料、主要产品、产量等内容,以及周边重大危险源、重要设施、目标、场所和周边布局情况。必要时,可附平面图进行说明。

(2)危险源与风险分析。主要阐述本单位存在的危险源及风险分析结果。

3)组织机构及职责

(1)应急组织体系。明确应急组织形式,构成单位或人员,并尽可能以结构图的形式表示出来。

(2)指挥机构及职责。明确应急救援指挥机构总指挥、副总指挥、各成员单位及其相应职责。应急救援指挥机构根据事故类型和应急工作需要,可以设置相应的应急救援工作小组,并明确各小组的工作任务及职责。

4)预防与预警

(1)危险源监控。明确本单位对危险源监测监控的方式、方法以及采取的预防措施。

(2)预警行动。明确事故预警的条件、方式、方法和信息的发布程序。

(3)信息报告与处置。按照有关规定,明确事故及未遂伤亡事故信息报告与处置办法。

①信息报告与通知。明确24小时应急值守电话、事故信息接收和通报程序。

②信息上报。明确事故发生后向上级主管部门和地方人民政府报告事故信息的流程、内容和时限。

③信息传递。明确事故发生后向有关部门或单位通报事故信息的方法和程序。

5)应急响应

(1)响应分级。针对事故危害程度、影响范围和单位控制事态的能力,将事故分为不同的等级。按照分级负责的原则,明确应急响应级别。

(2)响应程序。根据事故的大小和发展态势,明确应急指挥、应急行动、资源调配、应急避险、扩大应急等响应程序。

(3)应急结束。明确应急终止的条件。事故现场得以控制,环境符合有关标准,导致次生、衍生事故隐患消除,经事故现场应急指挥机构批准后,现场应急结束。应急结束后,应明确:

①事故情况上报事项;

②需向事故调查处理小组移交的相关事项;

③事故应急救援工作总结报告。

6)信息发布

明确事故信息发布的部门,发布原则。事故信息应由事故现场指挥部及时准确向新闻媒体通报。

7)后期处置

主要包括污染物处理、事故后果影响消除、生产秩序恢复、善后赔偿、抢险过程和应急救援能力评估及应急预案的修订等内容。

8)保障措施

(1)通信与信息保障。明确与应急工作相关联的单位或人员通信联系方式和方法,并提供备用方案,建立信息通信系统及维护方案,确保应急期间信息通畅。

(2)应急队伍保障。明确各类应急响应的人力资源,包括专业应急队伍、兼职应急队伍的组织与保障方案。

(3)应急物资装备保障。明确应急救援需要使用的应急物资和装备的类型、数量、性能、存放位置、管理责任人及其联系方式等内容。

(4)经费保障。明确应急专项经费来源、使用范围、数量和监督管理措施,保障应急状态时生产经营单位应急经费的及时到位。

(5)其他保障。根据本单位应急工作需求而确定的其他相关保障措施(如交通运输保障、治安保障、技术保障、医疗保障、后勤保障等)。

9)培训与演练

(1)培训。明确对本单位人员开展的应急培训计划、方式和要求。如果预案涉及社区和居民,要做好宣传教育和告知等工作。

(2)演练。明确应急演练的规模、方式、频次、范围、内容、组织、评估、总结等内容。

10)奖惩

明确事故应急救援工作中奖励和处罚的条件和内容。

11)附则

(1)术语和定义。对应急预案涉及的一些术语进行定义。

(2)应急预案备案。明确本应急预案的报备部门。

(3)维护和更新。明确应急预案维护和更新的基本要求,定期进行评审,实现可持续改进。

(4)制定与解释。明确应急预案负责制定与解释的部门。

(5)应急预案实施。明确应急预案实施的具体时间。

6. 专项应急预案的主要内容

1）事故类型和危害程度分析

在危险源评估的基础上,对其可能发生的事故类型和可能发生的季节及其严重程度进行确定。

2）应急处置基本原则

明确处置安全生产事故应当遵循的基本原则。

3）组织机构及职责

(1)应急组织体系。明确应急组织形式、构成单位或人员并尽可能以结构图的形式表示出来。

(2)指挥机构及职责。根据事故类型,明确应急救援指挥机构总指挥、副总指挥以及各成员单位或人员的具体职责。应急救援指挥机构可以设置相应的应急救援工作小组,明确各小组的工作任务及主要负责人职责。

4）预防与预警

(1)危险源监控。明确本单位对危险源监测监控的方式、方法以及采取的预防措施。

(2)预警行动。明确具体事故预警的条件、方式、方法和信息的发布程序。

5）信息报告程序

主要包括:

(1)确定报警系统及程序;

(2)确定现场报警方式,如电话、警报器等;

(3)确定24小时与相关部门的通信、联络方式;

(4)明确相互认可的通告、报警形式和内容;

(5)明确应急反应人员向外求援的方式。

6）应急处置

(1)响应分级。针对事故危害程度、影响范围和单位控制事态的能力,将事故分为不同的等级。按照分级负责的原则,明确应急响应级别。

(2)响应程序。根据事故的大小和发展态势,明确应急指挥、应急行动、资源调配、应急避险、扩大应急等响应程序。

(3)处置措施。针对本单位事故类别和可能发生的事故特点、危险性,制定应急处置措施(如煤矿瓦斯爆炸、冒顶、火灾、透水等事故应急处置措施,危险化学品火灾、爆炸、中毒等事故应急处置措施)。

7）应急物资与装备保障

明确应急处置所需的物质与装备数量、管理和维护、正确使用等。

7. 现场处置方案的主要内容

1）事故特征

主要包括:

(1)危险性分析,可能发生的事故类型;

(2)事故发生的区域、地点或装置的名称;

(3)事故可能发生的季节和造成的危害程度;

（4）事故前可能出现的征兆。

2）应急组织与职责

主要包括：

（1）基层单位应急自救组织形式及人员构成情况；

（2）应急自救组织机构、人员的具体职责，应同单位或车间、班组人员工作职责紧密结合，明确相关岗位和人员的应急工作职责。

3）应急处置

主要包括：

（1）事故应急处置程序，即根据可能发生的事故类别及现场情况，明确事故报警、各项应急措施启动、应急救护人员的引导、事故扩大及同企业应急预案的衔接的程序。

（2）现场应急处置措施，即针对可能发生的火灾、爆炸、危险化学品泄漏、坍塌、水患、机动车辆伤害等，从操作措施、工艺流程、现场处置、事故控制、人员救护、消防、现场恢复等方面制定明确的应急处置措施。

（3）报警电话及上级管理部门、相关应急救援单位联络方式和联系人员，事故报告的基本要求和内容。

4）注意事项

主要包括：

（1）佩戴个人防护器具方面的注意事项；

（2）使用抢险救援器材方面的注意事项；

（3）采取救援对策或措施方面的注意事项；

（4）现场自救和互救注意事项；

（5）现场应急处置能力确认和人员安全防护等事项；

（6）应急救援结束后的注意事项；

（7）其他需要特别警示的事项。

8. 附件

1）有关应急部门、机构或人员的联系方式

列出应急工作中需要联系的部门、机构或人员的多种联系方式，并不断进行更新。

2）重要物资装备的名录或清单

列出应急预案涉及的重要物资和装备的名称、型号、存放地点和联系电话等。

3）规范化格式文本

信息接收、处理、上报等规范化格式文本。

4）关键的路线、标志和图纸

主要包括：

（1）警报系统分布及覆盖范围；

（2）重要防护目标一览表、分布图；

（3）应急救援指挥位置及救援队伍行动路线；

（4）疏散路线、重要地点等标志；

（5）相关平面布置图纸、救援力量的分布图纸等。

5）相关应急预案名录

列出直接与本应急预案相关或相衔接的应急预案名称。

6）有关协议或备忘录

与相关应急救援部门签订的应急支援协议或备忘录。

（二）施工企业的生产安全事故应急预案案例

1.总则

1）编制目的

为了确保施工过程中出现紧急情况时，应急救援工作能迅速有效展开，起到控制紧急事件的发展并尽可能地消除事故，将事故对人、财产和环境的损失减少到最低程度，尽快恢复生产，特制定本预案。

2）编制依据

根据《中华人民共和国安全生产法》《建设工程安全生产管理条例》《职业病防治法》《消防法》《生产安全事故报告和调查处理条例》《特种设备安全监察条例》《生产安全事故应急预案管理办法》《生产经营单位安全生产事故应急预案编制导则》及《建筑工程安全技术规范》等法律法规。

3）适用范围

本预案适用公司院内及公司所属的各单位、施工现场。

4）应急管理体系

应急管理体系主要包括应急管理组织体系、应急预案体系、预案运行机制和应急保障等方面。

（1）应急管理组织体系。公司应急抢险指挥部为应急预案管理和应急抢险的最高机构，负责指挥、指导和监督公司应急预案管理工作。

（2）应急预案体系。本单位应急预案体系主要由公司综合应急预案、公司专项应急预案、现场处置方案三部分组成。

公司综合应急预案：公司综合应急预案是公司应急预案体系的总纲，由公司负责预案制定及预案演练。

公司专项应急预案：公司专项应急预案是公司为应对某一类或某种突发事件或事故指定的应急预案。由公司负责预案制定及预案演练。

公司专项应急预案包括：

①脚手架安拆安全预案；

②塔吊安拆安全控制预案；

③防汛应急预案；

④信访稳定工作应急预案；

⑤防震减灾应急预案；

⑥突发公共安全事件应急预案。

现场处置方案：

①防汛、防雷电、防大风预案；

②火灾、爆炸事故应急预案；

③防高处坠落应急预案;

④防土方坍塌应急预案;

⑤防触电应急预案;

⑥防物体打击应急预案。

(3)应急管理的运行机制。应急管理的运行机制为统一指挥、分级相应的原则。应急管理是一个动态的过程,包括预防、准备、响应和恢复四个阶段。

5)应急工作原则

应急救援工作是以保护人员安全优先,防止和控制事故蔓延优先,保护环境优先的工作。贯彻统一指挥、分级负责、区域为主、单位自救和社会救援相结合、高效协调以及持续改进的思想。各项目部应结合自身的实际情况制定相应的应急救援预案和有效的工作措施。

6)事故分级

根据生产安全事故造成的人员伤亡或者直接损失,将事故分为四级:一级(特别重大)、二级(重大事故)、三级(较大事故)、四级(一般事故)。

一级(特别重大):造成30人以上死亡,或者100人以上重伤,或者1亿元以上直接经济损失的事故。

二级(重大事故):造成10人以上30人以下死亡,或者50人以上100人以下重伤,或者5 000万元以上1亿元以下直接经济损失的事故。

三级(较大事故):造成3人以上10人以下死亡,或者10人以上50人以下重伤,或者1 000万元以上5 000万元以下直接经济损失的事故。

四级(一般事故):造成3人以下死亡,或者10人以下重伤,或者1 000万元以下直接经济损失的事故。(以上包括本数,所称的以下不包括本数。)

2.单位的危险性分析

1)单位概况

公司地处××号,靠近河流,雨季集中在7、8两月,院内一幢四层办公楼,三层单身住宅楼,配电室等设施,主要道路通畅,西南向是住宅小区。公司在册人员800余人,主要从事房屋建筑总承包、建筑装饰、钢结构制作安装、管道设备安装等综合承包施工。是一个主业突出,专业能力强,年产值4亿元以上的中型企业。历史上无重大事故发生。

2)危险源与风险分析

根据建设工程特点,可能发生的安全事故包括:坍塌(基坑、模板混凝土浇筑作业)、物体打击、高处坠落、机械伤害、触电、大型机械设备倒塌、火灾、食物中毒、传染病等安全生产事故和汛期、大风恶劣天气等突发事件。

(1)危险源的辨识。危险源辨识应全面、系统、多角度、不漏项,重点放在危险物质和影响因素上。

(2)分析。根据事故的严重程度和发生事故的可能性来进行风险评价,其结果从高到低依次分为A、B、C、D、E级共5个级别。

A级风险:不可容许风险。

B级风险:重大风险。

C级风险:中度风险。

D级风险:可容许风险。

E 级风险:可忽视风险。

风险控制措施表

风险级别		控制措施
代号	描 述	
E	可忽视风险	不需采取措施且不必保留文件记录
D	可容许风险	可保持现有控制措施,但应考虑投资效果更佳的解决方案或不增加额外成本的改进措施,需要检测来确保控制措施
C	中度风险	应采取措施降低风险,应测定并限定预防成本,在规定时限内实施风险减少措施,如条件不具备,可考虑长远措施和建议控制措施。在中度风险与严重伤害后果相关的场合,必须进一步评价以更准确地确定伤害的可能性,确定是否需要改进控制措施,是否需要制定目标和管理方案实施
B	重大风险	直至风险降低后才能开始工作。为降低风险必须配给大量资源。当风险涉及正在进行中的工作时,应采取应急措施,制定目标和管理方案降低风险
A	不可容许风险	只有当风险降低时,才能开始或继续工作。若即使以无限的资源投入也不能降低风险,就必须禁止工作

3. 组织机构及职责

1) 应急组织体系

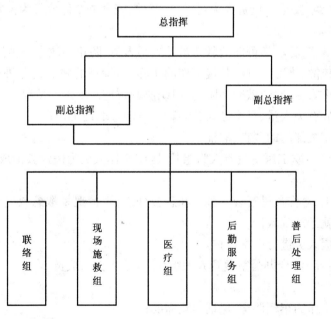

2) 应急机构及职责

(1)公司成立应急抢险指挥部:公司法人为总指挥,总经理为副总指挥,分管后勤负责人为副总指挥,各处科室负责人及二级单位负责人为成员。

应急指挥部成员	职位	通信号码
	总指挥	
	副总指挥	
	副总指挥	

职责:

①接到事故报告后,应尽快赶赴现场,负责指挥现场抢救和启动应急救援预案工作;

②向各抢救小组下达抢救指令及任务分配,协调各组之间的抢救工作,随时掌握各组最新动态并做出最新决策,保证在最短时间完成对事故现场的应急行动;

③在第一时间分别向上级领导及有关部门求救或报告紧急情况处置过程;

④对事故救援的及时、有效和终止负责。

(2)联络组:信息科负责人为组长,其他人员为成员。

职责:

①在应急小组的指令下,由组长协同应急指挥部领导成员负责用电话向110、119、120报警;

②负责将相关信息及时报告应急小组成员;

③负责事故和救援信息的统一发布,及时准确地向公众发布有关保护措施的紧急公告。

(3)现场施救组:安全处负责人为组长,生产处、安全处全体成员为抢救组成员。

职责:

①采取紧急措施,尽一切可能抢救伤员及被困人员,防止事故进一步扩大;

②负责组织疏散、排险、警戒、救援工作的实施,对险情的发展情况进行监控,阻止事故危害区外的公众进入,及时疏散交通阻塞,组织协调防控措施落实情况;

③负责对事故有关人员、目击证人和实物进行调查取证工作;

④负责协助相关部门的调查、取证工作。

(4)医疗救治组:职工医院负责人为组长,医院全体人员为医疗救治成员。

职责:

①按预定分工,对伤员进行现场分类和急救处理,视情况采取急救措施,运用担架等设施合理尽快送往就近医院救治;

②对现场救援人员进行医学监护。

(5)后勤服务组:综合办公室负责人为组长,其他人员为成员。

职责:

①负责救援工作的车辆调配,保证运输需要;

②负责救援工作的物资征集、设备、救援器材供应及后勤保障。

(6)善后处理组:劳动人事科负责人为组长,工会及劳动人事科成员为善后处理组成员。

职责:

①负责参与事故调查工作,对伤员家属进行安抚;

②负责伤亡人员的善后处理工作。

（7）分公司领导小组：分公司经理为小组组长，分管安全生产副经理、安全负责人为副组长。

职责：

①接到事故报告后应尽快赶赴现场，负责救援指挥工作；

②按时处置工作内容，协调各工作组的救援工作，及时、果断处理事故；

③对事故救援的及时、有效负责。

（8）项目部领导小组：工程项目部经理为小组组长，技术负责人、施工队长为副组长。

职责：

①接到事故报告后，尽快赶赴现场，负责救援指挥工作，同时向公司报告；

②协调各组的救援工作，及时、果断处理事故，协助、服从配合事故调查处理工作。

4. 预防预警

1）危险源预防及响应措施

危险源预防及响应措施

序号	危险源	预防措施及监控	响应措施
1	土方坍塌	1. 按经审批的施工方案施工 2. 深基础开挖时，现场设专人负责按比例放坡，分层开挖，开挖到底后，按方案进行护坡或支护，确保边坡整体稳定	发生坍塌事故，现场人员立即撤离坍塌区，向项目经理及有关人员报告，项目经理启动现场应急程序，依照技术措施组织人员排险，以防再次坍塌；同时清理边坡上堆放的材料，另外对埋的人员组织用手刨挖，避免伤者再次受伤，对伤者进行现场必要救治，同时拨打120送医院抢救，项目经理按照报告程序逐级报告，企业应急队伍赶赴事故现场开展救援工作，协助事故调查组，对事故开展调查
2	触电事故	电工按检查制度对用电设施进行检查，确保安全用电	触电事故主要有三类，施工碰触电、随意拖拉电线、现场照明不使用安全电压；发生触电事故，最早发现触电者，大声呼叫电工迅速拉闸断电，然后边向项目经理及有关人员报告，边用木棒、木板等不导电的材料将触电人与接触电线、电器部位分离开，将触电者抬到平整的场地，现场营救人员按照有关救护知识立即救护，同时拨打120送医院抢救，项目部经理按照报告程序逐级报告，并协助事故调查组开展调查
3	物体打击事故	1. 进入施工现场必须戴安全帽 2. 脚手架封闭，四口、五临边防护措施到位 3. 临边施工区域、通道口必须设置安全防护棚	不戴安全帽发生物体打击事故，占事故总数的90%，所以进入施工现场必须戴安全帽。当发生物体打击事故，最早发现者立即向项目经理报告，项目经理组织现场营救小组人员迅速对伤者进行紧急清理包扎止血，同时拨打120或直接送医院救治，项目经理按照报告程序逐级报告，并协助公司事故调查组对事故展开调查
4	机械伤害	与工人交底要求其必须按操作规程进行操作	当发生机械伤害事故，如受伤者自己能够呼救，首先大声呼叫电工迅速拉闸断电，如受伤严重已不能呼救，最早发现者大声呼叫电工迅速拉闸断电，向项目经理及有关人员报告，同时拨打120急救中心，现场营救小组人员将伤者抬到平整场地进行必要救治，如发现伤者有断指断腿等，应立即将其找到，用医用纱布将其包好，随同伤员一起送往医院救治。项目经理按照报告程序逐级报告，并协助公司事故调查组对事故展开调查

序号	危险源	预防措施及监控	响应措施
5	高处坠落事故	脚手架封闭,四口、五临边防护措施到位	当发生高处坠落事故,最早发现者立即向项目经理报告,项目经理组织现场营救小组人员迅速对伤者施救,如有骨折伤员,应注意对骨折部位保护,使用木板平抬,避免因不正确造成二次伤害,同时拨打120或直接送医院救治,项目经理按照报告程序逐级报告,并协助公司事故调查组对事故展开调查
6	火灾、爆炸	1. 不准随处在施工现场吸烟 2. 严格执行动火令 3. 绘制项目部消防设施布置图,并分别贴在施工区、生活区、办公区告知全体人员 4. 重点防火部位旁有充足的消防设施,通道处禁止堆放障碍物 5. 危险化学品储存、使用严格按照要求,要详细与工人交底	当发现有火情或氧气、乙炔瓶、油漆等易燃品储存使用不当引发事故时,按照应急程序要求,根据各组分工,现场灭火组首先要控制火源、可燃物及助燃物,取出灭火器和接通水源进行扑救,当现场无力扑救时,应立即拨打110、119、120报警,通知其他人马上撤离事故现场,现场营救组对伤员紧急救治,报告火警时,要讲清火险发生地点、火势情况、报告人姓名、单位地址,并派人到单位门口或路口等候消防车到来,引领消防车迅速赶到火灾现场,建筑物起火7分钟内是灭火的最好时间,如超过这个时间,就要设法逃离火灾现场,依靠消防人员灭火;单位负责人按照程序逐级报告,非常情况可越级上报,并协助公司事故调查组对事故展开调查
7	暴雨洪水	建立预防预警机制,专人收听天气预报	当受到暴雨洪水侵袭时,应立即启动应急程序,组织人员开展自救,利用防洪、抗洪物资(沙袋、铁锹)等进行围挡、排水,用水泵向外排水,也可根据情况向临近单位求助,按程序报告
8	传染病食物中毒	1. 办公区、生活区清洁卫生 2. 教育职工注意饮食卫生,保持足够的休息时间,养成良好的卫生习惯	在流行病发病期间,无论机关或施工现场,如发现发热、上吐下泻病人,立即拨打120急救电话送医院救治,通知建设单位申请当地卫生防疫机构采取必要措施,保留剩余食品以备检查,按照报告程序向上级报告

2)预警与报警流程

预警和报警信息应及时、准确地向上级主管部门报告。预警和报警信息包括:事件时间、可能影响范围、危害程度、紧急程度和发展态势以及应采取的相关措施等。

3)信息报告与处置

发生紧急事故,首先将现场无关人员立即撤离事故波及区,发现人向应急指挥部及有关人员报告或直接向公司电话报告,情况紧急时,事故现场有关人员可以直接向事故发生地人民政府安全生产监督管理部门和负有安全生产监督管理职责的有关部门报告,同时按照程序在1小时内向市建管局、城建国资公司及有关部门逐级报告。总指挥启动应急预案,应急小组赶赴现场开展救援工作及对事故展开调查。

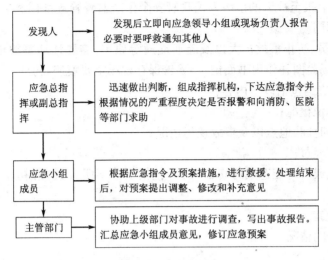

紧急事故处理流程图

一旦发生事故,事故单位按照"紧急事故处理流程"图,采取有效措施,防止事故的扩大。

应急联动电话:火警119、急救120、匪警110

主管部门:公司生产安全处

联 系 电 话

姓名	职务	电话	姓名	职务	电话
	总指挥			成员	
	副总指挥			成员	
	副总指挥			成员	
	成员			成员	
	成员				
	成员				
	成员				

5.应急响应

1)响应分级

根据生产安全事故造成的人员伤亡或者直接损失,将事故分为四级:一级(特别重大)、二级(重大事故)、三级(较大事故)、四级(一般事故)。

2)响应程序

(1)特别重大事故、重大事故逐级上报至国务院安全生产监督管理部门和负有安全生产监督管理职责的有关部门。

(2)较大事故逐级上报至省、直辖市人民政府安全生产监督管理部门和负有安全生产监督管理职责的有关部门。

（3）一般事故上报至社区的市级人民政府安全生产监督管理部门和负有安全生产监督管理职责的有关部门。

（4）因抢救人员、防止事故扩大以及疏通交通等原因，需要移动事故现场物件的，应当作出标志，绘制现场简图并作出书面记录，妥善保存现场重要痕迹、物证。

（5）报告事故应当包括以下内容：

①事故发生单位概况；

②事故发生的时间、地点以及事故现场情况；

③事故的简要经过；

④事故已造成或者可能造成的伤亡人数（包括下落不明人数）和初步估计的直接经济损失；

⑤已采取的措施；

⑥其他应报告的情况。

3）应急结束

（1）确定事故应急救援工作结束，相关危险因素消除后，应急指挥部人员以书面形式或电话通知本单位相关部门、周边社区及人员，宣布应急结束。

（2）事故经过、原因、责任、教训、防范措施及救援工作情况等形成书面报告，报至上级有关部门，安全部门并留存备案。

4）信息发布

（1）生产安全事故的有关信息必须经上级部门认定并同意后，由事故单位负责对外发布，满足相关方知情权，得到社会的支持和理解。

（2）信息发布应及时、准确，在事件发生的第一时间向公众发布简要信息、应对措施和公众防范措施等，根据事态发展做好后续发布工作。

（3）信息可通过网络、电话、张贴告示等方式进行发布。

5）后期处置

（1）根据事故"四不放过"原则，认真做好事故的调查处理工作，严肃查处事故有关责任人，使广大职工受到教育，总结经验教训，杜绝同类事故发生。

（2）积极做好事故造成伤害人员的医疗救助工作，使伤员得到及时有效的治疗，家属得到安抚。

（3）积极做好受灾员工的慰问、救济工作，切实解决受灾员工生产、生活中的困难，维护社会稳定，积极恢复生产。

（4）救援行动结束后，进入临时应急恢复阶段。包括现场清理、人员清点和撤离、禁戒解除、善后处理等。

6. 保障措施

1）通信与信息保障

保障应急抢险期间应急指挥部和各有关部门、小组通信联络，必须保证随时接受上级部门的救援通知指令、有关信息，随时能够下达应急指挥部的命令，随时掌握应急抢险的现场状况。指挥部工作人员24小时保持通信畅通，全体人员随时处于备战状态。

2）应急队伍保障

公司应急抢险队伍主要以机关人员为主，各单位、项目部应急处置机构根据各自的实际提供现场救援和应急装备。主要有第一分公司、第二分公司、第三分公司等。

3) 应急物资装备保障

应急设备、物资、药品清单表

序号	(设备/物资/药品)名称	存放地点	数量	备注
1	灭火器	办公楼、施工现场	每层、木工区	
2	消防栓、消防水源	办公楼、在建高层	每层	
3	消防沙池(包括消防桶、消防铲)	施工现场	根据工程规模	
4	手电筒、应急灯	公司、现场仓库	各1个	
5	电动工具	施工现场	1套	
6	担架、夹板	公司医院、施工现场	各1个	
7	药箱(氧气袋、药棉、纱布、绷带、创可贴)	施工现场	1个	
8	喇叭	公司、施工现场	各1个	

应急设备维护

序号	应急场所监控内容	负责部门/人	时间安排	备注
1	办公区灭火器、消防栓适用情况	施工区灭火使用情况 办公室	每月一次	
2	监测生活宿舍区	物业公司	每月一次	
3	监测施工区灭火器、消防沙池适用情况	安全处	每月一次	
4	监测施工区消防栓、楼层水管适用情况	安全处	每月一次	
5	补充药箱药品,检查担架适用情况	安全处	每月一次	
6	喇叭、应急灯、手电筒适用情况	办公室、安全处	每月一次	

4) 经费保障

对突发生产安全事故所必需的专项资金和有关救援物资储备资金,从公司安全生产专项资金中列支,经费必须得到专款专用,足额到位,满足应急处置需求。

7. 培训与演练

1) 培训

(1)公司培训部门负责制定公司年度应急培训计划,并组织落实。

(2)应急小组成员在安全教育时必须附带接受应急救援培训。

(3)培训内容:伤员急救常识,灭火器材使用常识,各类重大事故抢险常识,掌握个人护防装备及明确各自的职责等。

2) 演练

公司安全部门负责制定公司应急演练计划,并定期组织(一般为一年)进行演练,工程项目部适时有重点地分别组织现场应急救援演练,演练内容可根据各自情况选择,应做好演练记录,对演练结果进行评估分析预案中存在的不足,并予以改进和完善响应措施。

8. 奖惩

(1)对生产安全事故应急处置工作实行领导负责制和责任追究制。

（2）对生产安全事故应急处置管理工作中作出突出贡献的集体和个人给予表彰和奖励。

（3）对迟报、瞒报、谎报和漏报及工作中有其他失职行为的，给予有关责任人经济处罚或行政处分，构成犯罪的，依法追究刑事责任。

9. 附则

（1）本预案按规定报市城建国资公司和市安监局备案。

（2）预案修订的条件和时限。

①应急组织指挥体系或者职责已经调整的。

②依据法律、法规、规章和标准发生变化的。

③应急预案演练评估报告要求修订的。

④单位因兼并、重组、改制等导致隶属关系、经营方式、法定代表人发生变化的。

⑤应急预案应当至少每三年修订一次。

（3）本预案解释权归公司。

（4）本预案自发布之日起实施。

10. 施工现场安全急救、应急处置

1）施工现场急救步骤

急救是对伤员提供紧急的监护和救治，给伤病员以最大的生存机会，急救一定要遵循下述四个急救步骤。

（1）调查事故现场，调查时要确保对本人、伤病员或其他人无任何危险，迅速使伤病员脱离危险场所，尤其在工地、工厂大型事故现场，更是如此。

（2）初步检查伤病员，判断其神志、气管、呼吸循环是否有问题，必要时立即进行现场急救和监护，使伤病员保持呼吸道通畅，视情况采取有效的止血、防止休克、包扎伤口、固定、保存好断离的器官或组织、预防感染、止痛等措施。

（3）呼救。应请人去呼叫救护车，救助人可继续施救，一直要坚持到救护人员或其他施救者到达现场接替为止。此时还应反映伤员的伤病情况和简单的救治过程。

（4）如果没有发现危及伤病员的体征，可作第二次检查，以免遗漏其他的损伤、骨折和病变。这样有利于现场施行必要的急救和稳定病情，降低并发症和伤残率。

2）施工现场安全应急处理

（1）施工现场的火警火灾急救。

A. 火灾急救。

施工现场发生火警、火灾事故时，应立即了解起火部位，燃烧的物质等基本情况，拨打"119"向消防部门报警，同时组织撤离和扑救。

在消防部门到达前，对易引燃易爆的物质采取正确有效的隔离。如切断电源，撤离火场内的人员和周围易燃易爆物及一切贵重物品，根据火场情况，机动灵活地选择灭火器具。

在扑救现场，应行动统一，如火势扩大，一般扑救不可能时，应及时组织撤退扑救人员，避免不必要的伤亡。

扑灭火情时可单独采用，也可同时采用几种灭火方法（冷却法、窒息法、隔离法、化学中断法）进行扑救。灭火的基本原理是破坏燃烧三条件（即可燃物、助燃物、火源）中的任一条件。在扑救的同时要注意周围情况,防止中毒、坍塌、坠落、触电、物体打击等二次事故的发生。

在灭火后,应保护火灾现场,以便事后调查起火原因。

火灾现场自救注意事项:

①救火人应注意自我保护,使用灭火器材救火时应站在上风位置,以防因烈火、浓烟熏烤而受到伤害。

②火灾袭来时要迅速疏散逃生,不要贪恋财物。

③必须穿越浓烟逃走时,应尽量用浸湿的衣物披裹身体,用湿毛巾或湿布捂住口鼻,或贴近地面爬行。

④身上着火时,可就地打滚,或用厚重衣物覆盖压灭火苗。

⑤大火封门无法逃生时,可用浸湿的被褥衣物等堵塞门缝,泼水降温,呼救待援。

B. 烧伤人员现场救治。

在出事现场,立即采取急救措施,使伤员尽快与致伤因素脱离接触,以免继续伤害深层组织。

①伤员身上燃烧着的衣服一时难以脱下时,可让伤员躺在地上滚动,或用水洒扑灭火焰。切勿奔跑或用手拍打,以免助长火势,防止手的烧伤。如附近有河沟或水池,可让伤员跳入水中。如为肢体烧伤则可把肢体直接浸入冷水中灭火和降温,以保护身体组织免受灼烧的伤害。

②包布覆盖烧伤面做简单包扎,避免创面感染。自己不要随便把水泡弄破,更不要在创面上涂任何有刺激性的液体或不清洁的粉和油剂。因为这样既不能减轻疼痛,相反增加了感染机会,并为下一步创面处理增加了困难。

③伤员口渴时可给适量饮水或含盐饮料。

④经现场处理后的伤员要迅速转送医院救治,转送过程中要注意观察呼吸、脉搏、血压等的变化。

(2)严重创伤出血伤员的现场救治。创伤性出血现场急救是根据现场现实条件及时、正确地采取暂时性止血、清洁包扎、固定和运送等方面措施。

A. 止血。

①压迫止血法:先抬高伤肢,然后用消毒纱布或绵垫覆盖在伤口表面,在现场可用清洁的手帕、毛巾或其他棉织品代替,再用绷带或布条加压包扎止血。

②指压动脉出血近心端止血法:按出血部位分别采用指压面动脉、颈总动脉、锁骨下动脉、颈动脉、股动脉、胫前后动脉止血法。该方法简便、迅速有效,但不持久。

③弹性止血带止血法:当肢体动脉创伤出血时,一般的止血包扎达不到理想的止血效果而采用之。如当肱骨上1/3段或股骨中段严重创伤骨折时,常伴有动脉出血,伤情紧急,这时,就先抬高肢体,使静脉血充分回流,然后在创伤部位的近心端放上弹性止血带,在止血带与皮肤间垫上消毒纱布棉垫,以免扎紧止血带时损伤局部皮肤。止血带必须扎紧到切实将该处动脉压闭。同时记录上止血带的时间,争取在止血带后2小时以内尽快将伤员转送到医院救治,若途中时间过长,则应暂时松开止血带数分钟,同时观察伤口出血情况。若伤口出血已停止,可暂勿再扎止血带;若伤口仍继续出血,则再重新扎紧止血带加压止血,但要注意过长时间地使用止血带,肢体会因严重缺血而坏死。

　　B. 包扎、固定。创伤处用消毒的敷料或清洁的医用纱布覆盖,再用绷带或布条包扎,既可以保护创口预防感染,也可减少出血帮助止血。在肢体骨折时,又可借助绷带包扎夹板来固定受伤部位上下二个关节,减少损伤,减少疼痛,预防休克。

　　C. 搬运。经现场止血、包扎、固定后的伤员,应尽快正确地搬运转送医院抢救。不正确的搬运,可导致继发性的创伤,加重病痛,甚至威胁生命。搬运伤员要点如下。

　　①在肢体受伤后局部出现疼痛、肿胀、功能障碍、畸形变化,就提示有骨折存在。宜在止血包扎固定后再搬运,防止骨折断端因搬运震动而移位,加重疼痛,再继续损伤附近的血管神经,使创伤加重。

　　②在搬运严重创伤伴有大出血或已休克的伤员时,要平卧运送伤员,头部可放置冰袋或戴冰帽,路途中要尽量避免震荡。

　　③在搬运高处坠落伤员时,若疑有脊椎受伤可能的,一定要使伤员平卧在硬板上搬运,切忌只抬伤员的两肩与两腿或单肩背运伤员。因为这样会使伤员的躯干过分屈曲或过分伸展,致使已受伤了的脊椎移位,甚至断裂,造成截瘫,导致死亡。

　　创伤救护的注意事项如下。

　　①护送伤员的人员,应向医生详细介绍受伤经过。如受伤时间、地点、受伤时所受暴力的大小、现场场地情况。凡属高处坠落致伤时还要介绍坠落高度,伤员最先落地的部位或间接击伤的部位,坠落过程中是否有其他阻挡或转折。

　　②高处坠落的伤员,在已确诊有颅骨骨折时,即使当时神志清楚,但若伴有头痛、头晕、恶心、呕吐等症状,仍应劝其留住医院严密观察。因为,从以往事故看,有相当一部分伤者往往忽视这些症状,有的伤者自我感觉良好,但不久就因抢救不及时导致死亡。

　　③在房屋倒塌、土方陷落中,在肢体受到严重挤压后,局部软组织因缺血而呈苍白,皮肤温度降低,感觉麻木,肌肉无力。一般在解除肢体压迫后,应马上用弹性绷带绕伤肢,以免发生组织肿胀,还要给以固定少动,以减少和延缓毒性分解产物的释放和吸收。这种情况下的伤肢就不应该抬高,不应该局部按摩,不应该施行热敷,不应该继续活动。

　　④胸部受损的伤员,实际损伤常较胸壁表面所显示的更为严重,有时甚至完全表里分离。例如伤员胸壁皮肤完好无伤痕,但已有肋骨骨折存在,甚至还伴有外伤性气胸和血胸,要高度提高警惕,以免误诊,影响救治。在下胸部受伤时,要想到腹腔内脏受击伤引起内出血的可能。例如左侧常可招致脾脏破裂出血,右侧又可能招致肝脏破裂出血,后背力量致伤可能引起肾脏损伤出血。

　　⑤人体创伤时,尤其在严重创伤时,常常是多种性质外伤复合存在。例如软组织外伤出血时,可伴有神经、肌腱或骨的损伤。肋骨骨折同时可伴有内脏损伤以致休克等,应提醒医院全面考虑,综合分析诊断。反之,往往会造成误诊、漏诊而错失抢救时机,断送伤员生命,造成终生内疚和遗憾。有的伤员因年轻力壮,耐受性强,即使遭受严重创伤休克时,也较安静或低声呻吟,并且能正确回答问题,甚至在血压已降到零时,还一直神志清楚而被断送生命。

　　⑥引起创伤性休克的主要原因是创伤后的剧烈疼痛、失血引起的休克以及软组织坏死后的分解产物被吸收而中毒。处于休克状态的伤员要让其安静、保暖、平卧、少动,并将下肢抬高约 20 cm 左右,及时止血、包扎、固定伤肢以减少创伤疼痛,尽快送医院进行抢救治疗。

　　(3)急性中毒的现场抢救。

急性中毒是指在短时间内,人体接触、吸入、食用毒物,大量毒物进入人体后,突然发生的病症。在施工现场如一旦发生中毒事故,应争取尽快确诊,并迅速给予紧急处理。采取积极措施因地制宜、分秒必争地给予妥善的现场处理和及时转送医院。

急性中毒现场救治原则如下。

①不论是轻度还是严重中毒人员,不论是自救还是互救、外来救护工作,均应设法尽快使中毒人员脱离中毒现场、中毒物源,排除吸收的和未吸收的毒物。

②根据中毒的途径不同,采取以下相应措施。

a. 皮肤污染、体表接触毒物:如在施工现场因接触油漆、涂料、沥青、外渗剂、添加剂、化学制品等有毒物品中毒时,应脱去污染的衣物并用大量的微温水清洗污染的皮肤、头发及指甲等,对不溶于水的毒物用适宜的溶剂进行清洗。

b. 吸入毒物(有毒的气体):如进入下水道、地下管道、地下的或密封的仓库、化粪池等密闭不通风的地方施工,或环境中有有毒、有害气体以及焊割作业、乙炔(电石)气中的磷化氢、硫化氢、煤气(一氧化碳)泄漏,二氧化碳过量,油漆、涂料、保温、黏合等施工时,苯气体、铅蒸气等作业产生的有毒有害的气体的吸入造成中毒时,应立即使中毒人员脱离现场,在抢救和救治时应加强通风及吸氧。

c. 食入毒物:如误食腐蚀性毒物,河豚、发芽土豆、未熟扁豆等动植物毒素,变质食物、混凝土添加剂中的有毒成份和酒精中毒,对一般神志清楚者应设法催吐,喝微温水 300～500 ml,用压舌板等刺激咽后壁或舌根部以催吐,如此反复,直到吐出物为清亮物体为止。对催吐无效或神志不清者,则可给予洗胃,但由于洗胃有不少适应条件,故一般宜在送医院后进行。

急性中毒急救注意事项如下。

①救护人员在将中毒人员脱离中毒现场急救时,应注意自身的保护,在有毒有害气体发生场所,应视情况,采用加强通风或用湿毛巾等捂着口、鼻,腰系安全绳,并有场外人控制、应急,如有条件的要使用防毒面具。

②常见吸入性中毒的解救,一般应在医院进行,吸入毒物中毒人员尽可能送往有高压氧舱的医院救治。

③在施工现场如已发现心跳、呼吸不规则或停止呼吸、心跳的时间不长,则应把中毒人员移到空气新鲜处,立即施行口对口(口对鼻)呼吸法和体外心脏按压法进行抢救。

(4)伤病员心跳骤停的急救。

在施工现场的伤病员心跳呼吸骤停,即意识丧失、脉搏消失、呼吸停止的,在颈部、喉头两侧摸不到大动脉搏时的急救方法如下。

A. 口对口(口对鼻)人工呼吸法。

操作方法步骤如下。

①伤员取平卧位,冬季要保暖,解开衣领、松开围巾或紧身衣着,解松裤带,以利呼吸时胸廓的自然扩张,可以在伤员的肩背下方垫以软物,使伤员的头部充分后仰,呼吸道尽量畅通,减少气流时的阻力,确保有效通气量。同时也可以防止因舌根陷落而堵塞气流通道,然后将病人嘴巴撬开,用手指清除口腔中内的异物。如假牙、分泌物、血块、呕吐物等,使呼吸道畅通。

②抢救者跪卧在伤员的一侧,以近其头部的一手紧捏伤员的鼻子(避免漏气),并将手

掌外缘压住额部,另一只手托在伤员颌后,将颈部上抬,头部充分后仰,呈鼻孔朝天位,使嘴巴张开准备接受吹气。

③急救者先深呼吸一口气,然后用嘴紧贴伤员的嘴巴大口吹气,一般先连续、快速向伤员口吹四次,同时观察其胸部是否膨胀隆起,以确定吹气是否有效和吹气适度是否恰当。

④吹气停止后,急救者头稍侧转,并立即放松捏紧鼻孔的手,让气体从伤员肺部排出。此时应注意胸部复原情况,倾听呼气声,观察有无呼吸道梗阻。

⑤如此反复而有节奏地人工呼吸,不可中断,每分钟吹气频率应掌握在 12~16 次。

⑥注意事项。

a. 口对口吹气时的压力需掌握好,刚开始时可略大些,频率也可稍快一些,经 10~20 次人工吹气后逐步减小吹气压力,只要维持胸部轻度升起即可。对幼儿吹气时,不必捏紧鼻孔,应让其自然漏气,为防止压力过高,急救者仅用颊部力量即可。

b. 如遇到牙关紧闭时,则可改用口对鼻吹气,吹气时可改捏紧伤员嘴唇,急救者用嘴紧贴伤员鼻孔吹气,吹气时压力应稍大,时间也应稍长,效果相仿。

c. 整个动作要正确,力量要恰当,节律要均匀并不可中断,当伤员出现自主呼吸时,方可停止人工呼吸,但仍需严密观察伤员,以防呼吸再次停止。

B. 体外心脏挤压法。

体外心脏挤压是指通过人工方法,有节律地对心脏进行挤压,来代替心脏的自然收缩,从而达到维持血液循环的目的,进而求得恢复心脏的自主节律,挽救伤员生命。

体外心脏挤压法简单易学,效果好,不需设备,也不增加创伤,便于推广普及。

操作方法如下。

①使伤员就近仰卧于硬板上或地上,以保证挤压效果。注意保暖,解开伤员衣领,使头部后仰侧偏。

②抢救者站在伤员左侧或跪跨在病人的腰部。

③抢救者以一手掌根部置于伤员胸骨下 1/3 段,即中指对准其颈部凹陷的下缘,当胸一手掌,另一手掌交叉重叠于该手背上,肘关节伸直,依靠体重和臂、肩部肌肉的力量,垂直用力,向脊柱方向冲击性地用力施压胸骨下段,使胸骨下段与其相连的肋骨下陷 3~4 cm,间接压迫心脏,使心脏内血液搏出。

④挤压后突然放松(要注意掌根不能离开胸壁)依靠胸廓的弹性使胸骨复位。此时心脏舒张,大静脉的血液就回流到心脏。

⑤注意事项。

a. 操作时定位要准确,用力要垂直适当,要有节奏地反复进行,要注意防止因用力过猛而造成继发性组织器官的损伤或肋骨骨折。

b. 挤压频率一般控制在 60~80 次/min 左右,但有时为了提高效果可增加挤压频率到 100 次/min。

c. 抢救时必须同时兼顾心跳和呼吸,即使只有一个人,也必须同时进行口对口人工呼吸和体外心脏挤压,此时可以先吹两口气,再挤压,如此反复交替进行。

d. 抢救工作一般需要很长时间,必须耐心地持续进行,任何时刻都不能中止,即使在送往医院途中,也一定要继续进行抢救,边救边送。

e. 如果发现伤员嘴唇稍有启合,眼皮活动或有吞咽动作时,应注意伤员是否已有自动心跳和呼吸。

f. 如果伤员经抢救后，出面面色好转，口唇转红，瞳孔缩小，大动脉搏动触及血压上升，自主心跳和呼吸恢复时，才可暂停数秒进行观察。如果停止抢救后，伤员仍不能维持正常的心跳和呼吸，则必须继续进行体外心脏挤压，直到伤员身上出现尸斑或身体僵冷等生物死亡征象时，或接到医生通知伤员已死亡时，方可停止抢救。一般在心肺同时复苏抢救 30 min 后，若心脏自主跳动不恢复，瞳孔仍散大且光反射仍消失，说明伤员已进入组织死亡，可以停止抢救。

⑥心脏胸外挤压的适应症。体外心脏挤压通常适用于因电击引起的心跳骤停抢救，而且在日常生活中很多情况都可引起心跳骤停，都可使用体外心脏挤压法进行心脏复苏抢救，如雷击、溺水、呼吸窘迫、窒息、自缢、休克、过敏反应、煤气中毒、麻醉意外，某些药物使用不当，胸腔手术或导管等特殊检查的意外，以及心脏本身的疾病如心肌梗塞、病毒性心肌炎等引起心跳骤停等。但对高处坠落和交通事故等损伤性挤压伤，因伤员伤势复杂，往往同时伴有多种外伤存在，如肢体骨折，颅脑外伤，胸腹部外伤伴有内脏损伤，内出血，肋骨骨折等。这种情况下心跳停止的伤员就忌用体外心脏挤压。

此外，对于触电同时发生内伤，应分别情况酌情处理，如不危及生命的外伤，可放在急救之后处理，而若伴创伤性出血者，还应进行伤口清理预防感染，并止血，然后将伤口包扎好。

3）施工现场的应急处理设备和设施

（1）应急通信设施。工地应安装电话或配置移动电话保证电话在事故发生时能使用和畅通。

电话报救须知如下。

救护电话号码为"120"；火警报警电话为"119"，拨打电话时要尽量说清楚以下情况。

①说明伤情（病情、火情、案情）和已经采取了什么措施，以便让救护人员事先做好急救的准备。

②讲清楚伤者（事故）发生在什么地方，什么路、几号、靠近什么路口、附近有什么特征。

③说明报救者单位、姓名（或事故地）的电话或移动电话号码以便救护车（消防车、警车）找不到所报地方时，随时通过通信联系。基本打完报救电话后，应问接报人员还有什么问题不清楚，如无问题才能挂断电话。通完电话后，应派人在现场外等候接应救护车，同时把救护车进工地现场的路上障碍及时清除，以利救护到达后，能及时进行抢救。

（2）急救箱。

①急救箱的配备。急救箱的配备应以简单和适用为原则，应配有必要的急救器械、敷料及药物。保证现场急救的基本需要，并可根据不同情况予以增减，定期检查补充，确保随时可供急救使用。

②急救箱使用注意事项。有专人保管，但不要上锁（一般为医务人员或现场急救员保管）。定期更换超过消毒期的敷料和过期药品，每次急救后要及时补充。放置在合适的位置，使现场人员都知道。

（3）其他应急设备和设施。由于在现场经常会出现一些不安全情况，甚至发生事故，或因采光和照明情况不好，在应急处理时就需配备应急照明，如充电工作灯、电筒等设备。由于现场有危险情况，在应急处理时就需有用于危险区域隔离的警戒带、各类安全禁止、警告、指令、提示标志牌。

有时为了安全逃生、救生需要,还必须配置安全带、安全绳、担架等专用应急设备和设施。

4)施工现场应急响应情况及救援措施

序号	应急响应情况	联系单位	施工现场应急响应救援措施	执行单位
1	坍塌事故	生产处 安全处	发生坍塌事故,现场人员立即撤离坍塌区,向项目经理及有关人员报告,项目经理启动现场应急程序,依照技术措施组织人员排险,以预防再次坍塌;另外对埋入的人员组织用手刨挖,避免伤者再次受伤,对伤者进行现场必要救治,同时拨打120送医院抢救,项目经理按照报告程序逐级报告,企业应急队伍赶赴事故现场开展救援工作,协助事故调查组,对事故开展调查	项目部 项目公司 公司应急小组
2	触电事故	生产处 安全处	触电事故主要有三类,施工碰触电、随意拖拉电线、现场照明不使用安全电压;最早发现触电者,大声呼叫电工迅速拉闸断电,然后边向项目经理及有关人员报告,边用木棒、木板等不导电的材料将触电人与接触电线、电器部位分离开,将触电者抬到平整的场地,现场营救人员按照有关救护知识立即救护,同时拨打120送医院抢救,项目部经理按照报告程序逐级报告,并协助事故调查组开展调查	项目部 项目公司 公司应急小组
3	物体打击事故	生产处 安全处	不戴安全帽发生物体打击事故,占事故总数的90%,所以进入施工现场必须戴安全帽。当发生物体打击事故,最早发现者立即向项目经理报告,项目经理组织现场营救小组人员迅速对伤者进行紧急清理包扎止血,同时拨打120或直接送医院救治,项目经理按照报告程序逐级报告,并协助公司事故调查组对事故展开调查	项目部 项目公司 公司应急小组
4	机械伤害事故	生产处 安全处	当发生机械伤害事故,如受伤者自己能够呼救,首先大声呼叫电工迅速拉闸断电,如受伤严重已不能呼救,最早发现者大声呼叫电工迅速拉闸断电,向项目经理及有关人员报告,同时拨打120急救中心,现场营救小组人员将伤者抬到平整场地进行必要救治,如发现伤者有断指断腿等,应立即将其找到,用医用纱布将其包好,随同伤员一起送往医院救治。项目经理按照报告程序逐级报告,并协助公司事故调查组对事故展开调查	项目部 项目公司 公司应急小组
5	高处坠落事故	生产处 安全处	当发生高处坠落事故,最早发现者立即向项目经理报告,项目经理组织现场营救小组人员迅速对伤者施救,如有骨折伤员,应注意对骨折部位保护,使用木板平抬,避免因不正确造成二次伤害,同时拨打120或直接送医院救治,项目经理按照报告程序逐级报告,并协助公司事故调查组对事故展开调查	项目部 项目公司 公司应急小组
6	火灾、爆炸	办公室 生产处 安全处	当发现有火情或氧气、乙炔瓶、油漆等易燃品储存使用不当引发事故时,按照应急程序要求,根据各组分工,现场灭火组首先要控制火源、可燃物及助燃物,取出灭火器和接通水源进行扑救,当现场无力扑救时,应立即拨打110、119、120报警,通知其他人马上撤离事故现场,现场营救组对伤员紧急救治,报告火警时,要讲清火险发生地点、火势情况、报告人姓名、单位地址,并派人到单位门口或路口等候消防车到来,引领消防车迅速赶到火灾现场,建筑物起火7分钟内是灭火的最好时间,如超过这个时间,就要设法逃离火灾现场,依靠消防人员灭火;单位负责人按照程序逐级报告,非常情况可越级上报,并协助公司事故调查组对事故展开调查	项目部 项目公司 公司应急小组

序号	应急响应情况	联系单位	施工现场应急响应救援措施	执行单位
7	暴雨洪水	办公室 生产处 安全处	当受到暴雨洪水侵袭时,应立即启动应急程序,组织人员开展自救,利用防洪、抗洪物资(沙袋、铁锹)等进行围挡、排水,用水泵向外排水,也可根据情况向临近单位求助,按程序报告	项目公司(部) 公司应急小组
8	传染病 食物中毒	办公室 生产处 安全处 职工医院	在流行病发病期间,无论机关或施工现场,如发现发热、上吐下泻病人,立即拨打120急救电话送医院救治,通知建设单位申请当地卫生防疫机构采取必要措施,保留剩余食品以备检查,按照报告程序向上级报告	项目部 项目公司 公司应急小组

5) 脚手架安拆安全预案

工序	危 险 因 素	预 防 措 施
施工准备	1.未对脚手架进行专项设计,并进行有关验算	由项目技术负责人根据工程的实际要求,进行脚手架专项设计,并进行有关验算
	2.未对架设和使用人员交底	单位工程负责人应按施工组织设计中有关脚手架的要求,向架设和使用人员进行技术交底
	3.未对钢管、扣件、脚手板等进行检查验收	由安全员、材料员和架工班长共同对钢管、扣件、脚手板等进行检查验收
	4.搭设场地零乱,有积水	应清除搭设场地的杂物,平整场地,在架体周围设排水沟
	5.脚手架基础下有设备基础、管沟,使用中进行开挖	当脚手架基础下有设备基础、管沟,使用中不应开挖,否则必须采取加固措施
地基与基础	1.脚手架地基承载力不足	脚手架搭设前应对架体地基分层夯实,检查达到架体要求的地基承载力后,方可搭设
	2.脚手架底座底面标高低于周围地坪	脚手架底座底面标高应高于周围地坪 50 mm

工序	危 险 因 素	预 防 措 施
脚手架搭设	1.脚手架搭设不符进度	脚手架搭设必须配合进度,一次搭设高度不应超过相邻连墙件以上两步
	2.底座安装不符要求	(1)底座垫板均应准确地放在定位线上;(2)垫板宜采用长度不少于2跨、厚度不小于50 mm的木垫板上,也可用槽钢
	3.立杆搭设不符要求	(1)相邻立杆的对接扣件不得在同一高度内,错开距离应符合规范 JGJ 130—2001中6.3.5条的规定;(2)开始搭立杆时,应每隔6跨设置一根抛撑,直到连墙件安装稳定后方可根据情况拆除;(3)当搭设至有连墙件的构造点时,在搭设完该处的立杆、纵向水平杆、横向水平杆后,应立即加连墙件
	4.立杆顶端伸出建筑物的高度不符要求	立杆顶端宜高出女儿墙上皮1 m,高出檐口上皮1.5 m
	5.纵向水平杆搭设不符要求	(1)纵向水平杆的搭设应符合规范 JGJ 130—2001中6.2.1条的构造规定;(2)在封闭型脚手架的同一步内,纵向水平杆应四周交圈,用直角扣件与内外角部立杆固定
	6.横向水平杆搭设不符要求	(1)横向水平杆的搭设应符合规范 JGJ 130—2001中6.2.2条的构造规定;(2)双排脚手架横向水平杆的靠墙一端至墙装饰面的距离不宜大于150 mm
	7.纵向、横向扫地杆搭设不符要求	纵向、横向扫地杆搭设应符合规范 JGJ 130—2001中6.3.2条的构造规定
	8.连墙件的搭设不符要求	连墙件的搭设应符合规范 JGJ 130—2001中6.4节的构造规定要求
	9.剪刀撑、横向斜撑的搭设不符要求	剪刀撑、横向斜撑的搭设应符合规范 JGJ 130—2001中6.6节的构造规定,并应随立杆、纵向和横向水平杆等同步搭设,各底层斜杆下端均必须支撑在垫板上
	10.门洞的搭设不符要求	门洞的搭设应符合规范 JGJ 130—2001中6.5节的构造规定
	11.扣件的搭设不符要求	(1)扣件的规格必须与钢管外径相同;(2)螺栓拧紧扭力矩不应小于40 N·m;且不应大于65 N·m;(3)在主节点处固定横向水平杆、纵向水平杆、剪刀撑、横向斜撑等用的直角扣件、旋转扣件的中心点的相互距离不应大于150 mm;(4)对接扣件开口应朝上或朝内;(5)各杆件端头伸出扣件盖板边缘的长度不应小于100 mm
	12.脚手板的铺设不符要求	(1)脚手板应铺满、铺稳,离开墙面120～150 mm;(2)采用对接或搭接时应符合规范 JGJ 130—2001中6.2.3条规定;脚手板探头应用直径3.2 mm的镀锌钢丝固定在支撑杆件上;(3)自顶层作业的脚手板往下计,宜每隔12 m满铺一层脚手板

续表

工序	危 险 因 素	预 防 措 施
脚手架的拆除	1.脚手架拆除前未进行全面检查	脚手架拆除前应全面检查脚手架的扣件连接、连墙件、支撑体系等是否符合构造要求，并依据检查结果补充完善专项方案中的拆除顺序和措施
	2.脚手架拆除前未进行技术交底	脚手架拆除前应由单位工程负责人进行拆除安全技术交底
	3.脚手架拆除前未进行场地清理	脚手架拆除前应清除脚手架上的杂物及地面障碍物
	4.为了抢工期，脚手架拆除作业中上下同时作业	拆除作业必须由上而下逐层进行，严禁上下同时作业
	5.连墙件提前拆除	连墙件必须随脚手架逐层拆除，严禁先将连墙件整层或数层拆除后再拆脚手架；分段拆除高差不应大于 2 步，如高差大于 2 步应增设连墙件加固
	6.脚手架分段、分立面拆除时，不采取加固措施	脚手架分段、分立面拆除时，应对不拆除的脚手架两端按规范 JGJ 130—2001 中 6.4.2 条第 4 款、6.6.3 条第 1.2 款的规定，设置连墙件和横向斜撑加固
验收	忽略脚手架的检查和验收	应该对脚手架构配件、搭设质量及时进行检查和验收
安全管理	1.脚手架搭拆人员无上岗证	脚手架搭拆人员必须是经按现行国家标准《特种作业人员安全技术考核管理规则》考核合格的专业架子工，上岗人员应定期体检，合格后方可持证上岗
	2.搭拆人员未佩带防护用品	搭拆人员必须戴安全帽、系安全带、穿防滑鞋
	3.在不良天气环境下操作	①当有六级及六级以上大风和雾、雨、雪天气时应停止脚手架的搭设与拆除；②雨雪天气后上架作业应有防滑措施，并扫除积雪
	4.临电架设与脚手架接地、避雷措施不符要求	临电架设与脚手架接地、避雷措施，应按现行行业标准《施工现场临时用电安全技术规范》的有关规定执行
	5.搭拆脚手架时未设警戒	搭拆脚手架时，地面应设围栏和警戒标志，并派专人看守，严禁非操作人员进入

6)塔机安拆安全控制预案

工序	危 险 因 素	预 防 措 施
勘测基础设置	1.基础位置地基承载力不够	地基基础加固
	2.基础下有上下水等地下设施	避让或进行局部加固
	3.与高压线太近	避让或架设安全防护架
	4.相邻建筑物有相碰可能	避让或重新选址
	5.相邻塔机有相碰可能	避让或重新选址，塔机间采用高低错开
	6.建筑物施工完成后无法拆卸	选址时尽可能考虑到拆卸方便
	7.塔机距离建筑物太远加附着困难	选址时基础尽可能靠近建筑物
	8.塔机基础在建筑物基坑边上	基础加固及防止基坑边塌方及基础下沉措施

工序	危险因素	预防措施
基础平衡重制作	1.基础、平衡重等混凝土强度等级低于设计要求	采用混凝土强度等级必须符合设计要求
	2.基础、平衡重浇筑时,减少尺寸,不符合设计要求	严格按标准要求浇筑
	3.混凝土强度未达到就通知安装	混凝土试块强度达到要求后通知安装
	4.基础及路基处易积水,无排水系统	设排水系统。
安装前准备	1.不良气候环境下安装顶升	风力大于4级,有雨、雪、雾等不良作业环境情况下,禁止作业
	2.塔机零部件、机构未作检查,尤其对起升机构、制动器、钢丝绳、液压系统未作可靠性确认	检查塔机零部件及机构,进行维修保养,达到报废条件的应及时报废更换,确保安装及使用过程中安全可靠
	3.相邻塔机有相碰可能	停机或专人督促,禁止相邻塔机转到安装作业区域
	4.作业现场未围护	作业现场封闭围护
	5.未戴安全帽、安全带或有缺损	安全帽、安全带配置齐全且保证完好可靠
	6.装拆用起重设备规格小	选择合适起重设备
	7.安装场地小,施工现场场地无法承受汽车吊等大型设备重量	平整场地,创造能满足安装作业的场地、环境
	8.吊装部件与所用吊具不相配	选择合适吊具并检查确认完好后使用
地面组装	1.安装前臂销轴时把轴端挡板焊缝打裂	注意销轴规格,缺口位置与轴眼端挡板位置相对应及锤击均匀
	2.固定销轴的开口销未装或未充分开口	开口销充分开口
	3.开口销规格不符,随意代用,起不到可靠固定作用	开口销规格选用与使用部位相适应
	4.销轴、螺栓零件随意代用	采用合格的配件
	5.磨损、变形的零部件未采取有效的校正、修理更换等措施而继续使用	磨损、变形的零部件及时进行有效的校正修理更换
吊装	1.吊点位置不对,吊点固定不牢固可靠	按说明书要求或标定的吊点位置固定吊点,试吊确认位置合适、吊点稳固后起吊
	2.吊装平衡重次序块数未按说明书规定要求操作	吊装平衡重次序块数严格按说明书规定要求操作
	3.吊装前臂前,前臂上方拉杆与前臂上弦间未可靠固定	吊装前臂前,前臂上方拉杆与前臂上弦间可靠固定
	4.前臂根部销轴装上后,拉杆上穿绕起升钢丝绳后,在拉起拉杆前前臂上弦固定拉杆用的铁丝未及时拆除	前臂根部销轴装上后,拉杆上穿绕起升钢丝绳后,在拉起拉杆前前臂上弦固定拉杆用的铁丝要及时拆除
	5.穿绕好钢丝绳后,钢丝绳末端绳卡螺栓未锁紧时,绳从中滑出	钢丝绳末端绳卡按标准配置,安装紧固可靠

续表

工序	危险因素	预防措施
顶升	1. 套架与回转支座未连接好时拆除塔身与回转下支座连接螺栓	套架与回转支座未连接好时,严禁拆除塔身与回转下支座连接螺栓
	2. 回转支座与塔身尚未连接好而吊装标准节等进行操作	必须按规定将回转支座与塔身连接好后再进行吊装标准节等的操作
	3. 回转支座与塔身尚未连接好,进行臂架回转、变幅、小车起升或行走等操作	必须按规定将回转支座与塔身连接好后再进行臂架回转、变幅、小车起升或行走等操作
	4. 顶升塔机主电缆线长度不够或电缆未与塔身固定解除、拉断电缆	检查电缆长度并解除影响顶升作业的固定电缆的绑扎处,保证顶升电缆有足够的长度
	5. 未检查调整套架滚轮	检查调整套架滚轮合理间隙 3~5 mm
	6. 顶起套架后,套架爬爪未与塔身踏步支撑牢固就缩回油缸	顶起套架后,套架爬爪必须与塔身踏步支撑牢固后,才能缩回油缸
	7. 小车平衡位置不对	顶升前按说明书规定,小车必须调整到顶升重心位置在顶升油缸的轴线上,由于说明书与实际有差异,因此试顶 5~10 mm,观察回转支座主弦下平面与塔身主弦上平面间隙是否均匀和压力表读数是否最小,来实际确定调整位置
	8. 下支座与塔身标准节间定位、检查不到位	及时通报平衡情况,及时安装定位销或标准节螺栓
	9. 顶升系统障碍一时不能修复	(1)在回转支撑与回转结构小齿轮啮合处两侧嵌入制动木方防止臂架转动;(2)在塔身与回转支座之间,加入可靠地支撑物,以能承受回转支座以上部分的塔身重量,并使回转支撑与塔身间通过中间支撑物能可靠地连接在一起;(3)紧急调用备用顶升系统
	10. 相邻塔机与顶升作业塔机位置近,有碰撞可能	相邻塔机停止使用,无法停机时派专人负责确保相邻塔机不影响顶升,并有随时停止该机作业的控制权
	11. 未按说明书要求根据标准节的型号依次安装	塔身上下不同位置对强度稳定性和刚度有不同要求时,从最下面开始安装符合规定型号的标准节
	12. 顶升时系统油压过高	(1)说明顶升阻力有卡阻现象,排除危险因素后再顶升;(2)溢流阀压力调整到额定工作压力下工作
	13. 顶升时未使用制动器或制动器失效,臂架转动	使用制动器,若制动器失效则在回转支撑与回转结构小齿轮间嵌入制动木方防止臂架转动
调试	力矩限制器、重量限制器、高度限位器、幅度限位器、回转限位器未调试或未安装	必须配置齐全并严格按塔机安全装置调试要求调试

(三)防汛应急预案

为切实做好汛期安全生产,进一步加强汛期灾害防范工作,确保出现紧急情况时,应急救援工作能迅速有效展开,起到控制紧急事件并尽可能消除事故,将事故对人、财产和环境的损失减少到最低限度,根据市政府关于加强防汛预案体系建设的通知等文件精神,结合我公司实际情况,制定本预案。

1. 应急救援预案建立的原则

事故应急救援工作是在预防为主、防救结合的前提下,贯彻统一指挥、分级负责、区域为主、单位自救和社会救援相结合的原则。各项目部应结合自身的实际情况制定相应的应急救援预案和有效的工作措施。

2. 应急领导小组组织体系

组长：×××

副组长：××× ×××

成员：各单位负责人及公司处室负责人

应急队员：××× ××× ××× ××× ××× ×××等

3. 应急小组职责

公司值班人员一旦收到紧急情况信息，应快速反应，及时准确地把情况报告应急领导小组，立即成立救援现场指挥组，由应急领导小组组长或副组长担任总指挥，抽调相关人员组成指挥机构，组织指挥应急处置工作。应急小组设置如下。

(1)联络组：承担现场指挥部办公室的职能，由办公室负责。

(2)现场施救组：根据现场具体情况，及时准确处置，组织疏散、排险、清障救援工作的实施。尽一切可能抢救伤员及被困人员，防止事故进一步扩大，由公司生产处负责。

(3)技术信息组：负责采集、汇总和分析紧急事件实施、相关信息，并组织专家进行综合分析及趋势预测，为领导提供决策依据，提出应急工作建议，由技术科负责。

(4)医疗救治组：负责对伤员采取急救处置措施，尽快送医院抢救，协助有关部门的事故调查工作和专业抢救工作。由职工医院负责。

(5)保安组：负责对事故现场的警戒维护及调查取证工作。保卫科和安全科负责。

(6)后勤服务组：负责保障应急救援器材、物资、设备的供应。由办公室负责。

(7)善后处理组：负责参与事故调查工作，对伤员家属进行安抚及伤亡人员的善后处理工作。由工会和劳动人事部负责。

4. 应急知识培训与演练

应急小组成员在安全教育时必须附带接受应急救援培训。

培训内容：防汛、防大风、暴雨、雷电等恶劣天气一般常识，以及重大事件抢险、避险安全常识，掌握个人防护装备及明确各自的职责等。

应急救援演练应定期(一般为一年)进行，做好演练记录，并对演练结果进行评估分析预案存在的不足，并予以改进和完善。

5. 紧急情况的救援处理

建设工程项目发生紧急情况后，救援现场指挥部应以员工和应急救援人员的安全、防止事故扩展及保护环境作为优先原则，根据具体情况充分发挥社会救援力量，如火灾及时报告119，中毒及时报告当地卫生部门等，就近组织临时救援队伍、人员、物资设备施救，同时紧急调集应急专业救援队伍、物资、设备进行有效施救。

6. 防汛、防大风预案

当接听到气象台预报(上级通知)大暴雨、特大暴雨或大风天气时，开展如下工作。

(1)立即成立应急领导小组，对建设工程项目防汛、防大风工作进行统一指挥、协调。认真贯彻落实市政府防汛指挥部的通知要求。

（2）坚持每天24小时值班,领导带班,时刻保持与上级部门联络,保证通信畅通。注意收听看天气预报,主要领导要定制手机气象预报短信,及时掌握预警信息,密切注视汛情和大风情况。

（3）对所辖区建设工程项目的防汛应急预案和各项准备工作进行巡查落实,严禁一切户外活动,落实项目应急人员及职责。

（4）启动各救助组,并处以临战状态,一旦出现险情,做到随叫随到,迅速投入抢险救灾。

（5）要按各自职责立即采取措施,暴雨、大风、雷电恶劣天气及自然灾害威胁到建筑工地及场所人员安全,要及时做好停产撤人。

（6）汛期、大风后,及时收集重要灾情,进行汇总整理,总结经验教训,持续改进救援预案。

7.紧急情况后的恢复和善后处理

（1）按照事故"四不放过"原则,认真做好事故的调查处理工作,严肃查处事故有关责任人,使广大职工受到教育,总结经验教训,杜绝同类事故发生。

（2）积极做好事故造成伤害人员的医疗救助工作,使伤员得到及时有效的治疗,家属得到安抚。

（3）积极做好受灾员工的慰问、救济工作,切实解决受灾员工生产、生活中的困难,维护社会稳定,积极恢复生产。

8.防汛应急值班表

时　间	值班人	办公电话	手机
星期一			
星期二			
星期三			
星期四			
星期五			
星期六			
星期日			

（四）信访稳定工作应急预案

为了社会稳定,人民群众安居乐业,生产正常,生活稳定,针对国家和省市部署,特别是在关键时期,要有针对性化解企业与职工的各种矛盾,确保不发生越级上访事件,维护公司整体形象和和谐稳定的经济、政治形势,特制定本预案。

1.工作目标

主动了解重点信访人员思想状况,化解集体上访事件,保证不到公司主管部门集体上访和堵塞公路、铁路,不发生到省会、北京等越级上访事件,保持公司和谐稳定局面和企业良好形象。

2. 具体措施

(1) 加强领导, 周密部署。

① 公司成立信访稳定应急领导小组:

组　长: ×××

副组长: ×××

成　员: ×××　×××　×××(政工部门和劳动人事科、保卫科等有关人员)

② 公司成立防控小组, 各二级单位成立由一名负责人为组长的防控小组, 分别负责各自管理区域和重点人员, 各小组组长对本区域的人员稳定工作负责, 发现问题及时向防控小组反馈, 及时处理, 防止非法的集体和越级上访。

③ 做好信息收集和反馈工作。超前准备, 统筹规划, 确保掌握稳定工作最新动向, 发现不稳定苗头立即采取果断措施, 并向公司稳定工作领导小组汇报。

(2) 强化宣传教育。

① 对全公司干部、职工、内退、退休职工及其家属进行法制宣传活动。公司领导、党群科、政工干部分片包点, 深入宣传《社会治安管理条例》《信访条例》等法律法规, 做好思想引导工作, 理顺情绪, 化解矛盾, 把问题解决在内部。

② 做好重点上访人员的思想教育工作。动员公司职工、家属及社区等方方面面的力量, 对退休人员和重点上访人员进行思想教育、法律和政策宣传, 有效化解矛盾, 使其不参与非法的集体上访。

(3) 化解矛盾, 堵住源头。

① 认真做好信访接待工作, 提高质量, 化解矛盾在内部。进一步提高信访工作质量, 认真及时地处理好每一件职工群众的来信、来电、来访事件, 合理合法地解决各种信访问题, 做到事事有回音、件件有答复, 取得群众的理解和支持, 确保不发生非法越级上访。

② 加强思想政治工作。针对前一阶段因组织调整使部分人员产生思想波动的实际情况, 有针对性地做好思想政治工作, 化解矛盾, 保持思想稳定。

③ 做好困难退休职工的帮扶工作, 拿出一定的资金和财物解决其困难, 从源头上减少信访工作压力。

(五) 防震减灾应急预案

为贯彻落实《中华人民共和国防震减灾法》, 加强企业防震减灾工作, 提高地震应急能力, 结合企业实际, 制定本预案。在有关本地区的破坏性地震发生后, 或涉及本地区的破坏性地震临震预报发布后, 企业按照本应急预案采取紧急措施。

1. 应急组织机构

(1) 成立公司防震减灾综合组, 下辖物业(水电)组, 办公、生活、治安与通信综合组, 医疗防疫组和施工现场组。

组长: ×××

副组长: ×××

(2) 防震减灾综合组的主要职责:

① 接受并落实市抗震救灾指挥部的指示和命令;

②在临震应急期间,组织、检查、落实临震应急准备工作;

③破坏性地震发生后,迅速部署抢险救灾工作,并及时将灾情救灾工作进展情况报告当地政府抗震救灾指挥部;

④地震灾情严重时,请求人民政府救援。

2.各组的组成及主要职责

(1)物业(水电)组。

组长:×××

队员人数:10名

主要职责:在公司防震减灾综合组的统一指挥下,负责水电设施的保护和抢修工作,并接受公司防震减灾综合组的人员调派。

(2)办公、生活、治安与通信综合组。

组长:×××

副组长:×××

队员人数:15名

主要职责:

①在公司防震减灾综合组的统一指挥下,负责集体宿舍、职工医院、办公区及仓库的抗震救灾工作。负责生活区和生产区的治安保卫工作,保障生活供给,管理和分配政府救灾物资。

②负责安排值班、上下联系、事件记载、对外报道和其他事务的处理,负责办公大楼内办公设施的避震防护。

(3)医疗防疫组。

组长:×××

组员人数:5名

主要职责:负责对伤病员的抢救和医治,开展消毒防疫工作。

(4)施工现场组。

组长:项目经理

组员人数:10名

主要职责:

①根据震情预报和建筑物抗震能力以及周围工程设施情况,组织人员、设备仪器、货物的避震疏散;

②根据震情预报和发展情况,适时通知施工现场、车间停产、停工、撤人,切断电源、水源;

③储备必要的抗震救灾物资。

3.震后应急行动方案

破坏性地震发生后,公司应急组织机构迅速启动,立即分头行动。

(1)人员抢救和工程抢险。各组及医疗防疫组根据公司防震减组命令,派出人员赶赴灾害现场扒救被埋压人员,进行工程抢险和消防灭火。

(2)医疗救护和卫生防疫。医疗防疫组迅速建立临时医疗点。抢救伤员;采取消毒和保证饮用水、食品卫生等措施,防止和控制传染病的暴发流行。

(3)通信保障。办公室要尽快恢复被破坏的通信设施。如果通信设施遭破坏,办公室要为防震减灾综合组建立临时办公地点(指挥所),安排人员 24 小时不间断值班,对市抗震救灾指挥部的指示和本公司地域内的震情灾情即时上传下达。

(4)生活和治安保卫。生活治安组要组织生活服务队,为本公司地域的灾民提供食品、饮用水和必要的生活用品;保管和分配政府提供的救灾物资;组织治安组,保护集体财产和人民生命财产安全,维护治安秩序;组织队伍搭建临时帐篷。

(5)水电抢修。水电组尽快架设临时电路、管路,提供生活、抗震救灾所需电力和饮用水。

(6)听从本市抗震救灾指挥部的统一指挥,对非本公司地域内的重灾区提供力所能及的支援。

(六)突发公共安全事件应急预案

1. 目的和指导思想

为及时妥善处理涉及企业的各种安全紧急情况事件,提高处理紧急情况的快速反应能力,最大限度地保障企业和广大员工生命财产的安全,维护公司的正常生产秩序,依据有关法律、法规、政策,结合企业实际情况制定本预案。

2. 突发公共安全事件的分类

(1)事故灾难:建筑物倒塌、火灾。

(2)社会安全事件:非法集合、示威、游行、非法传教、恐怖袭击等。

(3)公共卫生事件:食物中毒、传染病疫情、群体性不明原因疾病等。

(4)自然灾害:地震、洪水、冰雹等。

3. 组织机构与职责

(1)指挥部。主要职责:负责对各种突发事件的处置、决策、发布命令,启动应急方案。

(2)应急办公室。主要职责:按照指挥部的命令,具体实施应急方案,调动和协调各相关应急小组做好抢险、救助工作。

(3)应急联动小组。

①抢险组。主要职责:负责各种事故、灾害的抢险、救助。

②疏散组。主要职责:负责各种事故、灾害的人员、物品、设备的疏散、转移,开展自救。

③医务组。主要职责:负责各种事故、灾害中受伤人员的现场紧急救治和转院治疗,开展卫生免疫。

④后勤保障组。主要职责:负责抢险救灾所需工具,物资的储备和供给;水、电、暖管线、闸门等设施的抢修及监管;对受伤人员及其家属的招待和安置工作。

⑤现场维序组。主要职责:负责各种事故、灾害现场的警戒,维护现场秩序;保护好现场;配合有关部门的调查。

⑥信息联络组。主要职责:负责向公司领导及上级部门传递事发现场同步信息,并负责向现场抢险小组传达领导指令。

4.突发事件分类应急预案

（1）火灾应急预案。

①发生火灾时，要立即采取必要措施，同时向公司领导报告，事态严重时直接拨打"119"。

②迅速组织、引导遇险人员撤离到安全区域（疏散组）。

③在火灾初期，组织力量采取有效措施，控制火势蔓延，包括迅速切断有关电源、打开安全通道、拆除有碍建筑物等。积极配合专业消防人员救火（抢险组、保障组）。

④对受伤人员进行现场救治和转移医院治疗（医务组）。

⑤维持现场秩序，防止物资、设备的丢失或破坏，保护好火灾现场（维序组）。

⑥配合消防部门进行事故原因调查，写出调查报告（应急办）。

（2）建筑物倒塌事故处理预案。

①公司或施工现场发生房屋、围墙等建筑物倒塌，公司领导和有关部门的负责人在第一时间赶赴现场，迅速开展现场处置和救援工作，并立即向上级主管部门和当地政府报告。

②迅速采取诸如切断水、电、煤气等有效措施，并密切关注连带建筑物的安全状况，消除继发性危险。

③迅速组织职工医院医生和有关人员抢救伤员，并立即拨打"120"请求卫生救护。积极有序地配合有关部门及时解救受困人员。

（3）爆炸事故处理预案。

①公司或施工现场发生爆炸事故，公司领导和有关部门负责人要在第一时间赶到现场，组织抢救，在向上级主管部门报告的同时，立即向公安部门报告。

②迅速组织医务人员和有关人员抢救伤病员，并立即拨打"120"请求卫生救护，积极有序地配合有关部门及时解救受困人员。

③在爆炸现场及时设置隔离带，封锁和保护现场，疏散人员，控制好现场的治安事态，迅速采取有效措施检查并消除继发性危险，消除次生事故发生，切实保护职工的人身财产安全。

④如果发现肇事者，应立即采取有效控制措施，并迅速报告公安机关。

⑤认真配合公安部门做好搜寻物证、排除险情、防止继发性爆炸等工作。

（4）大型会议活动公共安全事故处理预案。

①公司举办各类大型会议或文体活动，必须按有关规定做好专项安全保卫方案，落实安全保卫措施，明确安全责任人。

②遇有人员受伤等情况，立即拨打120请求急救，联系医院进行伤病员抢救工作。

③活动组织者和安全工作负责人要稳定现场秩序，根据室内、室外不同情况组织人员有序疏散逃生，尽力避免继发性灾害。

④公司有关领导和有关部门领导要在第一时间赶赴现场，亲临一线，靠前指挥，组织疏导、抢救伤病员。要在第一时间向当地公安机关和当地政府有关部门报告，积极争取当地政府和有关部门的支持帮助，并向上级主管部门报告。

（5）中毒、疫情应急预案。

①发生职工有食物中毒症状或有疫情发生时，在第一时间向公司领导报告。

②医务人员立即进行现场诊治，同时拨打120送医院进行救治（医务组）。

③对有传染性的疫情,要迅速封锁现场,及时进行人员隔离和环境消毒(医务组、维序组)。

④做好所有涉嫌食物取样工作,以备卫生部门检验(医务组、维序组)。

⑤迅速排查食用致毒食物或感染疫情的人员名单,并视情况组织体检(医务组、疏散组)。

⑥对症状较重者,要及时通知家属并做好接待工作(医务组、保障组)。

⑦积极配合上级有关部门做好诊治、调查、处理等工作(医务组、应急办)。

(6)地震、水灾、冰雹等重大自然灾害应急预案。

①发生地震、冰雹等重大自然灾害时,在第一时间向公司领导报告,并紧急呼救。

②迅速组织力量将人员转移到安全地带(抢险组、疏散组)。

③组织医务人员对受伤人员进行紧急处置,并与医院联系将伤势严重者送往医院救治(医务组)。

④开展生活自救,包括搭建临时住所、发放食物、进行环境消毒等(保障组、医务组)。

⑤做好稳定工作。

(7)社会安全事件应急预案。

①若事件已超出公司范围,在事态扩大、依靠公司力量无法平息的情况下,应立即向当地政府和上级主管部门报告,请求派遣警力协助,根据具体情况采取相应措施,避免冲突加剧和人员受伤。

②一旦职工走出单位上街进行非法集会、游行,公司要派人劝阻,如劝阻无效,要配合有关部门继续做好维持秩序的工作,防止社会闲杂人员和别有用心的人进入游行队伍寻衅滋事,防止职工出现过激的违法行为。要进一步动员和发挥党政工团骨干队伍的先锋模范带头作用,切实做好思想政治工作,加强管理。

③公司要积极配合有关部门,组织干部进一步劝说职工离开现场,保证人员安全。如公司必须做出处理人员的决定时,要掌握好时机和程度,避免矛盾激化,团结大多数职工,促使事件得到尽快平息。

④当公司或施工现场内发生恐怖袭击事件时,要立即拨打110报警,并采取积极措施进行制止或疏散。在第一时间上报公司领导,事态严重时要同时向上级报告。积极配合公安部门对事件的调查和侦破,并做好有关材料的收集。

5.监测、报告、预警

(1)综合办公室保卫科设立接警办公室,开通24小时接警电话,安排专人昼夜值班。

(2)职工以处室为单位、施工现场以班组为单位,建立安全隐患报告制度,安排专人负责对本部门各种事故隐患的监测和对可能发生突发事件的报告。

(3)值班人员接到报警后,立即向公司领导报告,各应急联动小组接到命令后,要迅速到达事故现场,按各自的分工,在总指挥的统一领导下开展抢险救援工作。

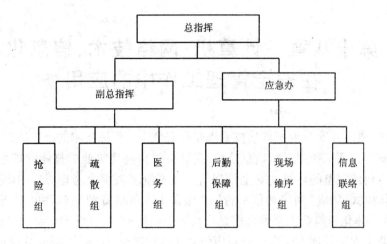

第十八章　计算机、网络技术、信息化在安全管理工作中的应用

安全生产,离不开安全生产科学技术研究和安全生产先进技术的推广应用。充分、恰当地在建筑业安全管理工作中运用信息技术,无疑会对提高建筑业的整体管理水平发挥巨大的推动作用。构建完整的建筑业安全管理信息化系统需要综合考虑,通过国家、省(市)和企业三位一体模式,集成"网络通信平台"、"综合集成信息资源平台"和"外部信息资源平台",构建起"一体化建筑业安全管理信息化系统"这样一个安全管理信息系统架构。

施工企业在安全管理方面应充分利用信息化的广泛性、快速性,提高管理水平。

(一)建立网络通信平台

及时与上级部门接洽,与下级各子公司、分公司、项目部沟通信息。对上级来文逐级贯彻执行,强化安全监管力度,促进施工企业业务流程的优化,使企业成为一个有机整体。

(二)构建综合集成信息资源平台

在施工现场安全管理方面应用计算机和工具软件,提高了工作效率。在建筑施工中,较早地利用计算机技术进行各项计算作业和辅助管理工作,采用设计计算系统的有深基坑支护设计、脚手架设计、模板设计、临电设计等,还有在安全资料的编制整理方面的应用。

(三)施工现场用塔吊安装全过程安全监督管理系统

塔吊全过程安全监控系统,是从塔吊基础设计开始,到塔吊完全拆除为止的生命周期当中,通过信息化手段进行塔吊安全备案管理、塔基设计与施工、塔吊运行全过程监控记录、塔吊安装拆除过程防倾覆控制的一套监控系统。

它的主要功能是实现塔吊作业远程实时监控、塔吊超限超载智能预警和控制、群塔作业防碰撞预警和截断、塔吊作业环境风速监控和预警、塔吊基础和附着设计与计算、塔吊安拆安全专项施工方案编制等。

该系统由植入式硬件设备、专业设计软件和在线监管平台共同组成,实现对塔吊使用生命周期的全过程实时监控,从而达到安全生产的根本目的。

应用该系统可实现的管理目标如下。

(1)强化塔吊资质管理。在传统塔吊备案资质管理的基础上,系统可实现持卡上岗,塔吊司机在备案时实名登记并办理IC卡,通过IC卡启动系统方可开始作业。IC卡的启用,使塔吊备案彻底落实到位,真正实现人员、设备、资质三位一体管理。

(2)完善监管评价体系。系统实时记录的各种数据为塔吊安全监管评价提供了量化指标,评价不仅有据可依,而且真实可靠。还可作为施工现场安全文明工地创建、特种作业人员复审时的重要参考。

(3)多方监控实时掌控塔吊运行状况。系统的应用,不仅让塔吊司机可通过驾驶室显

示屏得到实时的操作指导信息,同时,项目部、施工企业、监理单位和安全监管部门都能够同步实时获得塔吊作业信息,将过去塔吊安全全靠司机一人变成了多方协同支持和监督。

(4)危险性作业全过程智能监控与提醒。系统在作业的全过程中,从塔吊基础,到限荷限载,到风速环境变化、螺栓松动、多塔防碰等全方位、多角度进行监控,并通过显示屏声光报警、语音报警,远程通过手机短信报警等各种科技手段,实现过程控制。

(5)有效提高监管效率。系统的应用,可同时监控所有在线塔吊,系统自动记录数据并智能提醒和报警,有效改变监管人员天天跑工地,日日爬塔吊的状况,大幅提高监管效率。

(6)有效降低监管风险。安全监督管理风险的根本在于危险源的不可控性,对于监管人员的风险又在于责任主体不明。系统的应用,可以充分让塔吊司机、项目部安全管理人员、施工单位和监理单位4方责任主体充分发挥作用,有效遏制塔吊安全事故的发生。

总之信息技术的推广应用,改善了建筑业的整体形象,提高了建筑业工作效率、技术水平和安全水平,使行业和企业的整体竞争力得到提升。

第十九章 施工企业的安全管理工作
"0、1、2、3、4、5、6"着力点

安全生产管理工作要坚持"以人为本,求真务实",必须从细节和环节入手,由被动预防向主动预防和自觉预防转变,充分认识安全工作的重要性。坚持"0、1、2、3、4、5、6"的安全管理方针,全面落实安全工作责任制。

"0"——是指安全生产不能突破的高压线。就是安全管理工作考核的硬指标。死亡事故起数和人数为"0",是安全管理工作最圆满的成就。

"1"——就是安全工作第一位的一号重要性。安全第一,安全工作大于天。安全工作是生产管理工作的第一要务,安全问题是一票否决。安全是员工最大的福利,安全工作最终强调的是怎么严怎样抓都不过分。

"2"——安全管理的"双基"。就是安全工作要抓好基层和基础的"双基"工作。安全管理的落脚点在基层,安全工作的着手点和考核的重点也在基层。基础工作不扎实,险象环生,事故也往往会出在基层。

"3"——就是安全施工现场。安全"三件宝",安全帽、安全带、安全网。安全"三件宝"的现场配备和使用是安全管理工作检查的重点。而杜绝违章指挥、违章作业、违反劳动纪律的"三违"现象,并对"三违"者严惩,则是消除安全隐患和安全管理的全部。

"4"——就是查处安全隐患和事故处理。坚持事故原因没有查清不放过、责任者没有严肃处理不放过、责任者和职工没有受到教育不放过、防范措施没有落实不放过的"四不放过"原则。而安全隐患常常存在于楼梯口、电梯口、预留洞口和通道口的"四口"是防护和安全工作检查的重点。

"5"——就是严防高处坠落、物体打击、机械伤害、触电、坍塌"五大伤害"事故发生。把高空坠落治理作为重点来抓。在此基础上,还要抓好安全管理的"五个环节班"。即:上下班、交接班、节假日加班、连班、夜班。

"6"——就是"六防"与"六化"。六防是指冬季施工在做好防冻、防滑、防水、防风、防中毒的同时,还要做好防盗的工作。对老弱病残、责任心不强、冬季闭门不出、缺乏室外警戒的人员应坚决纠正。"六化"是指施工现场要在"硬化、净化、亮化、绿化、美化"基础上实现"安全文明标准化"。要坚定不移地大力推广安全防护定型化和现场安全标准化。

最后,还要注重"六类人"的管理工作。即老弱病残者、酗酒者、有心理负担且精神不佳者、新来者、好乱者、挣钱不要命者。

只要管理者和广大员工都能坚持"0、1、2、3、4、5、6"的安全管理方针,认真落实责任制,就能做好安全生产管理工作,促进施工企业的安全生产工作上台阶、上水平,达到安全文明企业的标准。

第二十章　施工企业安全生产评价标准

（一）评价方法

（1）施工企业每年度应至少进行一次自我考核评价。发生下列情况之一时，企业应再进行复核评价：

①适用法律、法规发生变化时；

②企业组织机构和体制发生重大变化后；

③发生生产安全事故后；

④其他影响安全生产管理的重大变化。

（2）施工企业考核自评应由企业负责人组织，各相关管理部门均应参与。

（3）评价人员应具备企业安全管理及相关专业能力，每次评价不应少于3人。

（4）对施工企业安全生产条件的量化评价应符合下列要求：

①当施工企业无施工现场时，应采用本章附表A-4进行评价；

②当施工企业有施工现场时，应采用本章附表A-5进行评价；

③施工企业的安全生产情况应根据自我评价之月起前12个月以来的情况，施工现场应依据自开工日起至评价时的安全管理情况；

④施工现场评价结论，应取抽查及核验的施工现场评价结果的平均值，且其中不得有一个施工现场评价结果为不合格。

（5）抽查及核验企业在建施工现场，应符合下列要求。

①抽查在建工程实体数量，对特级资质企业不应少于8个施工现场；对一级资质企业不应少于5个施工现场；对一级资质以下企业不应小于3个施工现场；企业在建工程实体少于上述规定数量的，则应全数检查。

②核验企业所属其他在建施工现场安全管理状况，核验总数不应少于企业在建工程项目总数的50%。

（6）抽查发生因工死亡事故的企业在建施工现场，应按事故等级或情节轻重程度，在本标准第五条的基础上分别增加2~4个在建工程项目；应增加核验企业在建工程项目总数的10%~30%。

（7）对评价时无在建工程项目的企业，应在企业有在建工程项目时，再次进行跟踪评价。

（8）安全生产条件和能力评分应符合下列要求：

①施工企业安全生产评价应按评定项目、评分标准和评分方法进行，并应符合本章附表A-1的规定，满分分值均应为100分；

②在评价施工企业安全生产条件和能力时，应采用加权法计算，权重系数应符合下表的规定，并应按汇总表进行评价。

权重系数

评价内容			权重系数
无施工项目	①	安全生产管理	0.3
	②	安全技术管理	0.2
	③	设备和设施管理	0.2
	④	企业市场行为	0.3
有施工项目		①②③④加权值	0.6
	⑤	施工现场安全管理	0.4

（9）各评分表的评分应符合下列要求：

①评分表的实得分数应为各评定项目实得分数之和；

②评分表中的各个评定项目应采用扣减分数的方法，扣减分数总和不得超过该项目的应得分数；

③项目遇有缺项的，其评分的实得分应为评分项目的实得分之和与可评分项目的应得分之和比值的百分数。

（二）评价等级

（1）施工企业安全生产考核评定应分为合格、基本合格、不合格三个等级，并宜符合下列要求：

①对有在建工程的企业，安全生产考核评定宜分为合格、不合格两个等级；

②对无在建工程的企业，安全生产考核评定宜分为基本合格、不合格两个等级。

（2）考核评价等级划分应按下表核定：

施工企业安全生产考核评价等级划分

考核评价等级	考核内容		
	各项评分表中的实得分为零的项目数（个）	各评分表实得分数（分）	汇总分数（分）
合格	0	≥70 且其中不得有一个施工现场评定结果为不合格	≥75
基本合格	0	≥70	≥75
不合格	出现不满足基本合格条件的任意一项时		

（三）施工企业安全生产评分表

表 A-1 安全生产管理评分表

序号	评定项目	评分标准	评分方法	应得分	扣减分	实得分
1	安全生产责任制度	·企业未建立安全生产责任制度，扣20分；各部门、各级（岗位）安全生产责任制度不健全，扣10~15分 ·企业未建立安全生产责任制考核制度，扣10分；各部门、各级对各自安全生产责任制未执行，每起扣2分 ·企业未按考核制度组织检查并考核的，扣10分；考核不全面扣5~10分 ·企业未建立、完善安全生产管理目标，扣10分；未对管理目标实施考核的，扣5~10分 ·企业未建立安全生产考核、奖惩制度，扣10分；未实施考核和奖惩的，扣5~10分	查企业有关制度文本；抽查企业各部门、所属单位有关责任人对安全生产责任制的知晓情况，查确认记录，查企业考核记录 查企业文件，查企业对下属单位各级管理目标设置及考核情况记录；查企业安全生产奖惩制度文本和考核、奖惩记录	20		
2	安全文明资金保障制度	·企业未建立安全生产、文明施工资金保障制度，扣20分 ·制度无针对性和具体措施的，扣10~15分 ·未按规定对安全生产、文明施工措施费的落实情况进行考核，扣10~15分	查企业制度文本、财务资金预算及使用记录	20		
3	安全教育培训制度	·企业未按规定建立安全培训教育制度，扣15分 ·制度未明确企业主要负责人，项目经理，安全专职人员及其他管理人员，特种作业人员，待岗、转岗、换岗职工，新进单位从业人员安全培训教育要求的，扣5~10分 ·企业未编制年度安全培训教育计划，扣5~10分；企业未按年度计划实施的，扣5~10分	查企业制度文本、企业培训计划文本和教育的实施记录、企业年度培训教育记录和管理人员的相关证书	15		
4	安全检查及隐患排查制度	·企业未建立安全检查及隐患排查制度，扣15分；制度不全面、不完善的，扣5~10分 ·未按规定组织检查的，扣15分；检查不全面、不及时的，扣5~10分 ·对检查出的隐患未采取定人、定时、定措施进行整改的，每起扣3分；无整改复查记录的，每起扣3分 ·对多发或重大隐患未排查或未采取有效治理措施的，扣3~15分	查企业制度文本、企业检查记录、企业对隐患整改消项、处置情况记录、隐患排查统计表	15		
5	生产安全事故报告处理制度	·企业未建立生产安全事故报告处理制度，扣15分 ·未按规定及时上报事故的，每起扣15分 ·未建立事故档案，扣5分 ·未按规定实施对事故的处理及落实"四不放过"原则的，扣10~15分	查企业制度文本 查企业事故上报及结案情况记录	15		

续表

序号	评定项目	评分标准	评分方法	应得分	扣减分	实得分
6	安全生产应急救援制度	·未制定事故应急救援预案制度的,扣15分;事故应急救援预案无针对性的,扣5~10分;.未按规定制定演练制度并实施的,扣5分 ·未按预案建立应急救援组织或落实救援人员和救援物资的,扣5分	查企业应急预案的编制、应急队伍建立情况以及相关演练记录、物资配备情况	15		
		分项评分		100		

评分员：　　　　　　　　　　　　　　　　　　　　　　　年　　月　　日

表 A-2　安全技术管理评分表

序号	评定项目	评分标准	评分方法	应得分	扣减分	实得分
1	法规标准和操作规程配置	·企业未配备与生产经营内容相适应的现行有关安全生产方面的法律、法规、标准、规范和规程的,扣10分;配备不齐全,扣3~10分 ·企业未配备各工种安全技术操作规程,扣10分;配备不齐全的,缺一个工种扣1分 ·企业未组织学习和贯彻实施安全生产方面的法律、法规、标准、规范和规程,扣3~5分	查企业现有的法律、法规、标准、操作规程的文本及贯彻实施记录	10		
2	施工组织设计	·企业无施工组织设计编制、审核、批准制度的,扣15分 ·施工组织设计中未明确安全技术措施的,扣10分 ·未按程序进行审核、批准的,每起扣3分	查企业技术管理制度,抽查企业备份的施工组织设计	15		
3	专项施工方案（措施）	·未建立对危险性较大的分部、分项工程编写、审核、批准专项施工方案制度的,扣25分 ·未实施或按程序审核、批准的,每起扣3分 ·未按规定明确本单位需进行专家论证的危险性较大的分部、分项工程名录(清单)的,每起扣3分	查企业相关规定、实施记录和专项施工方案备份资料	25		
4	安全技术交底	·企业未制定安全技术交底规定的,扣25分 ·未有效落实各级安全技术交底,扣5~10分 ·交底无书面记录,未履行签字手续,每起扣1~3分	查企业相关规定、企业实施记录	25		
5	危险源控制	·企业未建立危险源监管制度,扣25分 ·制度不齐全、不完善的,扣5~10分 ·未根据生产经营特点明确危险源的,扣5~10分 ·未针对识别评价出的重大危险源制定管理方案或相应措施,扣5~10分 ·企业未建立危险源公示、告知制度的,扣8~10分	查企业规定及相关记录	25		
		分项评分		100		

评分员：　　　　　　　　　　　　　　　　　　　　　　　年　　月　　日

表 A-3　设备和设施管理评分表

序号	评定项目	评分标准	评分方法	应得分	扣减分	实得分
1	设备安全管理	·未制定设备(包括应急救援器材)采购、租赁、安装(拆除)、验收、检测、使用、检查、保养、维修、改造和报废制度,扣30分 ·制度不齐全、不完善的,扣10~15分 ·设备的相关证书不齐全或未建立台账的,扣3~5分 ·未按规定建立技术档案或档案资料不齐全的,每起扣2分 ·未配备设备管理的专(兼)职人员的,扣10分	查企业设备安全管理制度,查企业设备清单和管理档案	30		
2	设施和防护用品	·未制定安全物资供应单位及施工人员个人安全防护用品管理制度的,扣30分 ·未按制度执行的,每起扣2分 ·未建立施工现场临时设施(包括临时建、构筑物、活动板房)的采购、租赁、搭设与拆除、验收、检查、使用的相关管理规定的,扣30分 ·未按管理规定实施或实施有缺陷的,每项扣2分	查企业相关规定及实施记录	30		
3	安全标志	·未制定施工现场安全警示、警告标志使用管理规定的,扣20分 ·未定期检查实施情况的,每项扣5分	查企业相关规定及实施记录	20		
4	安全检查测试工具	·企业未制定施工场所安全检查、检验仪器、工具配备制度的,扣20分 ·企业未建立安全检查、检验仪器、工具配备清单的,扣5~15分	查企业相关记录	20		
		分项评分		100		

评分员:　　　　　　　　　　　　　　　　　　　　　　年　　月　　日

表 A-4　企业市场行为评分表

序号	评定项目	评分标准	评分方法	应得分	扣减分	实得分
1	安全生产许可证	·企业未取得安全生产许可证而承接施工任务的,扣20分 ·企业在安全生产许可证暂扣期间继续承接施工任务的,扣20分 ·企业资质与承发包生产经营行为不相符,扣20分 ·企业主要负责人、项目负责人、专职安全管理人员持有的安全生产合格证书不符合规定要求的,每起扣10分	查安全生产许可证及各类人员相关证书	20		
2	安全生产文明施工	·企业资质受到降级处罚,扣30分 ·企业受到暂扣安全生产许可证的处罚,每起扣5～30分 ·企业受当地建设行政主管部门通报处分,每起扣5分 ·企业受当地建设行政主管部门经济处罚,每起扣5～10分 ·企业受到省级及以上通报批评,每次扣10分;受到地市级通报批评,每次扣5分	查各级行政主管部门管理信息资料,各类有效证明材料	30		
3	安全质量标准化达标	·安全质量标准化达标优良率低于规定的,每5%扣10分 ·安全质量标准化年度达标合格率低于规定要求的,扣20分	查企业相应管理资料	20		
4	资质、机构与人员管理	·企业未建立安全生产管理组织体系(包括机构和人员等)、人员资格管理制度的,扣30分 ·企业未按规定设置专职安全管理机构的,扣30分;未按规定配足安全生产专管人员的,扣30分 ·实行总、分包的企业未制定对分包单位资质和人员资格管理制度的,扣30分;未按制度执行的,扣30分	查企业制度文本和机构、人员配备证明文件,查人员资格管理记录及相关证件 查总、分包单位的管理资料	30		
分项评分				100		

评分员:　　　　　　　　　　　　　　　　　　　　　　　　年　　月　　日

表 A-5 施工现场安全管理评分表

序号	评定项目	评分标准	评分方法	应得分	扣减分	实得分
1	施工现场安全达标	·按《建筑施工安全检查标准》检查,不合格的,每1个工地扣30分	查现场及相关记录	30		
2	安全文明资金保障	·未按规定落实安全防护、文明施工措施费,发现一个工地扣15分	查现场及相关记录	15		
3	资质和资格管理	·未制定对分包单位安全生产许可证、资质、资格管理及施工现场控制的要求和规定,扣15分;管理记录不全,扣5~15分 ·合同未明确参建各方安全责任,扣15分 ·分包单位承接的项目不符合相应的安全资质管理要求,或作业人员不符合相应的安全资格管理要求,扣15分 ·未按规定配备项目经理、专职或兼职安全生产管理人员(包括分包单位),扣15分	查对管理记录、证书,抽查合同及相应管理资料	15		
4	生产安全事故控制	·对多发或重大隐患未排查或未采取有效措施的,扣3~15分 ·未制定事故应急救援预案的,扣15分;事故应急救援预案无针对性的,扣5~10分 ·未按规定实施演练的,扣5分 ·未按预案建立应急救援组织或落实救援人员和救援物资的;扣5~15分	查检查记录及隐患排查统计表,应急预案的编制及应急队伍建立情况以及相关演练记录、物资配备情况	15		
5	设备设施工艺选用	·现场使用国家明令淘汰的设备或工艺的,扣15分 ·现场使用不符合标准的、且存在严重安全隐患设施的,扣15分 ·现场使用的机械、设备、设施、工艺超过使用年限或存在严重隐患的,扣15分 ·现场使用不合格的钢管、扣件的,每起扣1~2分 ·现场安全警示、警告标志使用不符合标准的,扣5~10分 ·现场职业危害防治措施没有针对性的,扣1~5分	查现场及相关记录	15		
6	保险	·未按规定办理意外伤害保险的,扣10分 ·意外伤害保险办理率不足100%,每低2%扣1分	查现场及相关记录	10		
分项评分				100		

评分员: 　　　　　　　　　　　　　　　　　　　　　　　　　　　年　月　日

施工企业安全生产评价汇总表

评价类型:□市场准入　□发生事故　□不良业绩　□资质评价　□日常管理　□年终评价

企业名称:_____　　经济类型:_____

资质等级:_____　上年度施工产值:_____　在册人数:_____

评价内容		评价结果			
		零分项(个)	应得分数(分)	实得分数(分)	加权分数(分)
无施工项目	表1 安全生产管理				×0.3 =
	表2 安全技术管理				×0.3 =
	表3 设备和设施管理				×0.3 =
	表4 企业市场行为				×0.3 =
	汇总分数① = 表1~表4 加权值				
有施工项目	表5 施工现场安全管理				×0.3 =
	汇总分数② = 汇总分数①×0.6 + 表5×0.4				

评价意见:

评价负责人（签名）		评价人员（签名）	
企业负责人（签名）		企业签章	

第二十一章　各类事故案例分析

（一）某广场基坑坍塌事故

1. 事故简介

2005 年 7 月 21 日，某省某广场基坑开挖过程中坍塌，致使南边西段施工围墙外的二层临时建筑物部分倒塌，造成临时建筑物内 3 人死亡、8 人受伤。

2. 事故经过

该工程地处城市闹市区，为一商业办公楼，由 A、B、C 三区组成，建设规模为地上 39 层，地下 5 层，建筑面积约为 14 万 m^2，总投资约 9 亿元人民币。此次事故发生在某城市广场 B 区基坑工程，该基坑毗邻一宾馆和一栋七层居民住宅楼，另外一座二层临时建筑位于南面基坑边约 10 m 的围墙外。

该工程的建设单位是某房地产开发有限公司，地质勘察单位是某规划勘察设计研究院，设计单位是某总设计院，基坑开挖及支护施工单位是某机械施工公司，基坑开挖爆破施工单位是某爆破工程有限公司，土石方外运单位是某运输公司，基坑检测单位是某设计院，地下室及主体结构施工单位是某建安实业公司，监理单位是某建设监理有限公司。

2005 年 7 月 21 日上午，建安实业公司施工人员在基坑内进行绑扎钢筋、模板安装等施工作业，运输公司施工人员分别在基坑内进行条形基础开挖和在南侧坑顶上安排汽车吊、履带反铲车、自卸车等进行土方装车、运输作业。9 时左右，建设单位电话告知基坑开挖单位宾馆房屋发生异常，要求尽快赶到现场进行处理。10 时 40 分左右，基坑开挖单位相关人员赶到现场，发现宾馆外墙与散水之间出现了长约 20 m，宽约 80 mm 的裂缝，立刻向建设单位代表报告险情，并建议下令撤出机械车辆和所有作业人员。11 时 40 分左右，在基坑开挖单位的强烈要求下，现场剩余施工人员已全部撤离。12 时 10 分左右，基坑发生坍塌，拉动了南边西段施工围墙外的二层临时建筑物部分倒塌。

3. 事故原因分析

1) 直接原因

（1）施工与设计不符，基坑支护受损失效。该基坑原设计深度只有 -17 m，后变更为 -19.6 m，而实际开挖深度为 -20.3 m，超深 3.3 m，造成原支护桩（深度 -20 m）变成吊脚桩，致使基坑支护严重失效，构成重大事故隐患。

（2）基坑施工时间过长。本基坑施工时间长达 2 年 7 个月，基坑暴露时间大大超过临时支护期限为一年的规定，致使开挖地层软化渗透水、钢构件锈蚀和锚杆（索）锚固力降低。

（3）地质勘察资料显示，在基坑开挖深度内的岩层中存在强风化软弱夹层，而且南侧岩层向基坑内倾斜，软弱强风化夹层中有渗水流泥现象，客观上存在不利的地质结构构面。施工期间发现上述情况后，虽然设计方对基坑南侧西段作了加固设计方案，施工方也进行了加固施工，但对基坑南侧中段，设计方和施工方均未能及时有效地调整设计方案和施工方案，错过排除险情时机,给该基坑工程留下严重的安全隐患。

(4)基坑坡顶严重超载。7月17日至事发当日,土方外运单位在南侧坑顶进行土方运输施工,在基坑坡顶边放置汽车吊1台(自重23 t)、履带反铲车1台(重17 t)、自卸车1台(满载25 t),致使基坑南边支护平衡打破,破顶出现开裂。

(5)基坑变形检测资料表明,自2005年以来基坑南边出现变形量明显增大、坑顶裂缝宽度显著增大和裂缝长度明显增长的现象,这些资料说明基坑南侧在坍塌前已有明显征兆。监测方虽然提供了基坑水平位移监测数据但未做分析提示,建设单位知道变形数值但也未予以重视,没有及时对基坑作有效加固处理。

2)间接原因

(1)建设单位违法要求施工单位开工。房地产开发有限公司未经招标擅自将基坑开挖支护工程直接发包给某机械施工公司;未办理建筑工程施工许可证、建设用地批准书、建设工程规划许可证和建设工程安全监督登记手续。违法通知施工单位进场施工;未将设计变更图纸组织专家审查就擅自使用;未及时委托工程监理进行监理;违法将基坑挖运土石方工程发包给没有资质等级的某运输公司;故意逃避政府有关职能部门的监管,经多次责令停工后仍继续违法施工;对有关单位报告的基坑变形安全隐患未给予足够重视,错过了加固排险的时机。

(2)设计单位没有按照法律、法规进行设计。总设计院未能考虑基坑支护施工安全操作和防护的需要,没有在基坑支护(特殊结构)施工设计文件中提出保障施工人员安全和预防安全事故的措施建议,主体结构设计与基坑设计衔接不良,对基坑开挖至地下 -20.3 m而严重影响基坑安全问题,没有及时提出相应防护加固措施。

(3)机械施工公司作为土石方挖运施工单位,在建设单位未依法办理建筑工程施工许可证等基本建设手续、基坑设计深度变更图纸又未经专家审查的情况下,长期违法施工,施工时间长达2年多。在发现基坑有关安全问题后,虽然曾书面函告建设单位,但在未予理睬情况下,没有及时向有关部门反映。

(4)运输公司作为土石方挖运施工单位,在未取得土石方挖运工程专业承包企业资质、安全生产许可证的情况下非法承揽工程,并对联营方汤某土石方运输队私自承揽基坑超挖工程的行为没有进行有效管理,其联营方盲目按照建设单位指令往下挖基坑至 -20.3 m,致使原支护桩变成吊脚桩,同时汤某安排大型机械在南侧坑顶进行土方运输作业,大大增加了基坑坡顶负荷超载。

(5)建安实业公司作为地下室及主体结构施工单位,明知建设单位没有取得建筑工程施工许可证而违法进场施工;没有对主体结构施工涉及的基坑因长期施工已经存在支护失效的安全问题组织专家进行论证和审查,也没有采取有效措施确保安全施工。

(6)设计院作为基坑支护工程沉降、位移、倾斜监测单位,违反监测工作规程。该设计院没有认真落实安全生产管理责任,没有健全和落实本单位的监测工作规程和制度,也没有认真执行强制性地方标准的工作规程,对基坑监测两个组成部分(水平位移监测和岩土倾斜监测)的工作缺乏统一协调,每次监测工作结束后,没有及时提交监测简报和处理意见,也没有及时将监测数据所反映的安全隐患向建设单位反映。尤其是7月5日、7月15日、7月19日基坑南侧出现较大水平位移时,基坑南侧中段位移总量已超出警戒值(7月15日),虽然口头上告知了建设单位观测情况,但没有书面向有关单位发出警告,也没有及时按合同规定告知设计单位等有关单位。

(7)建设监理有限公司作为工程监理单位,没有落实工程监理责任。该监理公司进场后,对无证施工未能采取有效措施加以制止;虽然因基坑存在安全隐患书面要求有关单位暂时停止施工,但在施工单位仍不停止施工的情况下没有向有关单位和部门报告。

(8)质量安全监督机构在施工现场监督检查工作中,未能及时上报不良行为,致使对该工程的监督检查不到位;有关执法监督人员工作严重不负责任,没有按照工作要求及时将该项目的不良行为上报主管部门,严重影响到施工现场的监督工作力度和监督职能的发挥。

(9)建设主管部门对申办施工许可证的送审资料的真实性、准确性审查把关不严,办证人员和审批负责人工作不细致,对施工现场的实际施工主体和申领人的主体资格未经严格核实把关,在《放线测量记录册》未经过规划局审核盖章的情况下,发出建筑工程施工许可证。

(10)城管部门在城管监察工作中,对该工程执法监察不严格、不到位。在检查该项目基坑开挖时,误将建设单位提供的《余泥渣土先行排放(收纳)证明》视为合法的《余泥渣土排放证》,造成该项丧失正确有效的监管。

综上所述,造成此次事故发生的主要原因是建设单位和施工单位无视国家法令,故意逃避行政监管,长期违法建设,严重忽视安全生产。但是也暴露了有关单位和部门履行职责不严,监管不得力,未能有效制止违法建设行为。

4. 事故责任认定及处理意见

该事故是一起较大责任事故。

(1)房地产开发有限公司作为建设单位,无视《中华人民共和国建筑法》第七条和《建设工程质量管理条例》第七条、第十一条、第十二条、第十三条规定,未领取施工许可证擅自通知施工单位施工,未经招标擅自将基坑开挖支护工程直接发包给某机械施工公司;未将施工图设计组织专家审查而擅自使用,未及时委托工程监理单位进行监理,未及时在开工前办理工程质量监督手续;违法将基坑挖运土方发包给没有相应资质等级的某运输公司;故意逃避政府职能部门的监管,经多次责令停工后仍继续违法施工;对有关报告的基坑变形安全隐患未给予足够重视,错过了加固排险的时机,对事故的发生负主要责任。根据《建设工程质量管理条例》第五十四条、第五十六条、第五十七条的规定,建议建设行政主管部门给予其责令停止施工,限期改正,并处 151.7 万元的罚款。

(2)邵某,建设单位(实际)负责人,未依法履行安全生产管理职责,明知未取得建筑工程施工许可证而放任施工单位长期违法施工,未能督促、检查本单位的安全生产工作,及时消除重大事故隐患,对事故的发生负有直接领导责任,根据《中华人民共和国刑法》第一百三十七条,建议移交司法机关追究刑事责任。

(3)郭某,建设单位代表(项目经理),未依法履行项目经理的安全生产管理职责,在本单位未取得建筑工程施工许可证的情况下,安排施工单位违法施工;对施工单位、监理单位、监测单位多次提出的安全隐患问题没有采取有效措施予以及时消除,对事故的发生负有直接主管责任。根据《中华人民共和国刑法》第一百三十七条的规定,建议移交司法机关依法追究刑事责任。

(4)运输公司作为土石方挖运施工单位,在本单位未取得建筑业工程专业承包企业资质、安全生产许可证的情况下非法承揽工程。而且对联营方汤某私自承揽基坑超挖工程没有进行有效的管理。根据《建设工程质量管理条例》第六十条和《建筑施工企业安全生产许可证管理规定》的规定,建议由主管部门处以53.68万元的罚款,并没收违法所得。

(5)汤某,土石方挖运施工单位联营方运输队主要负责人,无视《建设工程质量管理条例》第二十五条的规定,在土石方挖运施工单位未依法取得土石方工程专业承包资质证书的情况下,违法承揽基坑土石方挖运工程施工;在明知基坑设计深度变更的图纸未经审查情况下,盲目按照建设单位指令深挖基坑至-20.3 m,致使原支护桩变成吊脚桩,同时安排大型施工机械在南侧坑顶进行土方运输作业,导致施工现场出现重大事故隐患,对事故的发生负有主要责任。根据《中华人民共和国刑法》第一百三十四条的规定,建议移交司法机关依法追究刑事责任。

(6)基坑开挖及支护施工单位机械施工公司,无视《中华人民共和国建筑法》第七条和《建筑工程施工许可管理办法》第三条规定,在建设单位未依法取得建筑工程施工许可证情况下长期违法施工,无视政府有关职能部门的监管,经对此责令停工后仍继续违法施工;不认真落实《建设工程安全生产条例》第二十六条的安全责任,没有根据基坑因长期施工已经存在的基坑支护失效的安全问题,进行有效的安全验算,并采取有效措施确保安全施工;在发现基坑变形存在重大安全隐患后,虽然多次向建设单位报告,但未能采取有效措施予以消除,对事故发生负有重要责任。根据《中华人民共和国建筑法》第七十一条的规定,建议由建设行政主管部门给予其责令改正、停业整顿。根据《建筑工程施工许可管理办法》第十条、第十三条的规定,建议由建设行政主管部门处以3万元的罚款。根据《建筑施工企业安全生产许可证管理规定》第二十二条的规定,建议建设行政主管部门暂扣安全生产许可证。

(7)何某,机械施工公司项目经理,作为该工程项目经理,不驻工地,未依法履行项目经理的安全生产管理职责,明知建设单位未领取建筑工程施工许可证,而不制止本单位长期违法施工行为;不认真组织开展定期的安全检查;未能对基坑施工存在的重大事故隐患给予足够重视并组织检查整改,对事故的发生负有重要的管理责任。根据《建设工程安全生产管理条例》第六十六条的规定,建议按管理权限给予其撤职处分,且处分之日起5年内不得担任任何单位的项目负责人。

(8)吴某,机械施工公司项目副经理,全面负责该工程项目的施工,明知建设单位未领取建筑工程施工许可证、未将变更的施工图纸组织专家审查,而指挥施工人员违法施工;没有根据基坑支护长期失效的安全问题,进行有效的安全验算,并采取有效措施确保施工安全,对事故的发生负直接责任。根据《中华人民共和国刑法》第一百三十七条的规定,建议移交司法机关依法追究刑事责任。

5. 事故的预防对策

(1)强化建设工程基本建设程序的监管,从工程的立项、设计、招投标、施工到验收都必须依法进行。建设主管部门要加强市场管理,要依法把好设计、施工、监理单位的准入关,为工程建设打下良好的基础。

(2)各级建设主管部门要立即对辖区内施工现场开展一次地毯式的检查,重点是对所有正在进行深基坑施工的工程项目,特别是对基坑暴露时间超过临时支护为一年期限的工程。

(3)建立建筑市场管理与施工现场管理相结合的联动机制,对不服从管理的施工企业作不良行为记入,在招标投标时予以扣分,情节严重者,暂停投标资格。建立建筑工程监管数据库,随时掌握每个工地存在的安全隐患、工程进度和安全整改措施等信息。

（4）强化施工现场的日常安全监管。各有关部门、认真组织力量,强化对施工现场日常安全监管,特别是要加大对重点工程、重点部位的安全检查力度,努力消除安全事故隐患,坚决杜绝走过场,对于检查中发现的安全事故隐患,要责令从危险区域内撤出作业人员或者暂时停止施工。对于监管工作不到位从而导致生产安全事故发生的责任人,要依法严肃追究责任。

（5）不断提高安全生产监管人员素质。建设行政主管部门和监管机构要进一步加强自身建设,努力加强教育培训,不断提高监管执法人员业务水平和依法行政水平,努力建设一支权责明确、行为规范、精干高效、保障有力的建筑安全监管队伍。

（6）切实落实企业安全生产主体责任。建设、设计、施工、监理等建设工程各主体安全生产责任不落实、安全生产监管不到位是导致各类重大建筑安全事故发生的主要原因之一。为此,各有关部门、各单位要督促企业按照安全生产法律、法规规定,切实落实好安全生产主体责任。

（二）某电视台演播大厅工程模板坍塌事故

1. 事故简介

2000 年 10 月 25 日,某省某公司承建的某电视台演播大厅工程发生一起模板支撑系统坍塌事故,造成 6 人死亡,11 人受重伤。

2. 事故经过

该工程由某电视台投资兴建,某大学建筑设计院设计,某建设监理公司监理,某公司承建。该工程地下 2 层、地面 18 层,建筑面积 34 000 m²,采用现浇框架剪力墙结构体系。其中大演播厅总高 38 m,面积为 624 m²,采用钢管和扣件搭设模板支撑系统。搭设时没有施工方案,没有图纸,没有进行技术交底,在搭设完毕后未按规定进行整体验收就开始浇筑混凝土,浇筑过程中模板支架系统整体倒塌,屋顶模板上正在浇筑混凝土的工人随塌落的支架和模板坠落。

3. 事故原因分析

1）直接原因

（1）支架搭设不合理,特别是水平连系杆严重不够,三维尺寸过大以及底部未设扫地杆,从而主次梁交接区域单杆受荷过大,引起立杆局部失稳。

（2）梁底模的木方放置方向不妥,导致大梁的主要荷载传至梁底中央排立杆,且该排立杆的水平连系杆不够,承载力不足,因而加剧了局部失稳。

（3）屋盖下模板支架与周围结构固定联系不足,加大了顶部晃动。

2）间接原因

（1）施工组织管理混乱,安全管理失去有效控制,模板支架搭设无图纸,无专项施工技术交底,施工中无自检、互检等手续,搭设完成后没有组织验收;搭设开始时无施工方案,有施工方案后未按要求进行搭设,支架搭设严重脱离原设计方案要求,致使支架承载力和稳定性不足,空间强度和刚度不足等是造成事故的主要原因。

（2）施工现场技术管理混乱,对大型或复杂重要的混凝土结构工程的模板施工未按程序进行,支架搭设开始后送交工地的施工方案中有关模板支架设计方案过于简单,缺乏必要的细部构造大样图和相关的详细说明,且无计算书;支架施工方案中传递无记录,导致现场支架搭设时无规范可循,是造成这起事故的技术上的重要原因。

(3)监理公司驻工地总监理工程师无监理资质,工程监理组没有对支架搭设过程严格把关,在没有对模板支撑系统的施工方案审查认可的情况下即同意施工,没有监督对模板支撑系统的验收,就签发了混凝土浇筑令,工作严重失职,导致工人在存在重大事故隐患的模板支撑系统上进行混凝土浇筑施工,是造成这起事故的重要原因。

(4)在上部浇筑屋盖混凝土情况下,民工在模板支撑下部进行支架加固是造成事故伤亡人员扩大的原因之一。

(5)该公司及分公司领导安全生产意识淡薄,个别领导不深入基层,对各项规章制度执行情况监督管理不力,对重点部位的施工技术管理不严,有法有规不依。施工现场用工管理混乱,部分特种作业人员无证上岗作业,对民工未认真进行三级安全教育。

(6)施工现场支架钢管和扣件在采购、租赁过程中质量管理把关不严,部分钢管和扣件不符合质量标准。

(7)建筑管理部门对该建筑工程执法监督和检查指导不力,对监理公司的监督管理不到位。

4.事故责任认定及处理意见

该事故是一起较大责任事故。

(1)项目部副经理具体负责大演播厅舞台工程,在未见到施工方案的情况下,决定按常规搭设顶部模板支架,在知道支架三维尺寸与施工方案不符时,不与工程技术人员商量,擅自决定继续按原尺寸施工,盲目自信,对事故的发生应负主要责任,建议司法机关追究其刑事责任。

(2)项目部施工员,在未见到施工方案的情况下,违章指挥民工搭设支架,对事故的发生应负主要责任,建议司法机关追究其刑事责任。

(3)劳务公司项目负责人违反国家关于特种作业人员必须持证上岗的规定,私招乱雇部分无上岗证的民工搭设支架,对事故的发生应负直接责任,建议司法机关追究其刑事责任。

(4)该项目部经理,对该工程项目的安全生产负总责,对工程的模板支撑系统重视不够,未组织有关工程技术人员对施工方案进行认真的审查,对施工现场用工混乱等现象管理不力,对这起事故的发生应负直接领导责任,建议给予行政撤职处分。

5.事故的预防对策

(1)加强用工管理的力度,坚决制止私招乱雇现象。新工人进场,必须进行严格的三级安全教育,特别是对特种作业人员持证上岗情况,一定要严格履行必要的验证手续;对特殊、复杂技术含量高的工程,技术部门要严格审查、把关,健全检查、验收制度,提高防范事故的能力,确保建筑行业的安全生产。

(2)加强对监理单位的管理工作,严格规范建设监理市场,严禁无证监理,禁止将监理业务转包或分包。监理人员必须持证上岗,对施工过程中的每个环节,特别对技术性强、工艺复杂的项目一定要监理到位,并有签字验收制度。

（3）建筑施工企业在购买和使用建筑用材、设备时，均需要有产品质保书，签订购、租赁合同时要明确产品质量责任，必要时应委托有资质的单位进行检验。

（三）某花园工程物料提升机吊笼坠落事故

1．事故简介

2001年7月30日，某省某市高新区某花园工程A栋发生一起物料提升机吊笼坠落事故，造成3人死亡，1人重伤。

2．事故发生经过

该工程建筑面积2.3万 m^2，高18层。由某房地产开发公司建设，某局四公司承包施工。

2001年7月26日，该公司项目部开会研究有关工程收尾工作，其中安排在7月29日拆除该工程东侧的物料提升机。会后，该公司副经理直接安排工人，在提升机拆除之前，使用物料提升机进行落水管安装。7月30日晚，5名作业人员加班，4人安装落水管，1人操作卷扬机（未经培训无操作证）。4名作业人员从第17层处进入物料提升机吊笼开始安装落水管，当安装到第12层（距地面32 m）时，他们边安装边让物料提升机操作人员将吊笼再提升一点，当司机启动电动机提升吊笼过程中，钢丝绳突然断开，吊笼内作业的4名人员随吊笼一同坠落地面，造成3人死亡，1人重伤。

该事故未按规定上报，经举报查处。

3．事故原因分析

1）直接原因

（1）物料提升机吊笼内载人作业，是《龙门架及井架物料提升机安全技术规范》（JGJ 88—92）中严令禁止的。而该公司副经理违章指挥，安排作业人员进入提升机吊笼内进行作业，最终导致事故发生。

（2）物料提升机安装不合格，导致钢丝绳与滑轮磨损，造成轮缘破损；运行中钢丝绳脱槽，被拉断。该提升机无断绳保护装置，当钢丝绳被拉断后，吊笼随即坠落地面。

2）间接原因

（1）物料提升机产品设计、制造不符合规范要求。物料提升机由施工企业自己制作，既不按规范进行设计和绘制施工图，又无断绳保护等安全装置。

（2）该公司管理混乱，管理制度不健全。如施工方案的审批制度、机械设备使用前的检查验收制度、日常的检查维修制度、管理人员的业务考核制度、工人上岗前的培训制度，特种作业人员的持证上岗制度等，要么未制定，要么未落实。

简单地说，事故主要是因该施工单位管理混乱，设备无设计计算、无安全装置，安装无专项施工方案，安装后未验收，使用中未检查维修，隐患未能及时发现，施工单位领导违章指挥，操作人员未经培训，无证上岗，冒险蛮干导致的事故。

4．事故责任认定及处理意见

本次事故是由于企业各级管理混乱、缺乏责任制度和对安全生产的责任心、违章指挥造成的较大责任事故。

（1）该公司副经理越过项目负责人违章指挥工人冒险作业，最终导致事故发生，应负直接责任。建议司法机关追究其刑事责任，并处以 2 万元罚款。

（2）该公司主要负责人对企业管理混乱、事故瞒报等负有主要责任。建议司法机关依法追究其刑事责任，并处以 1 万元罚款。

5. 事故的预防对策

（1）企业主要负责人应加强有关安全生产法律法规的学习，提高法制观念。

（2）企业主要责任人应加强有关安全技术标准规范的学习，防止企业生产时出现违章指挥。

（四）某百货公司商住楼工程塔机安装倾翻事故

1. 事故简介

2000 年 11 月 28 日，在某省某百货公司商住楼工地，某县建筑公司在安装一台 QT16 A 型塔机过程中，卷筒突然失效，导致塔机整体倾翻，造成 5 人死亡、1 人重伤，设备报废。

2. 事故发生经过

该塔机是一种非国家定型产品塔机，在安装过程中需要人力辅助的环节较多，事故发生时，在塔顶回转台上有 1 人，起重臂与回转平台两铰点处各有 2 人，司机 1 人，共 6 人。起重臂铰点安装后，起重工安装起重臂 2 个吊点拉杆，然后用人力将起重臂拉起 30 度角，这时开动起升机构将起重臂缓缓拉起，在起重臂拉起到大于 90 度角时，突然起升机构的卷筒与减速器的输出端联轴节脱开并向轴承座方向移动，卷筒失去控制，动力消失。起重臂迅即加速下摆，砸向塔身，塔身主弦杆在巨大的横向力冲击下失稳，整机随即倾翻。在塔机上操作的 6 人中有 5 人死亡，1 人重伤。

3. 事故原因分析

1）直接原因

发生事故的直接原因是减速器轴出端联轴器失效造成卷筒失去动力。该联轴器为传统的十字滑块联轴器。经过专家对联轴器鉴定，该产品的制造、材料、热处理、安装精度均存在严重缺陷。十字滑块的嵌入深度不足，侧向间隙过大，不符合国家和行业标准。按照规定，十字滑块及与之耦合的两个半联轴节的传力面均应进行热处理，以达到足够的硬度，使之耐磨损和耐冲击，其材料必须采用优质碳素钢且不得低于 45 号。但化验结果表明，事故样本的材料为一般的 Q235 号钢，根本无法进行淬火，因此达不到标准的硬度要求。由于十字滑块嵌入深度不足，使接触面比压增大；侧向间隙过大加大了冲击力量，又因表面硬度太低，在频繁的起重扭矩冲击下，本来应该为平面接触的受力面逐渐磨损变成了斜面，斜面引起了对卷筒的轴向推力，在轴向推力作用下将卷筒推离了联轴节，造成卷筒失去控制，是此次事故的技术原因。

2）间接原因

使用者没有按照技术条件和安全规定在采购前把关，购进了非国家标准产品。另外，使用和安装也存在许多问题，导致事故发生。

4. 事故责任认定及处理意见

这起人身伤亡事故是一起典型的生产制造质量不合格机械设备引起的较大责任事故。

（1）制造商应负主要责任。建议建设行政主管部门协同相关司法部门对该塔机制造商进行严格的审查，依法追究其刑事责任，并依法处以罚款。

（2）设备管理人员缺乏设备管理知识，不按照维修保养制度进行检查、维修，致使设备长期带病作业，应负管理责任。建议设备管理人员参加相关专业知识的培训，经考试合格取得许可证后方可上岗。

（3）安装组织者、指挥者、操作者在安装之前未按照安全规程要求对涉及安全的零部件进行检查、验证，应负失职责任。建议司法机关追究其刑事责任。

5. 事故的预防对策

（1）购入塔机前充分作好调研工作，严把购置塔机质量关、检查关。购置塔机必须坚持质量第一，而不是价格愈低愈好。

（2）严格落实塔式起重机检查、保养制度，按期进行检查保养。对设备管理人员、操作人员进行起重机机械专业知识、安全知识、法律法规培训。

（3）责令生产厂向拥有此种塔机的单位逐一通知，立即停止使用并逐台整改，以防事故重演。

（五）某厂房工程煤气中毒事故

1. 事故简介

2002 年 12 月 4 日，某市某厂房发生一起一氧化碳中毒事故，造成 3 人死亡。

2. 事故发生经过

该工程由某市某建设工程有限公司承建，于 2002 年 10 月份开工。施工单位在该地区 11 月份进入冬季时施工，由于该工地冬季施工准备不及时，一直拖延到 12 月份生活区内仍未设置取暖设施。2002 年 12 月 4 日，有 3 名作业人员在办公室内砌筑暖墙取暖，当晚由于雾大，气压低，办公室又门窗紧闭，导致室内人员一氧化碳中毒，造成 3 人死亡。

3. 事故原因分析

1）直接原因

室内砌筑暖墙作为取暖设施，需提前研究暖墙形式、砌筑方法及烟道出口、室内通风设施，且必须预先砌筑，待砂浆固结后使用。

此事故中，由于天气寒冷，原室内无取暖设施，未经研究试验随意砌筑暖墙，砌筑完立即烧火使用，砂浆内水汽蒸发，室外雾大气压低，室内门窗紧闭，空气不流通，氧气得不到及时补充，至第二天早晨发现已经太迟，中毒者经救助无效死亡。

2）间接原因

建筑施工为露天作业，直接受天气变化的影响。季节性较强的地区必须预先考虑施工技术措施和安全措施，这是建筑施工企业必须提前做好的季节性施工准备工作。

该施工企业管理失控，未在进入冬季施工前安排好取暖设施，导致工人自己随意采取取暖方式；进入冬季施工前，没有组织作业人员进行教育和交底，提出冬季施工应注意事项。

4. 事故责任认定及处理意见

该事故属于一起较大责任事故。

（1）施工单位在进入冬期施工时，冬期施工准备不及时，管理不到位，导致事故的发生，建议处以该施工单位10万元罚款。

（2）该项目经理应负直接领导责任，建议由建设行政主管部门暂扣其项目经理资格证书，并停止其承担建设工程项目资格半年。

（3）该企业主要负责人应负管理责任，建议给予行政记大过处分。

5. 事故的预防对策

（1）建筑施工常年处于露天作业，基层人员非常辛苦，施工企业在考虑生产的同时必须研究如何随季节气候的变化增加必要的生活设施，如寒冷季节的取暖设施，炎热季节的防暑降温措施等，并将其纳入施工组织设计中。

（2）对作业人员在搞好常规安全教育的同时，应当注意随季节变化加强季节性教育，提高作业人员防火、防中毒、防暑等意识和自我防护能力。

（六）某厂房铸造车间工程触电事故

1. 事故简介

2005年5月21日，某省某厂房铸造车间工程，6名职工推动装设轮子的移动式操作平台，移动式操作平台的无防护胶皮的钢性滚动轮将地面上的塑料电缆绝缘层轧破，使移动式操作平台带电，造成3人死亡，3人轻伤。

2. 事故经过

该工程建筑面积3 490 m²，工程造价285.67万元，单层两跨排架结构，跨度18 m，檐口高度13.35 m。建设单位为某电机股份有限公司，某工程建设监理有限公司监理，施工单位为某省电机股份有限公司，其二分公司组建项目经理部，室内顶棚粉刷工程由某市安装公司某分公司分包施工。

2005年5月21日，某市安装公司某分公司10名职工在厂房内利用底部设有钢性滚动轮的移动式方形操作平台进行室内顶棚粉刷作业。因粉刷需要，6名职工移动操作平台时，将塑料电缆绝缘层压破，致使移动式操作平台整体带电，导致正在移动操作平台的6名职工触电。

3. 事故原因分析

1）直接原因

（1）分包单位施工人员在移动操作平台时，明知地上有电缆线，未将电缆移位，冒险推动操作平台，致使轮子轧破电缆，造成触电事故。

（2）在移动操作平台时，未将电缆线电源开关切断。安全技术交底明确要求"在现场进行移动式脚手架作业，不得碰损现场布设的电缆、电线，如果离电缆、电线小于安全距离工作，必须将电路切断"，接底人施工队长没有按交底要求执行。

（3）未采取防止电缆被轧坏的保护措施。

（4）移动式操作平台3个滚动轮防护胶套已脱落，没有及时更换修理。

（5）施工现场总配电箱内塑料电缆未经漏电保护器直接接在总隔离开关上，漏电后不能自动切断电源。

（6）在主体工程完工后，对重新敷设的临时用电线路未按规范要求敷设，而直接放置在厂房的地面上。

2）间接原因

（1）分包单位安全意识淡薄，重生产轻安全，安全生产管理存有重大漏洞，对各项规章制度执行情况监督管理不力，对职工未进行有效的三级安全教育，特别是对施工现场存在事故隐患、违章作业行为不能及时发现和消除，安全管理和安全落实不到位。

（2）总承包单位的安全管理存有漏洞，安全技术措施针对性差，安全技术交底未能有效落实，对分包单位安全生产工作统一协调、管理不到位。

（3）总包单位、分包单位的现场管理人员、操作人员的基本安全素质较低，对作业场所和工作岗位存在的危险因素缺乏足够的认识了解，思想麻痹，心存侥幸，冒险、违章作业，忽视防范措施。

（4）总包单位的项目经理、专职安全员、分包单位的项目负责人作为现场的直接管理人员对监理单位下达的隐患整改通知书没有按要求及时检查纠正，制止违章不力。

4. 事故责任认定及处理意见

该事故是一起较大责任事故。

（1）粉刷分包单位项目负责人刘某作为施工现场的第一责任人，对施工安全负总责，安全管理工作管理不到位，对施工现场存在的事故隐患整改不力，对事故的发生应负安全管理上的直接责任，建议给予行政撤职处分，并处以 4 000 元罚款。

（2）粉刷分包单位施工队长杨某，在组织指挥施工的同时，未采取可靠的安全技术措施，冒险作业，对此次事故的发生负有直接责任，鉴于已在事故中死亡，不予追究其责任。

（3）粉刷分包单位分公司经理贾某，在组织指挥施工的同时，未采取可靠的安全技术措施，冒险作业，对此次事故的发生负有直接责任，鉴于已在事故中死亡，不予追究责任。

（4）粉刷分包单位主管安全的副总经理陈某，未能及时发现和解决分公司存在的问题，监督检查不到位，对此次事故负有领导责任，建议责令其作出深刻的书面检查，并处以 2 000 元罚款。

（5）粉刷分包单位总经理李某，对企业安全生产负总责，对下属企业施工管理和技术管理力度不够，对事故的发生负全面领导责任，建议责令其作出书面深刻检查，并处以 1 500 元罚款。

（6）建议建设主管部门依法给予粉刷分包单位降低企业资质证书等级，暂不予办理《安全生产许可证》。

（7）总承包单位现场电工杨某，未按规范要求连接和敷设电缆，致使现场临电线路存在严重隐患，对事故的发生负有一定的直接责任，建议给予行政记大过处分，并处以 500 元罚款。

（8）总承包单位现场项目经理任某，对该工程项目安全生产负总责，没有认真履行职责，对施工现场监督不力，对事故的发生负直接领导责任，建议给以行政警告处分，并处以 500 元罚款。

（9）总承包单位现场专职安全员刘某，负责该工程的安全管理工作，对施工现场安全监督整改不力，安全管理不到位，对事故的发生应负直接管理者的责任，建议给予行政警告处分,并处以 500 元罚款。

(10)总承包单位二分公司经理王某,全面负责分公司安全生产工作,对事故的发生负有领导责任,建议作出深刻书面检查,并处以 1 000 元罚款。

(11)总承包单位副总经理王某,负责公司施工生产和安全工作,对事故发生负领导责任,建议责令作出深刻检查,并处以 800 元罚款。

(12)总承包单位总经理郑某,负责公司的全面工作,对事故发生负领导责任,建议责令作出深刻检查,并处以 800 元罚款。

5.事故的预防对策

(1)施工单位要对现场进行全面安全检查,完善该工程安全施工的安全技术措施,按规定审批,消除事故隐患,确保后续工程的安全施工。

(2)按照《施工现场临时用电安全技术规范》的要求,立即更换现场临时用电的塑料电缆,并按规范连接、敷设,确保安全用电。

(3)由建设单位牵头,组织施工单位和监理单位立即对施工现场进行一次全面的安全大检查,对查出的事故隐患,按"三定"方案整改,确保在建工程项目安全施工。

(4)总包单位和分包单位应切记吸取事故的深刻教训,举一反三,高度重视安全生产,健全和完善各级各部门和各岗位安全生产责任制,形成有效预防事故的管理机制。

(5)监理单位要严格履行法律法规赋予的责任,加大对施工现场安全生产工作的监督管理力度,认真履行监理职责。

(七)中毒窒息死亡事故分析

1.事故过程

2005 年,某市连续发生了几起地下管井作业场所中毒事故,造成多人死亡;2005 年 7 月 11 日,某市装饰有限公司的两名工人,在车站街为某会议中心清理下水道时,先后在 3 m 深的污水沟里窒息死亡;2005 年 7 月 22 日,某市某区某施工队职工在清理某炼油厂的污水池时,两人在污水池内中毒窒息死亡。

2.事故原因

这几起事故的一个突出特点是,第一名工人中毒晕倒后,其他人员在没有任何防护措施的情况下盲目救援,造成群死群伤。上述事故发生后,该市有关职能部门对事故发生的原因、责任进行了认真的调查分析,认定几起事故均属于责任事故。事故原因主要是用人单位没有对职工进行必要的教育培训;职工缺乏基本的安全常识;施工单位制度不健全;管理不善。根据调查结果,提出了处理意见和防范措施,并在全市进行了通报。但遗憾的是,并没有引起人们足够的重视,致使同类事故一再发生。因此,有必要对事故中致人死亡的有害气体做进一步分析,让居民和职工了解其性质和危害,以便更好地加以防范。

2003 年,某区化粪池伤亡事故发生后,调查组委托省科学院对事故现场的气体取样进行了化验。化验分析报告显示,化粪池内有害气体的主要成分是硫化氢、一氧化碳、沼气等。这里仅以硫化氢为例,对其性质和危害加以分析。硫化氢为无色,具有臭鸡蛋味的气体,属二级毒物,是强烈的神经毒物,对黏膜有明显的刺激作用。低浓度时,对呼吸道及眼的刺激作用明显。浓度越高,全身性作用越明显,表现为中枢神经系统症状和窒息症状。硫化氢的局部刺激作用,是由于接触湿润黏膜与钠离子形成的硫化钠引起的。硫化氢的全身作用是通过与细胞色素氧化酶中三价铁及二硫键起作用,使酶失去活性,影响细胞氧化过程,造成细胞组织缺氧。由于中枢神经系统对缺氧最为敏感,因此首先受害。高浓度时,则引起颈动脉窦的反射作用,使呼吸停止;更高浓度时,可直接麻痹呼吸中枢而立即引起窒息,造成电击样中毒。

在城市地下,纵横交错地分布着大量污水管线,厂区、居民区等散布着成千上万的污水管井和化粪池,一些角落堆积着许多生活垃圾。由于污水和垃圾中富含大量蛋白质等有机物,产生大量硫化氢、一氧化碳和沼气等有毒有害气体,加之大部分污水管井、污水池是密闭的,空气不流通,有毒有害气体得不到散逸,长久集聚在井底、池内,致使有毒有害气体浓度过高。当作业人员直接下到井中、池内管道内进行作业时,有毒有害气体经呼吸道侵入人体,极易导致急性职业中毒的发生,造成人员伤亡。上述几起事故,就是高浓度的硫化氢吸入人体后,造成急性中毒而引起的。

3.防范措施

(1)要利用多种形式对职工、居民和从业人员进行安全常识和职业安全卫生知识宣传教育,让大家了解硫化氢、一氧化碳等有毒有害气体的性质、危害,知道哪些地方容易产生有害气体,如何预防这些气体的危害,提高从业人员的自我防护意识。

(2)各有关单位要建立、健全地下管井疏通作业操作规程,为从事管井疏通作业人员配备职业危害防护设备及有效的个人防护用品,如防毒口罩、安全绳等。

(3)有关部门和单位要定期对容易产生有毒有害气体的场所进行检查,及时清理垃圾、粪便、纸浆等有机物,保持市容清洁,特别是夏天高温季节,防止有机物发酵后产生有毒气体。

(4)有关单位要配备快速气体检测仪,及时掌握污水池及地下管井等场所有毒有害气体的种类及浓度,采取必要的通风排毒措施,严禁在有毒有害气体浓度超标时无防护、冒险作业。

(5)建立、健全本单位地下管井及有害气体场所作业应急救援预案,并组织演练。一旦发生井下急性硫化氢等有毒气体中毒事故时,救援人员切忌盲目进入池内或管道内救人,一定要在佩戴防毒口罩,系好安全绳,并有专人监护的条件下施救,避免不必要的人身伤亡和财产损失。如发生急性中毒,应立即将患者撤离现场,移至空气流通外,保持其呼吸道的通畅,有条件的还应给予吸氧;有眼部损伤者,应尽快用清水反复冲洗;对呼吸停止者,应立即进行人工呼吸;对休克者应让其取平卧位,头稍低;对昏迷者应及时清除口腔内异物,保持呼吸道通畅,并及时拨打急救电话,将中毒者送至医疗机构进行救治。

4.事故教训

上述几起事故,偶尔发生一起尚可理解,同类悲剧一再重复发生,就值得认真总结和反思了。许多事故的直接责任者,同时也是受害者,他们大多数是死于无知,而真正应该对事故负责的是这些单位的管理者。规章制度不健全、宣传教育不落实、安全管理不到位才是造成群死群伤的真正原因。

（八）高空坠落伤亡事故

1.事故简介

事故时间:2003 年 8 月 27 日 20 时 40 分

事故地点:某市某区

事故类别:高处坠落

伤亡情况:死亡 1 人

2.事故经过

2003 年 8 月 27 日,在某通信楼工程现场,项目副经理分别安排泥工班组和空调班组晚上作业,其中泥工班组邹某等 5 人在水箱间屋面顶部进行水泥砂浆保护层施工,晚上 8 点 40 分许,邹某在用手推车运输砂浆时,不慎从顶部直径 1.8 m 的检修入孔坠落至 6 层屋面,坠落高度 7.2 m。邹某随即被送往医院抢救,经抢救无效死亡。

3.直接原因

水箱间屋面直径 1.8 m,检修入孔未采取有效防护措施,未设专人管理。

4.间接原因

(1)现场安全管理混乱,安全防护措施不到位。

(2)工人安全意识淡薄,自我保护意识差。

(3)监理单位监管不力,监理人员对现场的安全隐患未及时发现并采取措施。

5.事故教训

(1)施工单位必须严格按照《建筑施工高处作业安全技术规范》(JGJ 80—91)和建设部《建筑工程预防高处作业坠落事故若干规定》的要求切实做好现场临边洞口的防护,并落实责任人。

(2)完善各项安全管理制度并严格执行。

(3)加强对工人进行安全教育,提高安全防范意识和能力。

第二十二章　各类设备、设施验收及检测记录案例

（一）落地式脚手架验收表

落地式脚手架验收表（第一段）

工程名称			架体名称	29~55轴外脚手架
搭设高度	±0.000~10.5 m		验收日期	
序号	验收内容		验收要求	验收结果
1	施工方案	专项施工方案	有脚手架施工方案,验收签字	有施工方案,内容全面
		设计计算书	有设计计算书,计算准确	有设计计算书,计算准确
2	立杆基础	基础	平整、夯实,按设计执行	平整、夯实,按设计执行
		钢底座	15 cm×15 cm×0.8 cm φ32×12 mm 高	15 cm×15 cm×0.8 cm φ32×12 mm 高
		垫木	400 cm×20 cm×5 cm	400 cm×20 cm×5 cm
		纵、横向扫地杆	离地20 cm连续设置扫地杆	离地20 cm连续设置扫地杆
		排水措施	外侧设排水沟,架底处无积水	外侧设排水沟,架底处无积水
3	架体拉接	硬拉接	水平间距4.5 m,竖向间距3 m设置	水平间距4.5 m,竖向间距3 m设置
		软硬拉接	φ48钢管拉接	
4	杆件间距与剪刀撑	立杆间距	1.5 m方案要求	1.52 m,符合方案要求
		大横杆间距	1.5 m方案要求	1.48 m,符合方案要求
		小横杆间距	1.5 m方案要求	1.51 m,符合方案要求
		剪刀撑宽度、角度	跨4~5空,45°~60°	跨4空(6 m),51.3°
		剪刀撑间距	不大于15 m,6至7根立杆	间距12 m,符合要求
		剪刀撑高度	随脚手架连续设置	随架体高度连续设置
		横向支撑	横向支撑坚固	
5	脚手板与防护栏杆	脚手板种类	5 cm厚木制脚手板	5 cm厚木制脚手板
		脚手板规格	400 cm×20 cm×5 cm	400 cm×20 cm×5 cm
		脚手板铺设	满铺搭接大于20 cm	满铺搭接21 cm,符合要求
		密目网封闭	全封闭,2 000目立网挂立杆内侧	全封闭,2 000目立网挂立杆内侧
		网边连接	5 mm尼龙绳全眼连接	5 mm尼龙绳全眼连接
		施工层防护栏杆	每1.2 m设一道防护栏杆	每1.2 m设一道防护栏杆
		施工层挡脚板	高18 cm连续设置	高18 cm连续设置

序号		验收内容	验收要求	验收结果
6	小横杆设置	大横杆立杆交接处	必须设置小横杆	所有主节点设置小横杆
		杆件固定	用钢扣件固定	用扣件固定
		伸入墙长度	伸入墙内长度18 cm以上	
7	杆件连接	立杆	立杆对接	
		大横杆	对接且四周交圈	对接且四周交圈,合格
		剪刀撑	搭接、两个以上扣件连接,搭接长度大于50 cm	搭接、搭接长度1.8 m,三个扣件连接
		各杆件伸出扣长度	伸出长度10 cm以上	伸出长度20 cm以上
8	架体内封闭	架里首层兜网	3 m高、设一道	3.2 m高、设一道
		层间平网	小于10 m设一道	9 m处设一道,符合要求
		施工层平网	设施工层平网,封闭严密	设施工层平网,封闭严密
		内立杆与建筑物之间封闭	不大于20 cm,封闭严密	内立杆与建筑物之间15 cm
9	材质	钢管	统一规格,无细裂缝不脆裂	统一规格,无细裂缝不脆裂
		扣件	扭力矩40~50 kN·m	扭力矩40~50 kN·m
		脚手板	5 cm×20 cm×400 cm、端头封闭	5 cm×20 cm×400 cm、端头封闭
10	通道	宽度、坡度	100 cm宽,1:3坡度铺设	120 cm宽,1:3坡度铺设
		防滑条	设防滑条间距30 cm	设防滑条间距30 cm
		转角平台	转角平台6 m²、设两道防护栏杆,挂密目网	转角平台6 m²、设两道防护栏杆,挂密目网
		通道防护	设通道防护棚	设通道防护棚
		剪刀撑	纵横设剪刀撑	纵横设剪刀撑
11	卸料平台	计算书		
		立杆横杆尺寸		
		剪刀撑系统		
		平台底板		
		拉接系统		
		使用荷载		
验收签字		搭设负责人:	使用负责人:	
		安全负责人:	项目负责人:	
验收结论		技术负责人: 　年　月　日		

落地式脚手架验收表(第二段)

LJA 12—1—1—1

工程名称			架体名称	29~55 轴外脚手架
搭设高度		10.5~22.0 m	验收日期	

序号	验收内容		验收要求	验收结果
1	施工方案	专项施工方案	有脚手架施工方案,验收签字	
		设计计算书	有设计计算书,计算准确	
2	立杆基础			
3	架体拉接	硬拉接	水平间距4.5 m,竖向间距3 m 设置	水平间距4.5 m,竖向间距3 m 设置
		软硬拉接	ϕ48 mm 钢管拉接	
4	杆件间距与剪刀撑	立杆间距	1.5 m方案要求	1.51 m,符合方案要求
		大横杆间距	1.5 m方案要求	1.52 m,符合方案要求
		小横杆间距	1.5 m方案要求	1.49 m,符合方案要求
		剪刀撑宽度、角度	跨4~5空,45°~60°	跨4空(6 m),51.3°
		剪刀撑间距	不大于15 m,6至7根立杆	间距12 m,符合要求
		剪刀撑高度	随脚手架连续设置	随架体高度连续设置
		横向支撑	横向支撑坚固	
5	脚手板与防护栏杆	脚手板种类	5 cm 厚木制脚手板	5 cm 厚木制脚手板
		脚手板规格	长4 m,宽20 cm,厚5 cm	长4 m,宽20 cm,厚5 cm
		脚手板铺设	满铺搭接大于20 cm	满铺搭接21 cm,符合要求
		密目网封闭	全封闭,2 000 目立网挂立杆内侧	全封闭,2 000 目立网挂立杆内侧
		网边连接	5 mm 尼龙绳全眼连接	5 mm 尼龙绳全眼连接
		施工层防护栏杆	高1.2 m设一道防护栏杆	高1.2 m设一道防护栏杆
		施工层挡脚板	高18 cm 连续设置	高18 cm 连续设置
6	小横杆设置	大横杆立杆交接处	必须设置小横杆	所有交叉点设置小横杆
		杆件固定	用钢扣件固定	用扣件固定
		伸入墙长度	伸入墙内长度18 cm 以上	
7	杆件连接	立杆	立杆对接	
		大横杆	对接且四周交圈	对接且四周交圈,合格
		剪刀撑	搭接、两个以上扣件连接,搭接长度大于50 cm	搭接、搭接长度1.8 cm,三个扣件连接
		各杆件伸出扣长度	伸出长度10 cm 以上	伸出长度20 cm 以上
8	架体内封闭	层间平网		
		施工层平网	小于10 m 设一道	19 m 处设一道,符合要求
		内立杆与建筑物之间封闭	设施工层平网,封闭严密不大于20 cm,封闭严密	设施工层平网,封闭严密内立杆与建筑物之间15 cm

序号	验收内容		验收要求	验收结果
9	材质	钢管	统一规格、无细裂缝不脆裂	统一规格、无细裂缝不脆裂
		扣件	扭力矩 40~50 kN·m	扭力矩 40~50 kN·m
		脚手板	5 cm×20 cm×4 m、端头封闭	5 cm×20 cm×4 m、端头封闭
10	通道	宽度、坡度	100 cm 宽，1:3 坡度铺设	100 cm 宽，1:3 坡度铺设
		防滑条	设防滑条间距 30 cm	设防滑条间距 30 cm
		转角平台	转角平台 6 m²、设两道防护栏杆，挂密目网	转角平台 6 m²、设两道防护栏杆，挂密目网
		通道防护	设通道防护棚	设通道防护棚
		剪刀撑	纵横设剪刀撑	纵横设剪刀撑
11	卸料平台	计算书		
		立杆横杆尺寸		
		剪刀撑系统		
		平台底板		
		拉接系统		
		使用荷载		
验收签字	搭设负责人：		使用负责人：	
	安全负责人：		项目负责人：	
验收结论				技术负责人： 　年　月　日

（二）模板工程验收表

模板工程验收表

LJA 12-2-1-1

工程名称			架体名称	墙柱、梁板梯
支设日期			验收日期	

序号	验收内容		验收要求	验收结果
1	施工方案	专项施工方案	有专项方案，符合要求	已审批，符合要求
		混凝土输送安全措施	有具体的混凝土输送安全措施	混凝土输送泵位置方便泵车进出，泵管固定牢靠、安全
2	支撑系统	支撑计算书	计算准确，符合规定	计算书准确，符合规定
		支撑安装	按图纸进行安装	按图纸进行满堂脚手架安装

序号		验收内容	验收要求	验收结果
3	立杆稳定	立杆材料	φ48 mm×3.0 mm 钢管符合设计方案	φ48 mm 钢管钢支撑体系,符合设计方案
		立杆垫板	50 mm 木垫板符合设计方案	50 mm 厚木架板做立杆垫板,符合设计方案
		纵横向支撑	上下各一道	纵横扫地杆各一道,纵横水平杆间隔 1.5 m 搭设牢固
		立杆间距	按设计要求(800~1 200 mm)	立杆间距 900、1 000 mm,符合设计要求
4	施工荷载	施工荷载	不大于 1 000 kg/m²	于 900 kg/m² 符合要求
		荷载堆放	不集中堆放,不超荷载	料具分散堆放,不超荷载
5	模板存放	大模板存放	无	无
		模板堆放	不超高堆放,堆放整齐	堆放整齐,不超高堆放
6	支拆模板	警戒措施	有警戒线、标志,设专人监护	设警戒线、标志,设专人监护
		拆模申请	必须有拆除申请报告	有拆除申请报告,已审批
		混凝土强度报告	有混凝土强度报告	有混凝土强度报告书
7	运输道路	宽度	满足使用荷载,两边设防护栏杆	满足使用要求,设栏杆
		走道垫板	长 4 m,宽 20 cm,高 5 cm 木板顺向铺设	达到使用要求,材质好
8	作业环境	孔洞及临边防护	按安全标准进行防护	有临边作业专项防护措施,符合要求
		垂直作业防护	设置可靠的隔离防护措施	有可靠的隔离防护措施
验收签字		搭设负责人:　　　　　使用负责人:		
		安全负责人:　　　　　项目负责人:		
验收结论				技术负责人: 　　年　　月　　日

（三）安全防护设施工程验收表

安全防护设施工程验收表

LJA 12-4

工程名称		楼	验收日期	
序号	检查内容		验收标准	验收结果
1	"三宝"	安全帽	建设主管部门准用产品	
		安全带	建设主管部门准用产品	
		安全网	建设主管部门准用产品	有准用证,性能检测合格
2	楼梯口	防护栏杆	0.6 m 至 1.2 m 各设一道	设两道防护栏杆 0.6 m 至 1.2 m 各设一道
		挡脚板	18 cm 高,3 cm 厚,连续设置	18 cm 高,3 cm 厚,连续设置
3	电梯井口	井内防护	平网防护,两层设一道,不大于 10 m	平网防护,两层设一道,8.6 m
		井口防护	设钢制防护门,定型化、工具化,防护严密	设定型化、工具化钢制防护门,防护严密
4	预留洞口	洞口防护	按规范要求设置、防护严密、定型化、工具化	楼内预留洞盖竹胶板覆盖
5	通道口	长度、宽度	长度 5 m,宽 1.5 m	通道口长 6.0 m 宽度 1.5 m
		防护棚	用 5 cm 厚木板设两道防护	防护棚用 5 cm 厚木板设防砸、防雨两层防护
		防护栏杆	0.6 m 至 1.2 m 各设一道防护栏杆	通道防护栏杆 0.6 m 至 1.2 m 各设一道防护栏杆
		防护网	外侧用绿密目网封闭	外侧用密目网封闭
6	各处临边	阳台 楼板 楼梯 基坑 屋面		阳台用栏板筋挂大眼网 楼梯设栏杆防护,0.6 m 至 1.2 m 各设一道
	验收 签字	搭设负责人:　　　　　　使用负责人:		
		安全负责人:　　　　　　项目负责人:		
	验收 结论			技术负责人: 年　月　日

(四)"三宝"、"四口"防护检查记录

"三宝"、"四口"防护检查记录

工程名称			检查日期	
序号	检查内容		检查情况	
1	"三宝"	安全帽	施工现场施工人员均佩戴安全帽 无不按规范佩戴安全帽人员	
		安全带	高空作业人员均按规范系挂安全带	
		安全网	在建筑物外侧挂设经建设主管部门批准的安全网	
2	楼梯口	防护栏杆	按规范要求设两道防护栏杆	
		挡脚板	按规范要求连续设置挡脚板	
3	电梯井口	井内防护	两层设一道平网防护	
		井口防护	防护严密	
4	预留洞口	洞口防护	楼内预留洞用竹胶板覆盖	
5	通道口	防护棚	防护棚用 5 cm 厚木板设两层防护	
		防护栏杆	通道防护栏杆 0.6 m 至 1.2 m 各设一道防护栏杆	
		防护网	外侧用密目网封闭	
6	各处临边	阳台	阳台用栏板筋挂大眼网	
		楼板		
		楼梯	楼梯设栏杆防护,防护到位	
检查结论	施工队长: 安 全 员: 年 月 日			

(五)临时用电验收表

临时用电验收表(一)

LJA 12 - 5 - 1

分部验收	分项验收	验收内容	验收结果	
外电防护	外电防护距离及防护措施	水平距离	无外电	
		垂直距离	无外电	
		防护措施	无外电	

续表

分部验收	分项验收	验收内容	验收结果
接地与接零保护系统	接地分类	工作接地	
		重复接地	现场设重复接地八组:塔机对角各设1组,分箱2组,总箱1组,对焊机1组,施工升降机对角各1组;阻值为5.7 Ω、6.8 Ω、9.0 Ω、7.5 Ω、8.2 Ω,符合 JGJ 46—2005 要求
		防雷接地	同重复接地使用同一接地体,阻值为8.4 Ω
	接地装置	接地体	50 mm×50 mm×2.5 m 镀锌角铁,埋深2.5 m
		接地线	黄绿双色,塑胶铜线符合 JGJ 46—2005 要求
		接地位置	配电箱附近
	接零保护系统	导线截面	线径为 10 mm^2,绝缘铜线
		统一标志	黄绿双色
配电箱开关箱	三级配电	总配电箱	推荐产品,质量合格
		分配电箱	JSP-F/3;推荐产品,质量合格
		开关箱	推荐产品,质量合格
	二级保护	总漏电保护器	总配电箱内设一组,额定漏电动作电流和额定漏电动作时间,累计极限不大于 30 mA
		末级漏电保护器	各用电设备开关箱内均设有漏保器　额定漏电动作电流不大于 30 mA,额定漏电动作时间小于 0.1 s,灵敏可靠
	配电装置	隔离开关	已设,合格
		闸具	设透明开关,安装牢固、动作灵活
		线路标记	标志齐全、清晰

临时用电验收表(二)

LJA 12 – 5 – 2

分部验收	分项验收	验收内容	验收结果
现场照明	照明供电	额定电压	220 V,符合要求
		安全电压	
	照明装置	室外照明	高度3.8 m,合格
		室内照明	办公室照明220V,灯具高度2.4 m 合格
		金属卤化物灯具	符合要求

续表

分部验收	分项验收	验收内容	验收结果
配电线路	架空线路	杆具	
		横担挡距	
		相序	
		线径	
	电缆线路	架设	塔机木方上绝缘子固定,符合要求
		直埋	穿 PVC 管直埋 0.7 m,上下铺砂层,覆盖砖保护
		最大弧垂	
	负荷线路	电缆	橡胶绝缘电缆
		过道保护	穿钢管敷设,进行过道保护,钢管作保护接零
电器装置	电器装置	开关	稳固,无歪斜和松动
		安装使用	箱内电器安装在金属板上,与箱体安装牢固
变配电装置	变电装置	变压器型号	无
		联接组别	无
		接地系统	无
	配电装置	配电屏(盘)	无
		自备电源	无

临时用电验收表(三)

LJA 12 – 5 – 3

分部检查	分项验收	验收内容	验收结果
用电档案	施工组织设计	计算书	符合 JGJ 46—2005 规范要求,计算准确
		平面图、立面图	电气平面图、立面图绘制清楚、齐全
		系统接线图	能充分反映建筑施工现场临时用电的系统分部情况,具有指导施工用电的实际意义。
	专业人员	电工岗位资格证书	DG 090012624
	电工检查	巡视维修记录	记录及时,全面
		接地电阻摇测记录	重复接地,防雷接地的摇测阻值数据,8.0 ~ 9.5 Ω 之间。
		档案、管理	档案搜集齐全,有序、专人管理

续表

分部检查	分项验收	验收内容	验收结果
验收结论		基本符合《施工现场临时用电安全技术规范》要求,同意交付使用。 安全负责人:　　　　　项目负责人: 技术负责人: 年　　月　　日	

(六) 物料提升机(龙门架、井字架)验收表

物料提升机(龙门架、井字架)验收表(一)

LJA 12-7-1

工程名称		XXXX	设备编号	WJ-100
安装单位			安装高度	24 m

验收项目	验收项目及要求	验收结果
架体安装	架体安装正确,螺栓紧固	架体正确,螺栓紧固,合格
	垂直偏差≤3‰,且最大不超过200 mm(新制作≤1.5‰)	垂直偏差70 mm,合格
	架体与吊篮间隙控制在5~10 mm之间	架体与吊篮间隙均为8 mm
	缆风绳组数符合规范要求,使用钢丝绳直径≥9.3 mm与地面夹角45°~60°地锚设置符合规范要求	
	架高20 m以下设一组缆风绳,21~30 m设二组。	
	附墙杆材质和架体相同,连接牢靠,位置正确,间隔不大于9 m。	附墙杆材质和架体相同,连接牢靠,位置正确,间隔9 m。合格
	井架顶部自由高度不得超过6 m	井架顶部自由高度4 m,符合要求
吊篮	两侧应设置高度1 m的安全挡板或挡网,顶板采用50 mm厚木板,前后设工具化安全门,不得使用单根钢丝绳提升	设置高度1 m的安全挡网,顶板采用3 mm钢板,设前后连锁开启装置安全门,使用双根钢丝绳提升
机构	卷扬机安装稳固,设置前桩后锚,安装卷筒保险	卷扬机安装固定在混凝土基础上,视线良好,安装卷筒保险
	钢丝绳缠绕整齐,润滑良好,不超过报废标准,过路有保护和防拖地措施	钢丝绳缠绕整齐,润滑良好。不超过报废标准,有过路保护和两处防拖地措施
	第一个导向滑轮距离大于15倍卷筒宽度	第一个导向滑轮距离14 m
	滑轮与架体刚性连接,无破损,且与钢丝绳匹配	滑轮与架体刚性连接,绳轮匹配。

物料提升机(龙门架、井字架)验收表(二)

LJA12－7－2

验收项目	验收项目及要求	验收结果
安全防护	安全停靠装置灵敏可靠	灵敏可靠
	超高限位装置灵敏可靠	灵敏可靠
	30～150 m 高架提升机必须 安装下极限限位器、缓冲器和超载限制器	
	卸料平台安装符合规范要求,设防护栏杆,防护严密;脚手板搭设符合要求;有工具化防护门	设安全防护栏杆,密目网防护,50 mm 厚脚手板全铺。设钢制楼层防护门。
	地面进料口防护棚符合规范要求	进料口上方设50 mm 厚脚手板全铺,防雨防砸,宽度2.2 m 长度3 m。
	卷扬机操作符合规范要求	操作人员持证上岗,按规范操作
电气	架体及设备外壳做保护接零;使用符合要求的开关箱,采用按钮开关,严禁使用倒顺开关	架体及设备外壳做保护接零和重复接地,使用本机专用开关箱
	避雷装置设置冲击接地电阻值不大于30 Ω	实际检测:15 Ω,合格
验收结论	安装符合要求,同意使用。 安装部负责人:	使用部门负责人: 年 月 日

(七)平刨验收表

平刨验收表

LJA 12－9－1

工程名称		设备编号	
验收项目	验收内容及要求		验收结果
安装	作业场所有全可靠的消防器材,周围无明火和易燃品		有灭火器、沙池等消防器材,无明火和易燃品
	机身安装稳固,台面平整		安装稳固,台面平整
	刀片重量厚度一致,刀架、夹板吻合,合金刀片焊缝不超出刀头,不使用有裂缝的刀具,坚固刀片的螺钉应嵌入槽内,并离刀背不少于10 mm		厚度一致,刀架、夹板吻合,刀具无裂缝,刀片的螺钉嵌入槽内,离刀背12 mm
安全装置	护手装置安全有效		护手装置安全有效,齐全
	传动皮带齐全完好,防护罩符合要求		传动皮带齐全完好,松紧适度,防护罩符合要求

续表

电气	设备外壳做保护接零,使用符合要求的形状开关箱,操作使用专用的按钮开关,配电线路符合绝缘、防火要求	设备外壳做保护接零,开关箱符合要求,配电线路符合绝缘、防火要求
运转	工作平稳无异响	工作平稳无异响
验收结论	符合安全要求,同意使用。	
	安全负责人:　　　　　　　　　　　设备管理员: 　操作人: 　　　　　　　　　　　　　　　　　　年　月　日	

(八)圆盘锯验收表

圆盘锯验收表

LJA 12 – 9 – 2

工程名称		设备编号	
验收项目	验收内容及要求		验收结果
安装	作业场所有齐全可靠的消防器材,周围无明火和易燃品		有可靠的消防器材,无明火和易燃品
	机身安装稳固,台面平整		机身稳固,台面平整
	锯片安装稳固、无裂纹、无连续断齿		锯片安装稳固、无连续断齿、裂纹
安全装置	锯片上方防护挡板安全有效		防护挡板安全有效
	传动皮带齐全完好,防护罩符合要求		传动皮带齐全完好,钢板网防护罩符合要求
电气	设备外壳做保护接零,使用符合要求的形状开关箱,操作使用专用的按钮开关,配电线路符合绝缘、防火要求		设备外壳做保护接零,开关箱符合要求,配电线路符合绝缘、防火要求

续表

运转	工作平稳无异响	工作正常
验收结论	符合安全要求,同意使用。 安全负责人: 操作人:	设备管理员: 年 月 日

(九)电焊机验收表

电焊机验收表

LJA 12 - 9 - 3

工程名称		设备编号	
验收项目	验收内容及要求		验收结果
机体安放	电焊机有完整的防护外壳,设有防雨、防潮、防晒的机棚,并备有消防用品。施焊现场10 m范围内不得堆放氧气、乙炔、木材等		焊机外壳完整,设有防护机棚,消防用品。施焊现场10 m内无易燃物品
导线	一次线长度不超过5 m,穿管保护,二次线长度不超过30 m,接头不应超过三处,绝缘完好		一次线长度4 m,穿管保护,二次线长度25 m,中间无接头,绝缘完好
	一、二次接线柱处应有保护罩,接线螺栓完好		一、二次接线柱有保护罩,接线螺栓压接牢固
	焊钳与把线绝缘良好、连接牢固,不得用钢丝绳或机电设备代替零线		焊钳与把线绝缘良好、连接牢固,有专用地线
电气安全装置	设置二次空载降压保护器或触电保护器		设置触电保护器
	电源使用自动开关控制		使用自动开关控制
	设备外壳做保护接零,使用符合要求的开关箱		设备外壳做保护接零,开关箱符合要求
验收结论	符合安全要求,同意使用。 安全负责人: 操作人:		设备管理员: 年 月 日

（十）钢筋冷拉机验收表

钢筋冷拉机验收表

LJA 12 - 9 - 4

工程名称		设备编号	
验收项目	验 收 内 容 及 要 求		验 收 结 果
安装	卷扬机安装稳固,地基坚实,设置前桩后锚		安装稳固,地基坚实,有前桩后锚
	钢丝绳在卷筒上排列整齐,润滑良好,不超过报废标准,工作时卷筒上最少保留三圈		新钢丝绳排列整齐,润滑良好,卷筒上保留五圈
	夹具完好有效,使用时不滑脱		夹具完好有效,不滑脱
安全防护	卷扬机前应设置防护挡板		卷扬机前设防护挡板
	冷拉场地不准站人和通行		冷拉区域无人通行
	卷扬机操护棚防雨防砸		操护棚坚固,防雨
电气	设备外壳做保护接零,使用符合要求的开关箱,使用按钮开关,严禁使用倒顺开关		有保护接零,开关箱符合要求,使用按钮开关
验收结论	符合安全要求,同意使用。 安全负责人: 设备管理员: 操作人: 年 月 日		

（十一）钢筋弯曲机验收表

钢筋弯曲机验收表

LJA 12 - 9 - 5

工程名称		设备编号	
验收项目	验收内容及要求		验收结果

续表

安装	机身安装稳固,工作台和弯曲机台面保持水平	机身安装稳固,工作台和机台面保持水平
	按加工钢筋的直径和弯曲半径的要求装好芯轴、成型轴、挡铁轴或可弯挡架,芯轴直径应为钢筋直径的2.5倍	按加工钢筋的直径和弯曲半径的要求,配套安装芯轴、成型轴、挡铁轴,芯轴直径是钢筋的2.5倍
	检查芯轴、挡块、转盘无损坏和裂纹	芯轴、挡块、转盘良好,无损坏和裂纹
安全防护	传动部位防护罩坚固可靠	传动部位防护罩坚固可靠
	弯曲钢筋的作业半径内无障碍物	弯曲钢筋的作业半径内无障碍物
	操作棚防雨、防砸	定型化操作棚坚固,防雨、防砸
电气	设备外壳做保护接零,使用符合要求的开关箱,操作使用专用按钮开关	设备外壳有保护接零,开关箱符合要求,使用专用按钮开关
验收结论	符合安全要求,同意使用。	
	安全负责人:　　　　　　　　　　　　　设备管理员: 　　操作人:　　　　　　　　　　　　　　　　　　年　　月　　日	

(十二)搅拌机验收表

搅拌机验收表

LJA 12 - 9 - 6

工程名称		设备编号	JZC350
验收项目	验收内容及要求		验收结果
安装位置	搅拌机安装在坚实的地面上,用支架或支脚筒架稳,不以轮胎代替支撑		安装在坚实的地面上,支架采用砖砌体
钢丝绳	钢丝绳完好,不超过报废标准,且润滑良好;料斗提升卷筒上的钢丝绳在放出最大长度后,至少预留三圈		钢丝绳完好无断丝,保留五圈

续表

运转检查	离合器灵活、制动器可靠,各部润滑良好,运转平稳无异响	离合器灵活、制动器可靠,润滑良好,运转正常
操作棚	操作棚防雨防砸	定型化操作棚坚固,防雨、防砸
电气安全	设备外壳做保护接零,使用符合要求的开关箱,操作箱箱体完好,按钮开关灵活可靠	有保护接零,开关箱符合要求,操作箱完好,按钮开关良好
验收结论	符合安全要求,同意使用。 安全负责人:　　　　　　　　　　设备管理员: 操作人:　　　　　　　　　　　　　年　月　日	

(十三)漏电保护器检测记录

LJA 12－11

施工单位			仪表型号		
工程名称		-	天气情况		
负责人			检测人		
序号	用电设备	漏保型号	漏电动作电流(mA)	漏电动作时间(s)	按钮试验
1	总箱	DZ20L－250/4300	150 mA	≤0.1 s	
2	QTZ40 塔机	DZ15L－100/4901	30 mA	≤0.1 s	
3	切断机	DZ15LE－40/3902	30 mA	≤0.1 s	
4	切断机	DZ15LE－40/3902	30 mA	≤0.1 s	
5	弯曲机	DZ15LE－40/3902	30 mA	≤0.1 s	
6	弯曲机	DZ15LE－40/3902	30 mA	≤0.1 s	
7	调直机	DZ15LE－40/3902	30 mA	≤0.1 s	
8	调直机	DZ15LE－40/3902	30 mA	≤0.1 s	
9	350 搅拌机	DZ15LE－40/3902	30 mA	≤0.1 s	
10	施工升降机	DZ15L－100/4901	30 mA	≤0.1 s	
11					
12					
13					
14					

15					
16					

注:按钮试验,动作划√,不动作划×,并检查、更换。　　　　　　　　　　　年　月　日

(十四)接地电阻检测记录

LJA 12-12

工程名称		仪表型号	
天　气		气　温	
检测人		负责人	

检测项目	设备名称	接地位置	电阻值(Ω)
工作接地			
重复接地	总配电箱	总配电箱右侧设一组	9 Ω
	分箱	分箱(二)处设一组	9.5 Ω
	QTZ40 塔机	塔身底座四角对角各一组	8.5 Ω
	QTZ40 塔机	塔身底座四角对角各一组	9.5 Ω
	物料提升机(南)	底座四角对角各一组	9.0 Ω
	物料提升机(北)	底座四角对角各一组	8.5 Ω
防雷接地	QTZ40 塔机	塔身底座四角对角设置	8.5 Ω
	QTZ40 塔机	塔身底座四角对角设置	9.5 Ω
	脚手架	架体四角处	9.0 Ω
	物料提升机(南)	底座四角对角各一组	9.0 Ω
	物料提升机(北)	底座四角对角各一组	8.5 Ω

(十五)绝缘电阻检测记录

LJA 12-13

工程名称		仪表型号	
天　气		气　温	
检测人		负责人	

序号	设备名称	型号规格	额定电压(V)	电阻值(MΩ)		
				外壳	相间	一、二次绕组

续表

序号	名称	型号			
1	塔机	QTZ40	380	260	AB:450 BC:500 CA:500
2	塔机	QTZ40	380	220	AB:450 BC:450 CA:500
3	搅拌机	350L	380	280	AB:500 BC:450 CA:500
4	搅拌机	350L	380	290	AB:500 BC:500 CA:450
5	搅拌机	350L	380	320	AB:500 BC:450 CA:500
6	物料提升机	WJ100	380	360	AB:450 BC:450 CA:500
7	物料提升机	WJ100	380	350	AB:450 BC:500 CA:450

(十六)悬挑式脚手架验收表

LJA 12—1—1—2

工程名称				架体名称	1~29 轴外墙悬挑式脚手架
搭设高度		49.300~58.200 m		验收日期	

序号		验收内容	验收要求	验收结果
1	施工方案	专项施工方案	有脚手架施工方案,验收签字	有施工方案,内容全面
		设计计算书	有设计计算书,计算准确	有设计计算书,计算准确
2	悬挑梁及架体稳定	悬挑梁安装	符合设计,按图施工	工字钢符合设计,按图施工
		结构连接	牢固可靠,按要求施工	预埋圆钢牢固可靠,按要求布设施工
		立杆底部固定	设底座、焊接螺栓连接、扫地杆	底座设 22 螺纹钢 15 cm 长,扫地杆距挑梁 190 cm
		架体与建筑物拉结	高度 4 m,纵向 6 m 设一道	高度 3 m,纵向 4.5 m,设一道

3	脚手板	脚手板种类	木、竹或钢制	采用木、竹脚手板
		脚手板规格	满铺距墙 10 cm	满铺距墙 10 cm
		脚手板铺设	对接≤20 cm,搭接≥20 cm	采用搭接 30 cm 以上
4	荷载	使用荷载	200 kg/ m²	160 kg/ m²
		荷载堆放	不超重,不集中堆放	不超重,分散堆放
5	杆件间距	立杆间距	不大于 1.8 m,按设计	立杆纵距 1.5 m,横距 1.05 m
		大横杆间距	不大于 1.5 m,按设计	大横杆间距 1.52 m
6	架体防护	施工层栏杆	1.2 m 一道	1.2 m 一道
		施工层挡脚板	18 cm 高连续铺设	18 cm 高,连续铺设
		外侧密目网	架体外侧用 2 000 目立网	架体外侧用 2 000 目立网全封闭
7	层间防护	架里首层兜网	从挑架层开始设一道	从挑架层开始设一道
		层间平网	不超 10 m 设一道	不超 9.2 m 处设一道
		施工层平网	施工操作下方设一道	施工操作下方设一道
8	剪刀撑	剪刀撑宽度角度	距 4～5 m 空立杆,45°～60°设一组	距 4 m 空立杆,45°～60°设一组
		剪刀撑间距	纵向不大于 15 m 设一组	纵向 12 m 设一组
		剪刀撑高度	沿脚手架高度连续设置	沿脚手架高度连续设置
9	架体材质	挑梁规格、材质	符合设计要求	工字钢、圆钢符合设计要求
		架体钢管	规格统一、无裂缝	规格统一为 φ48 mm 钢管,无裂缝
		扣件	不脆裂,拧紧力 40～50 N·m	不脆裂,拧紧力 45 N·m
		脚手板	5 cm 厚,20 cm 宽,4 m 长,两端封头	5 cm 厚,20 cm 宽,4 m 长,两端 8 号铁丝双道封头

验收签字	搭设负责人:　　　　　　　　　　使用负责人:
	安全负责人:　　　　　　　　　　项目负责人:

验收结论	脚手架搭设符合 JGJ 59—99 安全标准要求,可以使用 技术负责人: 　　　　　　　　　　　　　　年　　月　　日

（十七）塔机安全保护装置检测表

LJA 12 - 10 - 1

工程名称				设备编号	
规格型号				生产厂家	

1.力矩限制器

结果＼幅度　　起重量	8 m	25 m	46 m		
4 t	断电				
1.646 t		断电			
0.79 t			断电		

2.起升高度限位器			**3.行走限位器**	
测试次数	吊钩架与定滑轮的垂直距离 （吊色架顶部至小车架下端距离）		测试次数	测试结果
一	1.5 m 处灵敏停车		一	停车
二	1.5 m 处灵敏停车		二	停车
三	1.5 m 处灵敏停车		三	停车

4.幅度限位器

测试次数	最小幅度	最大幅度
一	3 m 处灵敏停车	50 m 处灵敏停车
二	3 m 处灵敏停车	50 m 处灵敏停车
三	3 m 处灵敏停车	50 m 处灵敏停车

5.其他安全保护装置测试：防脱装置，设有防脱棘爪

检测结论	检测人： 技术负责人：	操作人： 　　年　月　日

(十八)龙门架及井架物料提升机安全装置检测表

LJA 12 – 10 – 2

工程名称			设备编号	
检测项目及要求			检测结果	
安全停靠装置	分三次三个高度停靠吊篮,检测装置的灵敏性、可靠性		第一次:安全停靠装置灵敏可靠	
			第二次:安全停靠装置灵敏可靠	
			第三次:安全停靠装置灵敏可靠	
断绳保护装置	分三次检测装置的灵敏性、可靠性,且滑落行程<1 m		第一次:断绳装置灵敏可靠,下滑行程 40 cm	
			第二次:断绳装置灵敏可靠,下滑行程 36 cm	
			第三次:断绳装置灵敏可靠,下滑行程 38 cm	
上限位器	分三次起升吊篮,检测限位的灵敏性、可靠性。临近限位处低速运行		第一次:上限位灵敏可靠	
			第二次:上限位灵敏可靠	
			第三次:上限位灵敏可靠	
紧急断电开关	分三次检测开关的灵敏性、可靠性		第一次:紧急断电开关灵敏、动作	
			第二次:紧急断电开关灵敏、动作	
			第三次:紧急断电开关灵敏、动作	
检测结论	检测人:　　　　　　　　　　　　操作人: 技术负责人: 　　年　　月　　日			

（十九）塔机附着锚固装置及垂直度检验表

塔机附着锚固装置及垂直度检验表

JA12－6－3

工程名称			设备编号		
规格型号			生产厂家		
附着式	附着点距地高度	15 m	自由端高度		16.2 m
	附着道数	一道	与建筑物水平距离		3 m
	检验项目与要求		实测结果		
	框架、附着杆安装正确，无开焊、变形、裂纹		框架、附着杆安装正确，无开焊、变形、裂纹		
	塔身与框架固定牢靠无下滑		塔身与框架固定牢靠无下滑		
	框架、附着杆、墙板各处螺栓、销轴齐全、牢固		框架、附着杆、墙板各处螺栓、销轴齐全、牢固		
	自由端高度符合规定要求		自由端高度符合规定要求		
缆风绳	缆风绳必须使用钢丝绳，严禁使用铅丝、钢筋、麻绳代替				
	缆风绳四角对称设置，且与地面夹角≤60°				
	缆风绳与地锚连接，不得拴在树木、电杆或堆放物件等物体上				
	地锚设置符合规范要求				
	塔机垂直度≤3‰		塔高	偏差	垂直度
			34 m	68 mm	2‰
验收结果	经双方验收，该塔机附墙及锚固装置符合说明书要求和《塔式起重机安全规程》（GB 5144—94），同意使用。				
	安装负责人				
	检验人员		日期		

注：1. 缆风绳式仅限于有风绳井架式塔机；
　　2. 附着式塔机每附着顶升一次，填本表一次。

（二十）外用电梯安装验收表

LJA 12－8－1

工程名称		设备编号	
规格型号		生产厂家	
	验收项目及要求	验收结果	
结构	各部件安装正确无遗漏，螺栓紧固	各部件安装正确无遗漏，螺栓紧固	
	电机、齿轮完好，固定牢靠	电机、齿轮完好，固定牢靠	
	附墙装置安装牢固，间距符合说明书要求	附墙装置牢固，间距符合说明书要求	

续表

验 收 项 目 及 要 求	验 收 结 果
安全防护 限速器灵敏有效	限速器灵敏有效
笼门联锁装置灵敏有效	笼门联锁装置灵敏有效
上、下限位灵敏可靠	上、下限位灵敏可靠
顶门限位灵敏可靠	顶门限位灵敏可靠
保护装置灵敏可靠	保护装置灵敏可靠
缓冲器安装齐全,功能正常	缓冲器安装齐全,功能正常
底笼安装齐全牢固	底笼安装齐全牢固
地面吊笼出入口防护棚搭设符合坠落半径要求,且防雨防砸,悬挂吊笼限载人数和重量	地面吊笼出入口防护棚搭设符合要求,防雨防砸,悬挂限载人数和重量
每层卸料平台搭设和防护符合要求,且不与脚手架连接	卸料平台独立搭设牢固符合要求
卸料平台防护门齐全,使用可靠	卸料平台防护门齐全,可靠
传动机构运行平稳,起制动正常,无异响	传动机构运行平稳,起制动正常
联络信号清晰准确	对讲机联络信号清晰准确
电缆无破损,走线畅通	电缆无破损,走线畅通
避雷装置设置冲击接地电阻不大于 30 Ω	避雷装置冲击接地电阻为 10.2 Ω
基础符合本机说明书要求,且有良好排水措施	基础符合要求,有组织排水措施

架体垂直度符合本机说明书要求	架高	偏差
	40 m	12 mm

试车 空载额定荷载试验各驱动装置、制动装置、各限位开关,运行无异常,灵敏可靠	空载额定荷载试验运行正常,无异常

验收结论 验收合格 安装部门负责人:　　　　　使用部门负责人:　　　　　　　　年　月　日

(二十一)电动吊篮检查验收表

电动吊篮检查验收表

工程名称		设备型号	
施工单位		项目负责人	
租赁单位		额定荷载	
提升机编号		验收日期	

验 收 项 目		验 收 结 果
技术资料	经过审批合格的安装技术方案	已经通过审批
	产品合格证齐全	齐全
	安全锁的标定证书	备案手续齐全
	安装、使用维护保养说明书齐全	齐全
	产品标牌内容是否齐全(产品名称、主要技术性能、制造日期、出厂编号、制造厂名称)	标志清晰齐全

续表

验收项目		验收结果
吊篮平台防护	吊篮主构件有无开焊或明显腐蚀、螺栓有无松动、缺损，外框有无明显变形、锈蚀	无开焊，无松动，无变形
	吊篮平台使用所需要的长度不能超过厂家使用说明书所规定长度	平台长度在规定范围内
	吊篮平台底板四周是否装有标准高度的踢脚板、吊篮平台底板是否有防滑措施	有踢脚板、防滑措施
提升机构	提升机构的所有装置外露部分是否装防护装置	装设防护装置
	提升机的连接螺栓母是否紧固	紧固
	电磁制动器和机械制动器是否灵敏有效	灵敏有效
安全锁	上、下行程限位装置是否灵敏可靠	灵敏有效
	超高限位器止挡安装在距顶端 80 cm 处固定	上限位距顶端 380 mm，下限位距地 1 430 mm
	安全锁灵敏可靠，在标定有效期内。离心触发式制动距离 100 mm，摆臂防倾 3°~8°锁绳	符合要求
	独立设置保险绳，直径不小于 16 mm 的锦纶绳，锁绳器符合要求	保险绳 20 mm
钢丝绳	钢丝绳无断丝、磨损、扭结、变形、腐蚀，无沙砾、灰尘附着，符合吊篮安全使用要求	符合要求
	钢丝绳的固定是否符合要求	符合要求
	钢丝绳坠重应距地 15 cm，垂直绷紧	距地 15 cm，垂直绷紧
悬挂机构	悬挂机构的零部件是否齐全正确，安装是否符合要求，钢结构有无开焊、变形、裂纹、破损	钢结构无开焊、变形等
	配重应固定牢固，重量及块数是否符合要求	40 块
	悬挂机构挑梁外伸长度≤1.5 m，两根挑梁之间的距离是否符合标准，悬挂机构前后高低设置，纤绳紧张度为前端上翘 2~3 cm，抗倾覆系数符合安全使用要求（x>2）	1.3 m；抗倾覆系数>2
	行走轮用木方垫起脱离地面	符合要求
电气系统	电动吊篮专用箱必须达到一机、一闸、一漏	符合要求
	配电箱外壳的绝缘电阻不小于 0.5 MΩ	电阻 260 MΩ
	电线、电缆有无破损，供电电压 380 V±10%	无破损
	电气系统各种安全保护装置是否齐全、可靠	齐全可靠
	电气元件是否灵敏可靠	灵敏有效
验收结论	符合验收要求，同意使用。	

验收人签字	施工单位	监理单位	租赁单位	建设单位
	年 月 日	年 月 日	年 月 日	年 月 日

第二十三章　建筑工程各专项施工方案案例

（一）悬挑式卸料平台施工方案

1. 工程概况

工程总建筑面积 17 754 m²，长约 58.6 m，宽约 20.3 m。建筑层数二十二层，局部十七层。层高 2.9 m，开间尺寸为 3.6 m、3.9 m。

2. 编制依据

（1）工程施工图纸、施工合同。

（2）工程施工组织设计。

（3）《建筑施工安全检查标准》（JGJ 59—99）。

（4）《简明施工计算手册》（第二版）。

（5）《建筑五金实用手册》。

（6）《建筑结构荷载规范》（GB 50009—2001）。

（7）《碳素结构钢》（GB/T 700—1988）。

（8）《钢结构设计规范》（GB 50017—2003）。

（9）《密目式安全立网》（GB 16909—1997）。

（10）《花纹钢板》（GB/T 3277—1991）。

3. 卸料平台的方案选择

该工程单层建筑面积为 1 200 m²，根据现场的实际情况，采用悬挑式型钢定型卸料平台，用钢丝绳斜拉受力，主要布置见下页卸料平台平面布置图。卸料平台每层设置 4 个，从第二层开始设置，进行周转使用。

1）卸料平台材料要求

（1）防护栏杆。

①钢筋直径 14 mm。用于卸料平台内侧双排架和围护栏杆。

②钢筋质量要求。

钢筋外观质量检验按下表进行：

检查项目	验收要求
表面质量	表面应平直光滑，不应有裂缝、分层、硬弯、压痕和深的划道
端面	钢管两端面应平整，切斜允许偏差：1.7 mm
防锈处理	必须刷防锈漆进行防锈处理，外表面锈蚀深度允许偏差 ≤0.5 mm

（2）本工程悬挑式卸料平台采用 12a 和 10a 热扎槽钢作为底架支撑。

（3）花纹钢板。本工程卸料平台的槽钢上面铺设 3.5 mm 厚菱形花纹钢板，纹高 1.0 mm，基本厚度允许偏差 ±0.5 mm，纹高允许偏差 +0.5 mm、-0.2 mm，理论质量为 29.5 kg/

m^2。

(4)钢丝绳。选用 6×19，直径 18.5 mm，钢丝直径 1.2 mm，钢丝总断面积 128.87 mm^2，参考质量 121 kg/100 m，钢丝绳抗拉强度 $f_{ak} = 1\,961$ MPa。

2)卸料平台的构造

(1)槽钢构造要求。卸料平台由两根 12a 号热轧槽钢和五根 10 号热轧槽钢组成，12a 热轧槽钢与热轧 10 号槽钢应满焊连接，上铺 3.5 厚菱形花纹钢板，热轧 12 槽钢比 10a 热轧槽钢表面低 3.5 mm，便于钢板的铺设。12a 热轧槽钢长 5.1 m，每根槽钢各满焊接三个 8 mm 厚钢板耳板，耳板上开 $\phi22$ mm 的孔，以便于槽钢的吊装和钢丝绳的拉接。详见卸料平台平面平面图、剖面图。

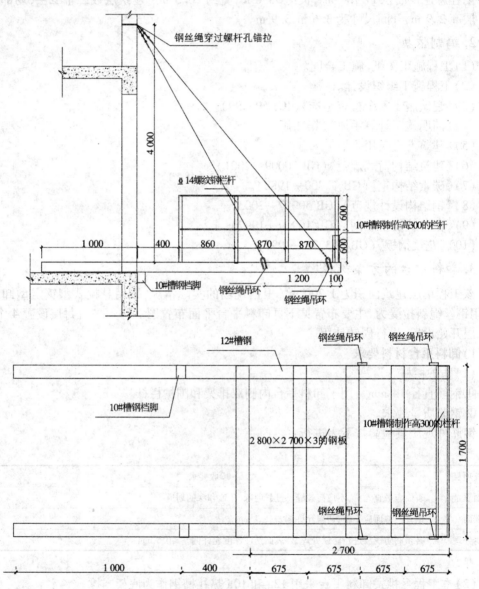

详见卸料平台构造示意图。

①定型槽钢卸料平台搁置在需要转料的楼板上,内搁置长度 1.1 m,外挑长度 4.2 m,每个定型槽钢卸料平台用 4 根 6×19 的钢丝绳拉接在上层楼板预理的拉环上,外侧的两根钢丝绳承受拉力,内侧的两根钢丝绳作为备用的安全钢丝绳,不考虑受力。

②钢丝绳下端穿过 12a 槽钢上的开孔用花篮螺丝紧固,上端绕过上层梁中事先预埋的拉环后用花篮螺丝拧紧。

(2)其他构造要求。

①卸料平台在楼层边缘处设置内开活动门,平时不用时可以关闭。详见卸料平台正面活动门示意图。

②卸料平台两侧设置围护栏杆,栏杆高度 1.2 m,在 0.8 m 高度增设一道护身栏杆,整个平台两侧用密目式安全网封闭,栏杆下侧设置 18 cm 高的挡脚板,用 22#铁丝固定在钢筋上,上刷黄黑相间的油漆。

③搁置在楼板上的 12a 槽钢用两道 $\phi16$ 钢筋固定在本层楼板上,槽钢和钢筋之间用木楔顶紧。

④卸料平台严禁与外架连接在一起。本工程卸料平台限重为 1 t。

3)卸料平台的搭设、验收和使用规定

(1)卸料平台的搭设。

①在搭设之前,必须对进场的杆配件进行严格的检查,禁止使用规格和质量不合格的杆配件。

②卸料平台的搭设作业,必须在统一指挥下,严格按照以下规定程序进行:

按施工设计定位预埋梁上拉环;

按施工设计放线、设置卸料平台位置;

定性卸料平台采用塔吊整体吊装;

按设计方案进行钢丝绳的拉接,紧固花篮螺丝;

设置防护栏杆,槽钢与预埋钢筋用木楔打紧。

③卸料平台在建筑物的垂直方向应错开设置,以免妨碍吊运物品。

④装设钢丝绳时,应注意掌握撑拉的松紧程度,避免引起杆件的显著变形。

⑤工人在架上进行搭设作业时,必须戴安全帽和佩挂安全带。不得单人进行装设较重杆配件和其他易发生失衡、脱手、碰撞、滑跌等的作业。

⑥在搭设中不得随意改变构架设计、减少杆配件设置和对立杆纵距放大。确有实际情况,需要对构架作调整和改变时,应提交技术主管人员解决。

(2)卸料平台的验收和检查规定。

根据现行国家标准《建筑施工安全检查标准》(JGJ 59—99)、专项方案对卸料平台进行检查、验收。

①结构符合前述的规定和设计要求,个别部位的尺寸变化应在允许的调整范围之内;

②钢丝绳连接可靠;

③槽钢的弯腰扰度不得大于 0.15 d;

④钢丝绳的直径在允许偏差范围内;

⑤卸料平台铺花纹钢板、安全防护措施应符合上述要求;

⑥卸料平台下列阶段进行检查和验收,检查合格后,方允许投入使用或持续使用:

施加荷载前后；

在遭受暴风、大雨、大雪、地震等强力因素作用之后；

在使用过程中,发现槽钢和钢丝绳有显著的变形以及安全隐患的情况时。

(3)卸料平台的使用规定。

卸料平台的使用应遵守以下规定。

①卸料平台上料时,须轻放堆载物,并应使堆载物匀置在平台上,以保证其受力均衡。

②卸料平台允许堆载为1 t,不得随意超负荷使用。

③卸料平台搭设好后,进行全封闭使用,下挂密目安全兜网一道,外侧立面满挂密目安全立网。

④卸料平台在使用过程中,要经常检查,确保安全可靠。六级及六级以上大风和雨天应停止卸料平台作业,雨后作业时,应把平台上的积水清除掉,仔细检查确认安全后,方可上人操作。

⑤施工人员应严格执行《建筑安装工人安全技术操作规程》。

⑥卸料平台使用期间,严禁拆除钢丝绳的紧固件、槽钢与预埋钢筋的木楔、周围的防护栏杆。

⑦工人在平台上作业时,应注意自我安全保护和他人的安全,避免发生碰撞、闪失和落物。严禁在平台上戏闹和坐在栏杆等不安全处休息。

⑧每班工人上平台作业时,应先行检查有无影响安全作业的问题存在,在排除和解决后方可开始作业。在作业中发现有不安全的情况和迹象时,应立即停止作业,进行检查,解决以后才能恢复正常作业。

⑨平台上作业时应注意随时清理落到平台上的材料,不得超载堆放物料,不得让物料在平台上放置停留超过2小时。

4)卸料平台的拆除

(1)卸料平台的拆除作业应按确定的拆除程序进行,按先搭的后拆,后搭的先拆的原则进行;

(2)拆除前先将平台的物料清理干净;

(3)拆除活动门→拆除围护栏杆→拆除花纹钢板→塔吊吊钩钩住槽钢→打松木楔→拆除钢丝绳上部的拉接→转运至上层相应部位安装;

(4)工人必须站在临时设置的脚手板上进行拆卸作业,并按规定使用安全防护用品;

(5)参与拆除作业的人员,须持证上岗,安全帽、安全带、防滑鞋等要穿戴齐全,严禁酒后作业;

(6)凡已松开连接的杆配件应及时拆除运走,避免误扶、误靠已松脱连接的杆件,造成事故;

(7)在拆除过程中,应作好配合、协调工作,禁止单人进行拆除较重杆件等危险性的作业。

5)环境、职业健康安全控制措施

(1)相关环境因素和危险源。

①高处坠落:

搭设及拆除和转运未系安全带;

转运材料时未关活动门；

高处作业人员身体情况不适应；

高处作业人员安全意识和能力差。

②卸料平台垮塌：

卸料平台超载；

钢丝绳磨损严重。

③噪声：

卸料平台安装和拆除的噪声；

转运材料的噪声。

（2）目标指标。

环境目标：噪声排放无环保局认定超标现象。

职业健康安全目标。

杜绝重大伤亡事故。

杜绝卸料平台使用过程中造成的工伤事故。

（3）卸料平台施工管理。

①转料平台工程责任部门及责任人如下表所示。

责任人	生产经理 外架工长	负责与外架、材料转运工程有关的环境因素，危险源的宣传、教育，施工过程中材料转运管理方案的执行，并及时了解施工现场施工过程中管理方案的实效性，收集改进意见，随时提出整改意见，以便随时修订管理方案。
协助人	技术负责 安全员	负责材料转运施工环境、职业健康安全管理方案并监督其执行，及时了解施工现场施工过程中管理方案的实效性，收集改进意见，随时修订管理办法。

②管理措施。为了使施工现场卸料平台指标达到预期的目标，努力降低噪声，控制各种危险源带来的危害，达到安全第一、预防为主的目的。在材料转运施工中，特制定本方案如下。

a. 环境因素控制办法。

针对噪声排放产生的原因，施工现场提倡宣传文明施工，尽量减少不必要的人为的大声喧哗。在施工前，由劳资员组织对全体作业人员进行入场教育，增强全体人员防噪声扰民的自觉意识。由施工班组长严格控制作业时间，早晨作业不早于6：00，午休时间尽量不施工，晚间作业不超过23：00。施工时，由班组长及工长进行监督，钢管、扳手等轻拿轻放，禁止随手乱抛乱扔，以免造成钢管相互碰撞引起噪声。拆除后运至地面的构配件，材料员督促班组人员及时进行检查、整修与保养，并按品种、规格堆码整齐，以免影响现场环境。

b. 危险源控制办法。

卸料平台在材料转运施工过程中，会有很多危险因素，针对危险源的产生原因及可能产生后果，项目技术负责人根据工程结构规模、特点编制相应的施工方案，并由其对管理人员进行技术交底，各管理人员根据交底进一步对班组作业人员详细交底并严格按照方案监督执行，项目技术负责人在工序施工的过程中还应联合项目经理（副经理）、安全监督员进行检查其执行情况，发现不符合，由安全监督员下达书面的整改意见书，限期整改。如不整改，将按项目规章制度进行相应的处罚。

高空坠落、物体打击控制办法如下。

搭设卸料平台前工长对操作人员进行安全技术交底,严格按照设计方案进行搭设,卸料平台在使用过程中,工长旁站监督,防止超载,拆除时,生产经理组织人员进行拆除安全技术交底,增强操作人员安全意识。

患有心脏病、高血压等病人不得在卸料平台上施工操作。

搭设操作时必须配戴安全帽、安全带,穿防滑鞋。

在作业面满铺花纹钢板,不留空隙和探头板,脚手板与墙面之间的距离小于 20 cm。

卸料平台外侧设置防护栏杆挂安全网,并在外立杆中部增设拦腰杆。设 180 mm 高的挡脚板。

垮塌控制办法如下。

进场的槽钢、钢丝绳、花纹钢板必须由材料人员会同安全人员共同进行检查,查验生产厂家的检验合格证,检查槽钢、钢丝绳、钢管直径、壁厚,如有严重锈蚀,压扁或裂纹的,禁止使用。

钢丝绳连接应扣牢,使用过程中班组长及操作人员要随时检查各部位连接情况。

使用过程中,对钢管、扣件、模板、木枋等材料按照长度、大小进行数量分配,在平台上设置限载标志牌。

为防止卸料平台外倾,提高平台的整体稳定性,在每个平台上均设置安全备用钢丝绳,钢管预埋在上层边梁中,钢筋预埋在楼板上,用木楔与槽钢顶紧,同时设置内排脚手架与边梁顶紧。

卸料平台搭设完毕后,必须由技术负责人组织技术、安全、工长和班组进行验收,合格后方可投入使用。

4. 卸料平台计算书

当主梁槽钢型号为 12.6 号槽钢时计算如下。

1)各项参数

(1)荷载参数。

脚手板类别:冲压钢脚手板,脚手板自重标准值 0.3 kN/m²。

栏杆、挡板类别:木脚手板,栏杆、挡板脚手板自重标准值 0.14 kN/m²。

施工人员等活荷载为 2 kN/m²,最大堆放材料荷载为 6 kN。

(2)悬挑参数。

水平梁拉接点距悬挑端距离为 0.1 m。

上部拉接点与水平梁的垂直距离为 4 m。

钢丝绳安全系数 K 为 6。

预埋件的直径为 8 mm。

(3)水平支撑梁。

主梁槽钢型号为 12.6 号槽钢,槽口水平。

次梁槽钢型号为 12.6 号槽钢,槽口水平。

(4)卸料平台参数。

水平钢梁(主梁)的悬挑长度为 4 m;水平钢梁(主梁)的锚固长度为 1 m。

平台计算宽度为 1.7 m。

2）次梁的验算

次梁选择 12.6 号槽钢，槽口水平，其截面特性如下：

面积 $A = 15.69$ cm^2；

截面惯性矩 $I = 391.466$ cm^4；

截面模量 $W = 62.137$ cm^3；

回转半径 $i = 4.953$ cm；

截面尺寸 $b = 53.0$ mm，$h = 126.0$ mm，$t = 9.0$ mm。

（1）荷载计算。自悬挑端始，第 5 个次梁的受力面积最大，受力宽度为左右间距的一半，为 $0.800/2 + 0.800/2 = 0.800$ m，取此次梁进行验算。

①脚手板的自重标准值，本例采用冲压钢脚手板，标准值为 0.3 kN/m^2：

$$q_1 = 0.3 \times 0.800 = 0.240 \text{ kN/m}$$

②施工人员等活荷载为 2 kN/m^2：

$$q_2 = 2 \times 0.800 = 1.600 \text{ kN/m}$$

③槽钢自重荷载

$$q_3 = 15.69 \times 0.0001 \times 78.5 = 0.123 \text{ kN/m}$$

经计算得到静荷载设计值：

$$q = 1.2 \times (q_1 + q_2 + q_3) = 1.2 \times (0.240 + 1.600 + 0.123) = 2.356 \text{ kN}$$

经计算得到活荷载设计值

$$P = 1.4 \times 6 = 8.400 \text{ kN}$$

（2）内力验算。

内力按照集中荷载 P 与均布荷载 q 作用下的简支梁计算，计算简图如下：

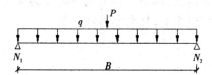

最大弯矩 M_{max} 的计算公式为

$$M_{max} = \frac{ql^2}{8} + \frac{Pl}{4} = \frac{2.356 \times 1.7^2}{8} + \frac{8.400 \times 1.7}{4} = 4.421 \text{ kN} \cdot \text{m}$$

（3）抗弯强度验算。

次梁应力：

$$\sigma = \frac{M_{max}}{\gamma_x W} = \frac{4.421 \times 10^3}{1.05 \times 62.137} = 67.761 \text{ N/mm}^2 < [f] = 205.000 \text{ N/mm}^2$$

其中　γ_x——截面塑性发展系数，取 1.05；

　　　$[f]$——钢材的抗压强度设计值。

结论：满足要求。

（4）整体稳定性计算。

①求均匀弯曲的受弯构件整体稳定系数 φ_b。

根据《钢结构设计规范》(GB 50017—2003)附录 B. 3,有

$$\varphi_b = \frac{570bt}{L_1 h} \times \frac{235}{f_y}$$

$$= \frac{570 \times 53.0 \times 9.0}{1\ 700.0 \times 126.0} \times \frac{235}{235}$$

$$= 1.269$$

式中 h、b、t——分别为槽钢截面的高度、翼缘宽度和平均厚度;

  f_y——钢材的屈服强度或屈服点。

当 $\varphi_b > 0.6$ 的时候,根据《钢结构设计规范》(GB 50017—2003)附录 B. 1 - 2 式,有

$$\varphi_b = 1.07 - \frac{0.282}{\varphi_b} = 0.848$$

最终取 $\varphi_b = 0.848$。

②整体稳定验算。

根据《钢结构设计规范》(GB 50017—2003)4. 2. 2 式,整体稳定验算应按下式计算:

$$\sigma = \frac{M}{\varphi_b W} \leqslant [f]$$

$$= \frac{4.421 \times 10^6}{0.848 \times 62.137 \times 10^3} = 83.902 < 205\ \text{N/mm}^2$$

式中 M——绕强轴作用的最大弯矩;

  W——按受压纤维确定的梁毛截面模量。

结论:满足要求。

3)主梁的验算

悬挑水平主梁按照带悬臂的连续梁计算,A 为外钢丝绳拉接点,B、C 为与楼板的锚固点。根据现场实际情况和一般做法,卸料平台的内钢绳作为安全储备不参与内力的计算。

主梁选择 12. 6 号槽钢,槽口水平,其截面特性如下:

面积 $A = 15.69\ \text{cm}^2$;

惯性矩 $I_x = 391.466\ \text{cm}^4$;

转动惯量 $W_x = 62.137\ \text{cm}^3$;

回转半径 $i_x = 4.953\ \text{cm}$;

截面尺寸,$b = 53.0\ \text{mm}$,$h = 126.0\ \text{mm}$,$t = 9.0\ \text{mm}$。

(1)荷载验算。

①栏杆与挡脚手板自重标准值:本例采用木脚手板,标准值为 0. 14 kN/m,即

  $Q_1 = 0.14\ \text{kN/m}$

②悬挑梁自重荷载 $Q_2 = 15.69 \times 0.000\ 1 \times 78.5 = 0.123\ \text{kN/m}$

静荷载设计值 $q = 1.2 \times (Q1 + Q2) = 1.2 \times (0.14 + 0.123) = 0.3156\ \text{kN/m}$

次梁传递的集中荷载取次梁支座力

  $P_1 = 1.2 \times (0.3 + 2) \times 0.400 \times 1.7/2 + 1.2 \times 0.123 \times 1.7/2 = 1.064\ \text{kN}$

  $P_2 = 1.2 \times (0.3 + 2) \times 0.800 \times 1.7/2 + 1.2 \times 0.123 \times 1.7/2 = 2.002\ \text{kN}$

  $P_3 = 1.2 \times (0.3 + 2) \times 0.800 \times 1.7/2 + 1.2 \times 0.123 \times 1.7/2 + 1.4 \times 6/2 = 6.202\ \text{kN}$

  $P_4 = 1.2 \times (0.3 + 2) \times 0.800 \times 1.7/2 + 1.2 \times 0.123 \times 1.7/2 = 2.002\ \text{kN}$

$P_5 = 1.2 \times (0.3 + 2) \times 0.800 \times 1.7/2 + 1.2 \times 0.123 \times 1.7/2 = 2.002$ kN

（2）内力验算。

水平钢梁的锚固长度 = 1 m；

水平钢梁的悬挑长度 = 4 m；

钢丝绳拉接点距悬挑端距离 $L_1 = 0.1$ m。

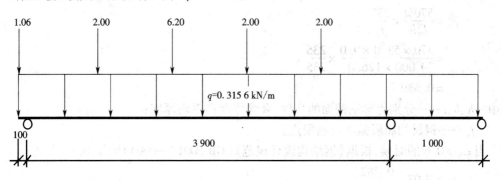

计算简图（kN）

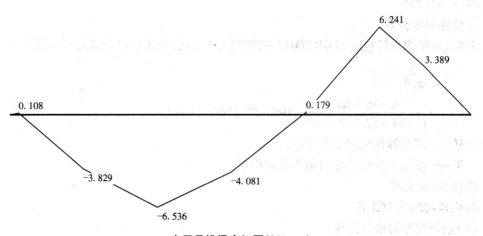

水平悬挑梁弯矩图（kN·m）

经过连续梁的计算得到如下结果。

支座反力从左到右各支座力分别为：

　　$N_1 = 6.830$ kN

　　$N_2 = 14.104$ kN

　　$N_3 = -6.084$ kN

最大弯矩 $M_{max} = 6.536$ kN·m；

最大变形 $V_{max} = 8.918$ mm，在第 1 跨。

抗弯强度计算如下：

水平悬挑梁的抗弯强度设计值 $[f]$（N/mm²）= 205 N/mm²。

水平悬挑梁的弯曲应力按下式计算：

$$\frac{M_{max}}{\gamma_x W} + \frac{N}{A} = \frac{6.536 \times 10^6}{1.05 \times 62.137 \times 10^3} + \frac{6.659 \times 10^3}{15.69 \times 10^2} = 104.422 < 205 \text{ N/mm}^2$$

其中 γ_x——截面塑性发展系数,取1.05。

结论:满足要求。

(3)整体稳定性计算。

①求均匀弯曲的受弯构件整体稳定系数 φ_b。

根据《钢结构设计规范》(GB 50017—2003)附录B.3,有

$$\varphi_b = \frac{570bt}{L_1 h} \times \frac{235}{f_y}$$
$$= \frac{570 \times 53.0 \times 9.0}{4\,000 \times 126.0} \times \frac{235}{235}$$
$$= 0.539$$

式中 h、b、t——分别为槽钢截面的高度、翼缘宽度和平均厚度;

        f_y——钢材的屈服强度或屈服点。

当 $\varphi_b > 0.6$ 的时候,根据《钢结构设计规范》(GB 50017—2003)附录 B.1 – 2 式

$$\varphi_b = 1.07 - \frac{0.282}{\varphi_b}$$

最终取 $\varphi_b = 0.539$。

②整体稳定验算。

根据《钢结构设计规范》(GB 50017—2003)4.2.2 式,整体稳定验算应按下式计算:

$$\sigma = \frac{M}{\varphi_b W} \leqslant [f]$$
$$= \frac{6.536 \times 10^6}{0.539 \times 62.137 \times 10^3} = 195.152 < 205 \text{ N/mm}^2$$

式中 M——绕强轴作用的最大弯矩;

        W——按受压纤维确定的梁毛截面模量。

结论:满足要求。

4)钢丝绳的受力计算

(1)钢丝拉绳的轴力计算:

$$\sin a = \frac{L_h}{\sqrt{L_1^2 + L_h^2}} = \frac{4}{\sqrt{3.9^2 + 4^2}} = 0.716;$$

钢丝拉绳的轴力按下式计算:

$$R_u = \frac{R_A}{\sin a} = \frac{6.830}{0.716} = 9.539 \text{ kN}。$$

(2)钢丝拉绳的容许拉力按照下式计算:

$$[F_g] = \frac{\alpha F_g}{K},$$

式中 $[F_g]$——钢丝绳的容许拉力,kN;

        F_g——钢丝绳最小破断拉力,kN;

        K——钢丝绳使用安全系数。

钢丝绳最小破断拉力:

$$F_g \geqslant [F_g] \times K = 9.539 \times 6 = 57.2 \text{ kN},$$

依据规范《一般用途钢丝绳》（GB/T 20118—2006），钢丝绳选择 6×19，公称抗拉强度 1 670 MPa，钢丝绳直径应不小于 11 mm，其破断拉力为：67.1 kN。

（3）钢丝拉绳的拉环强度计算。

钢丝拉绳的轴力 R_u 的最大值进行计算作为拉环的拉力 N，为 9.539 kN。

钢丝拉绳（斜拉杆）的拉环的强度计算公式为

$$\sigma = \frac{N}{A} = \frac{N}{\dfrac{\pi d^2}{4}} \leqslant [f],$$

其中 $[f]$ 为拉环钢筋抗拉强度，按照《混凝土结构设计规范》（GB 50010—2002）所述在物件的自重标准值作用下，每个拉环按 2 个截面计算。拉环的应力不应大于 50 N/mm²，故拉环钢筋的抗拉强度设计值$[f] = 50.0$ N/mm²；

所需要的钢丝拉绳（斜拉杆）的拉环最小直径

$$d = \sqrt{\frac{N \times 4}{2\pi[f]}} = \sqrt{\frac{9\ 539.000 \times 4}{3.141\ 5 \times 50 \times 2}} = 11 \text{ mm},$$

所需要的钢丝拉绳的拉环最小直径为 11 mm。

5）水平梁锚固段与楼板连接的计算。

（1）水平钢梁与楼板压点如果采用钢筋拉环，拉环强度计算如下。

水平钢梁与楼板压点的拉环受力 $R = 6.084$ kN；

水平钢梁与楼板压点的拉环强度计算公式为：

$$\sigma = \frac{N}{A} = \frac{N}{\dfrac{2\pi d^2}{4}} \leqslant [f]$$

其中 $[f]$ 为拉环钢筋抗拉强度，按照《混凝土结构设计规范》（GB 50010—2002）规定：吊环应采用 HPB235 级钢筋制作，严禁使用冷加工钢筋。吊环埋入混凝土的深度不小于 $30d$，并应焊接或绑扎在钢筋骨架上，在构件的自重标准值作用下，每个吊环按 2 个截面计算的吊环应力不应大于 50 N/mm²。

取$[f] = 50$ N/mm²；

所需要的水平钢梁与楼板压点的拉环最小直径

$$d = \sqrt{\frac{N \times 4}{2\pi[f]}} = \sqrt{\frac{6\ 084.000 \times 4}{2 \times 3.141\ 5 \times 50}} = 8.80 \text{ mm}$$

水平钢梁与楼板压点的拉环一定要压在楼板下层钢筋下面，并要保证两侧 30 cm 以上搭接长度。

（2）水平钢梁与楼板压点如果采用螺栓，螺栓黏结力锚固强度计算如下。

楼板螺栓在混凝土楼板内的锚固深度

$$h \geqslant \frac{N}{\pi d[f_t]}$$

其中 N——锚固力，即作用于楼板螺栓的轴向拉力，$N = 6.084$ kN；

　　　d——楼板螺栓的直径，$d = 8$ mm；

　　　$[f_t]$——楼板螺栓与混凝土的容许粘接强度，按照《混凝土结构设计规范》（GB 50010—2002）表 4.1.4，计算中取 1.27 N/mm²。

$$h \geqslant \frac{N}{\pi d[f_t]} = \frac{6\,084.000}{3.141\,5 \times 8 \times 1.27} = 190.62 \text{ mm}$$

经过计算得到楼板螺栓锚固深度 h 要大于 190.62 mm。

(3)水平钢梁与楼板压点如果采用螺栓,混凝土局部承压计算如下。

$$N \leqslant (b^2 - \frac{\pi d^2}{4})f_{cc}$$

其中　N——锚固力,即作用于楼板螺栓的轴向压力,$N = 14.104$ kN;

　　　　d——楼板螺栓的直径,$d = 8$ mm;

　　　　b——楼板内的螺栓锚板边长,$b = 5 \times d = 5 \times 8 = 40$ mm;

　　　　f_{cc}——混凝土的局部挤压强度设计值,混凝土标号为 C25,按照《混凝土结构设计规范》(GB 50010—2002)表 4.1.4,计算中取 $0.950 f_{cc} = 0.95 \times 11.9 = 11.31$ N/mm^2;

$$(b^2 - \frac{\pi d^2}{4})f_{cc} = (40^2 - \frac{3.1415 \times 8^2}{4})11.31 = 17.53 \text{ kN}$$

$N = 14.104$ kN < 17.53 kN。

结论:楼板混凝土局部承压计算满足要求。

当主梁槽钢型号为 14 号槽钢时,计算如下。

1)各项参数

(1)荷载参数。

脚手板类别:冲压钢脚手板,脚手板自重标准值为 0.3 kN/m^2;

栏杆、挡板类别:木脚手板,栏杆、挡板脚手板自重标准值为 0.14 kN/m^2;

施工人员等活荷载(kN/m^2)为 2,最大堆放材料荷载为 9 kN。

(2)悬挑参数。

水平梁拉接点距悬挑端距离为 0.1 m;

上部拉接点与水平梁的垂直距离为 4 m;

钢丝绳安全系数 K 为 6;

预埋件的直径为 8 mm。

(3)水平支撑梁。

主梁槽钢型号为 14b 号槽钢,槽口水平;

次梁槽钢型号为 14b 号槽钢,槽口水平。

(4)卸料平台参数。

水平钢梁(主梁)的悬挑长度为 4 m;水平钢梁(主梁)的锚固长度为 1 m;

平台计算宽度为 1.7 m。

2)次梁的验算

次梁选择 14b 号槽钢,槽口水平,其截面特性如下。

面积 $A = 21.31$ cm^2;

截面惯性矩 $I = 609.4$ cm^4;

截面模量 $W = 87.1$ cm^3;

回转半径 $i = 5.35$ cm；

截面尺寸：$b = 60.0$ mm，$h = 140.0$ mm，$t = 9.5$ mm。

（1）荷载计算。

自悬挑端始，第5个次梁的受力面积最大，受力宽度为左右间距的一半，即 $0.800/2 + 0.800/2 = 0.800$ m，取此次梁进行验算。

①脚手板的自重标准值：本例采用冲压钢脚手板，标准值为 0.3 kN/m²；

$$q_1 = 0.3 \times 0.800 = 0.240 \text{ kN/m}$$

②施工人员等活荷载为 2 kN/m²：

$$q_2 = 2 \times 0.800 = 1.600 \text{ kN/m}$$

③槽钢自重荷载：

$$q_3 = 21.31 \times 0.0001 \times 78.5 = 0.167 \text{ kN/m}$$

经计算得到 静荷载设计值：

$$q = 1.2 \times (q_1 + q_2 + q_3) = 1.2 \times (0.240 + 1.600 + 0.167) = 2.408 \text{ kN}$$

经计算得到 活荷载设计值 $P = 1.4 \times 9 = 12.600$ kN。

（2）内力验算。

内力按照集中荷载 P 与均布荷载 q 作用下的简支梁计算，计算简图如下：

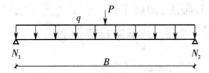

最大弯矩 $M_{\max}$ 的计算公式为

$$M_{\max} = \frac{ql^2}{8} + \frac{Pl}{4} = \frac{2.408 \times 1.7^2}{8} + \frac{12.600 \times 1.7}{4} = 6.225 \text{ kN} \cdot \text{m}$$

（3）抗弯强度验算。

次梁应力：

$$\sigma = \frac{M_{\max}}{\gamma_x W} = \frac{6.225 \times 10^3}{1.05 \times 87.1} = 68.066 \text{ N/mm}^2 < [f] = 205.000 \text{ N/mm}^2$$

其中　γ_x——截面塑性发展系数，取 1.05；

$[f]$——钢材的抗压强度设计值。

结论：满足要求。

（4）整体稳定性计算。

①求均匀弯曲的受弯构件整体稳定系数 φ_b。

根据《钢结构设计规范》（GB 50017—2003）附录 B.3，有

$$\varphi_b = \frac{570bt}{L_1 h} \times \frac{235}{f_y}$$

$$= \frac{570 \times 60.0 \times 9.5}{1\,700.0 \times 140.0} \times \frac{235}{235}$$

$$= 1.365$$

其中 h、b、t——分别为槽钢截面的高度、翼缘宽度和平均厚度;

f_y——钢材的屈服强度或屈服点。

当 $\varphi_b > 0.6$ 的时候,根据《钢结构设计规范》(GB 50017—2003)附录 B.1,有

$$\varphi_b = 1.07 - \frac{0.282}{\varphi_b} = 0.863$$

最终取 $\varphi_b = 0.863$。

②整体稳定验算。

根据《钢结构设计规范》(GB 50017—2003)4.2.2 式,整体稳定验算应按下式计算:

$$\sigma = \frac{M}{\varphi_b W} \leq [f]$$
$$= \frac{6.225 \times 10^6}{0.863 \times 87.1 \times 10^3} = 82.815 < 205 \text{ N/mm}^2$$

其中 M——绕强轴作用的最大弯矩;

W——按受压纤维确定的梁毛截面模量。

结论:满足要求。

3)主梁的验算

悬挑水平主梁按照带悬臂的连续梁计算,A 为外钢丝绳拉接点,B、C 为与楼板的锚固点。根据现场实际情况和一般做法,卸料平台的内钢绳作为安全储备不参与内力的计算。

主梁选择 14b 号槽钢,槽口水平,其截面特性如下:

面积 $A = 21.31 \text{ cm}^2$;

惯性矩 $I_x = 609.4 \text{ cm}^4$;

转动惯量 $W_x = 87.1 \text{ cm}^3$;

回转半径 $i_x = 5.35 \text{ cm}$;

截面尺寸 $b = 60.0 \text{ mm}$,$h = 140.0 \text{ mm}$,$t = 9.5 \text{ mm}$。

(1)荷载验算。

①栏杆与挡脚手板自重标准值,本例采用木脚手板,标准值为 0.14 kN/m,即

$$Q_1 = 0.14 \text{ kN/m}$$

②悬挑梁自重荷载 $Q_2 = 21.31 \times 0.0001 \times 78.5 = 0.167 \text{ kN/m}$

静荷载设计值 $q = 1.2 \times (Q1 + Q2) = 1.2 \times (0.14 + 0.167) = 0.3684 \text{ kN/m}$

次梁传递的集中荷载取次梁支座力:

$$P_1 = 1.2 \times (0.3 + 2) \times 0.400 \times 1.7/2 + 1.2 \times 0.167 \times 1.7/2 = 1.109 \text{ kN}$$
$$P_2 = 1.2 \times (0.3 + 2) \times 0.800 \times 1.7/2 + 1.2 \times 0.167 \times 1.7/2 = 2.047 \text{ kN}$$
$$P_3 = 1.2 \times (0.3 + 2) \times 0.800 \times 1.7/2 + 1.2 \times 0.167 \times 1.7/2 + 1.4 \times 9/2 = 8.347 \text{ kN}$$
$$P_4 = 1.2 \times (0.3 + 2) \times 0.800 \times 1.7/2 + 1.2 \times 0.167 \times 1.7/2 = 2.047 \text{ kN}$$
$$P_5 = 1.2 \times (0.3 + 2) \times 0.800 \times 1.7/2 + 1.2 \times 0.167 \times 1.7/2 = 2.047 \text{ kN}$$

(2)内力验算。

水平钢梁的锚固长度 =1 m;

水平钢梁的悬挑长度 =4 m;

钢丝绳拉接点距悬挑端距离 $L_1 = 0.1$ m；

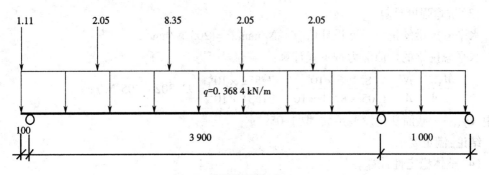

计算简图(kN)

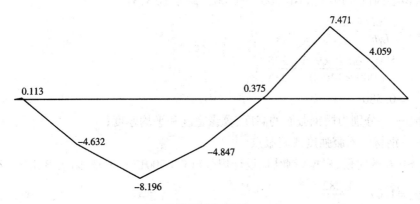

水平悬挑梁弯矩图(kN·m)

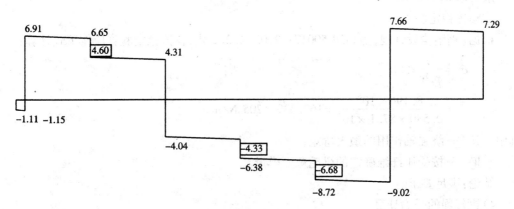

水平悬挑梁剪力图(kN)

经过连续梁的计算得到如下结果。

支座反力从左到右各支座力分别为

$N_1 = 8.053$ kN，

$N_2 = 16.673$ kN，

$N_3 = -7.287$ kN，

最大弯矩 $M_{max} = 8.196$ kN·m；

最大变形 $V_{max}=6.980$ mm，在第 1 跨。

（3）抗弯强度计算。

水平悬挑梁的抗弯强度设计值 $[f](N/mm^2)=205$ N/mm²；

水平悬挑梁的弯曲应力按下式计算：

$$\frac{M_{max}}{\gamma_x W}+\frac{N}{A}=\frac{8.196\times10^6}{1.05\times87.1\times10^3}+\frac{7.852\times10^3}{21.31\times10^2}=93.302<205\ N/mm^2，$$

其中　γ_x——截面塑性发展系数，取 1.05。

结论：满足要求。

（4）整体稳定性计算。

①求均匀弯曲的受弯构件整体稳定系数 φ_b。

根据《钢结构设计规范》（GB 50017—2003）附录 B.3，有

$$\begin{aligned}\varphi_b&=\frac{570bt}{L_1 h}\times\frac{235}{f_y}\\&=\frac{570\times60.0\times9.5}{4\ 000\times140.0}\times\frac{235}{235}\\&=0.580\end{aligned}$$

其中　h、b、t——分别为槽钢截面的高度、翼缘宽度和平均厚度；

f_y——钢材的屈服强度或屈服点。

当 $\varphi_b>0.6$ 的时候，根据《钢结构设计规范》（GB 50017—2003）附录 B.1 式，有

$$\varphi_b=1.07-\frac{0.282}{\varphi_b}$$

最终取 $\varphi_b=0.580$。

②整体稳定验算。

根据《钢结构设计规范》（GB 50017—2003）4.2.2 式，整体稳定验算应按下式计算：

$$\begin{aligned}\sigma&=\frac{M}{\varphi_b W}\leqslant[f]\\&=\frac{8.196\times10^6}{0.580\times87.1\times10^3}=162.239<205\ N/mm^2\end{aligned}$$

其中　M——绕强轴作用的最大弯矩；

W——按受压纤维确定的梁毛截面模量。

结论：满足要求。

4）钢丝绳的受力计算

（1）钢丝拉绳的轴力计算。

$$\sin a=\frac{L_h}{\sqrt{L_1^2+L_h^2}}=\frac{4}{\sqrt{3.9^2+4^2}}=0.716，$$

钢丝拉绳的轴力按下式计算：

$$R_u=\frac{R_A}{\sin a}=\frac{8.053}{0.716}=11.247\ kN。$$

（2）钢丝拉绳的容许拉力计算。

$$[F_g] = \frac{\alpha F_g}{K},$$

其中 $[F_g]$——钢丝绳的容许拉力，kN；

F_g——钢丝绳最小破断拉力，kN；

K——钢丝绳使用安全系数。

钢丝绳最小破断拉力：

$$F_g \geq [F_g] \times K = 11.247 \times 6 = 67.5 \text{ kN}。$$

依据规范《一般用途钢丝绳》（GB/T 20118—2006），钢丝绳选择 6×19，公称抗拉强度 1 670 MPa，钢丝绳直径应不小于 12 mm，其破断拉力为：79.8 kN。

（3）钢丝拉绳的拉环强度计算。

钢丝拉绳的轴力 R_u 的最大值进行计算作为拉环的拉力 N，为 11.247 kN。

钢丝拉绳（斜拉杆）的拉环的强度计算公式为

$$\sigma = \frac{N}{A} = \frac{N}{\frac{\pi d^2}{4}} \leq [f]$$

其中 $[f]$ 为拉环钢筋抗拉强度，按照《混凝土结构设计规范》（GB 50010—2002）10.9.8 条所述在物件的自重标准值作用下，每个拉环按 2 个截面计算的。拉环的应力不应大于 50 N/mm²，故拉环钢筋的抗拉强度设计值 $[f] = 50.0$ N/mm²。

所需要的钢丝拉绳（斜拉杆）的拉环最小直径

$$d = \sqrt{\frac{N \times 4}{2\pi[f]}} = \sqrt{\frac{11\ 247.000 \times 4}{3.141\ 5 \times 50 \times 2}} = 12 \text{ mm}$$

所需要的钢丝拉绳的拉环最小直径为 12 mm。

5）水平梁锚固段与楼板连接的计算

（1）水平钢梁与楼板压点如果采用钢筋拉环，拉环强度计算如下。

水平钢梁与楼板压点的拉环受力 $R = 7.287$ kN。

水平钢梁与楼板压点的拉环强度计算公式为

$$\sigma = \frac{N}{A} = \frac{N}{\frac{2\pi d^2}{4}} \leq [f]$$

其中 $[f]$ 为拉环钢筋抗拉强度，按照《混凝土结构设计规范》（GB 50010—2002）10.9.8 条规定，吊环应采用 HPB235 级钢筋制作，严禁使用冷加工钢筋。吊环埋入混凝土的深度不小于 30 d，并应焊接或绑扎在钢筋骨架上，在构件的自重标准值作用下，每个吊环按 2 个截面计算的吊环应力不应大于 50 N/mm²。

取 $[f] = 50$ N/mm²；

所需要的水平钢梁与楼板压点的拉环最小直径

$$d = \sqrt{\frac{N \times 4}{2\pi[f]}} = \sqrt{\frac{7\ 287.000 \times 4}{2 \times 3.141\ 5 \times 50}} = 9.63 \text{ mm}$$

水平钢梁与楼板压点的拉环一定要压在楼板下层钢筋下面，并要保证两侧 30 cm 以上搭接长度。

（2）水平钢梁与楼板压点如果采用螺栓，螺栓黏结力锚固强度计算如下。

楼板螺栓在混凝土楼板内的锚固深度 h 计算公式：

$$h \geqslant \frac{N}{\pi d [f_t]}$$

其中　N——锚固力，即作用于楼板螺栓的轴向拉力，$N = 7.287$ kN；

　　　　d——楼板螺栓的直径，$d = 8$ mm；

　　　　$[f_t]$——楼板螺栓与混凝土的容许粘接强度，按照《混凝土结构设计规范》（GB
　　　　　　50010—2002）表 4.1.4，计算中取 1.27 N/mm^2。

$$h \geqslant \frac{N}{\pi d [f_t]} = \frac{7\,287.000}{3.141\,5 \times 8 \times 1.27} = 228.31 \text{ mm}$$

经过计算得到楼板螺栓锚固深度 h 要大于 228.31 mm。

（3）水平钢梁与楼板压点如果采用螺栓，混凝土局部承压计算如下：

$$N \leqslant \left(b^2 - \frac{\pi d^2}{4} \right) f_{cc}$$

其中　N——锚固力，即作用于楼板螺栓的轴向压力，$N = 16.673$ kN；

　　　　d——楼板螺栓的直径，$d = 8$ mm；

　　　　b——楼板内的螺栓锚板边长，$b = 5 \times d = 5 \times 8 = 40$ mm；

　　　　f_{cc}——混凝土的局部挤压强度设计值，混凝土标号为 C25，按照《混凝土结构设计规
　　　　　　范》（GB 50010—2002）表 4.1.4，计算中取 $0.950 f_c = 0.95 \times 11.9 = 11.31$
　　　　　　N/mm^2；

$$\left(b^2 - \frac{\pi d^2}{4} \right) f_{cc} = \left(40^2 - \frac{3.141\,5 \times 8^2}{4} \right) 11.31 = 17.53 \text{ kN}$$

$$N = 16.673 \text{ kN} < 17.53 \text{ kN}$$

结论：楼板混凝土局部承压计算满足要求。

（二）悬挑脚手架施工方案

1. 编制依据

（1）工程施工图纸及现场概况；

（2）《建筑施工扣件式钢管脚手架安全技术规范》（JGJ 130—2001）；

（3）《建筑施工高处作业安全技术规范》（JGJ 80—91）；

（4）《建筑施工安全检查标准》（JGJ 59—99）；

（5）《建筑施工手册》；

（6）《建筑结构荷载规范》（GB 50009—2001）。

2. 编制原则

本工程考虑到施工工期、质量和安全要求，故在选择方案时，应充分考虑以下几点：

（1）架体的结构设计，力求做到结构要安全可靠，造价要经济合理；

（2）在规定的条件下和规定的使用期限内，能够充分满足预期的安全性和耐久性；

（3）选用材料时，力求做到常见通用、可周转利用，便于保养维修；

（4）结构选型时，力求做到受力明确，构造措施到位，升降搭拆方便，便于检查验收；

（5）综合以上几点，脚手架的搭设，还必须符合 JCJ 59—99 检查标准要求，要符合省文

明标化工地的有关标准；

（6）结合以上脚手架设计原则，同时结合本工程的实际情况，综合考虑了以往的施工经验，决定采用落地式双排扣件钢管脚手架。

3. 劳动力准备

（1）为确保工程进度的需要，同时根据本工程的结构特征和外脚手架的工程量，确定本工程外脚手架搭设人员需要 15～20 人，均有上岗作业证书。

（2）建立由项目经理、施工员、安全员、搭设技术员组成的管理机构，搭设负责人负有指挥、调配、检查的直接责任。

（3）外脚手架的搭设和拆除，均应有项目技术负责人的认可，方可进行施工作业，并必须配备足够的辅助人员和必要的工具。

4. 材料要求

（1）钢管落地脚手架，选用外径 48 mm、壁厚 3.0 mm 钢管。脚手架钢管采用现行国家标准《直缝电焊钢管》（GB/T 13793）中规定的 3 号普通钢管，其质量符合现行国家标准《碳素结构钢》（GB/T 700）中 Q235-A 级钢的规定，钢管表面应平直光滑，不应有裂纹、分层、压痕、划道和硬弯，新用的钢管要有出厂合格证。

（2）扣件式钢管脚手架采用可锻铸铁制作的扣件，其材质符合现行国家标准《钢管脚手架扣件》（GB 15831）的规定，由有扣件生产许可证的生产厂家提供，不得有裂纹、气孔、缩松、砂眼等锻造缺陷，扣件的规格应与钢管相匹配，贴合面应干整，活动部位灵活。

（3）安全网采用密目式安全网，网目应满足 2 000 目/100 cm² ，使用的安全网必须有产品生产许可证和质量合格证，以及由建筑安全监督管理部门发放的准用证。

5. 主要材料计划

如下表所示。

名称及规格	用途	单位	总需用量	备注
6 m 长管	纵向水平杆	根	5 000	租赁
6 m 长管	立杆	根	4 000	租赁
6 m 长管	剪刀撑	根	1 000	租赁
3 m 长管	调整节头位置	根	3 000	租赁
1.5 m 短管	横向水平杆	根	3 000	租赁
2.5 m 短管	连墙杆	根	800	租赁
1.5 m 短管	连墙件柱箍	根	400	租赁
2 000 mm×200 mm×50 mm 木脚手板	脚手板与基础垫板	根	80	租赁
直角扣件		个	800	租赁
旋转扣件		个	400	租赁
对接扣件		个	1 000	租赁
6 m×1.8 m 密目安全网		张	2 000	采购

材料视工程进度分阶段组织进场。

搭、拆架子所需机具主要有架子扳手、吊线,由架子工自备。

项目部应配备如下检查工具(可借用,但应符合要求):如下表所示。

名称	数量	用途
扭力扳手	1把	检查扣件拧紧力度
游标卡尺	1把	检查焊接钢管外径和壁厚、外表面锈蚀深度
塞尺	1把	检查钢管两端面切斜偏差
钢卷尺	1把	检查钢管弯曲程度和搭设中的距离或长度
水平尺	1把	检查水平杆高差
角尺	1把	检查剪刀撑与地面的倾角

6.技术准备

(1)根据现场情况、结构情况提出脚手架的选用方案;

(2)按相关规范规定进行脚手架设计,完成相关图纸;

(3)编制详细的脚手架专项施工方案;

(4)编制安全作业指导书,对操作工人进行技术交底与岗前培训、安全教育。若人员有变动,应重新交底。

7.悬挑架技术措施

1)悬挑型钢与固定

本工程采用型钢悬挑扣件式双排钢管脚手架,立杆直接支撑在型钢上。详见悬挑脚手架平面布置图。

楼层混凝土施工时预埋二道 $\phi 16$ 圆钢用以固定悬挑型钢,伸入混凝土内≥30d。如下图所示。

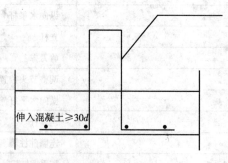

伸入混凝土≥30d

型钢悬挑架拟分 3 段搭设,方案如下。

第一段:八层顶板至十二层顶板,搭设高度 11.6 m。

第二段:十三层至十七层顶板,搭设高度 17.4 m。

第三段:十八层至二十二层顶板,搭设高度 17.4 m。

2）钢丝绳与吊环

本工程采用 15 mm 钢丝绳吊拉,钢丝绳上端固定在预埋于上层楼层的 φ20 吊环上,采用花篮螺栓对钢丝绳张紧度进行调节。做到所有钢丝绳拉紧程度基本相同,避免钢丝绳受力不均匀。钢丝绳端部均设配套绳夹每端 3 只,间距 150 mm,紧固牢固,钢丝绳自由端长度不得小于 200 mm,见下图。

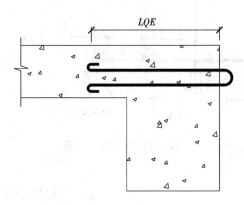

钢丝绳吊环

楼层阳角部位悬挑方法如下图所示。

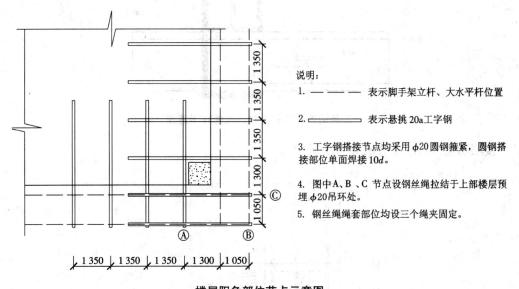

说明:
1. —— —— 表示脚手架立杆、大水平杆位置
2. ▭▭▭▭ 表示悬挑 20a 工字钢
3. 工字钢搭接节点均采用 φ20 圆钢箍紧,圆钢搭接部位单面焊接 10d。
4. 图中 A、B、C 节点设钢丝绳拉结于上部楼层预埋 φ20 吊环处。
5. 钢丝绳套部位均设三个绳夹固定。

楼层阳角部位节点示意图

在端部伸出楼层的两根工字钢上再悬挑两根工字钢,如下图所示。在图示 A、B、C 节点处,设钢丝绳拉接于上部楼层预埋吊环处。

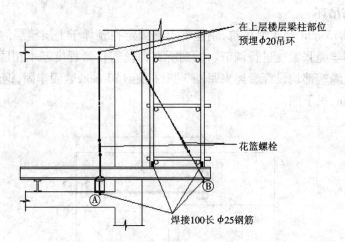

钢丝绳拉接节点示意图

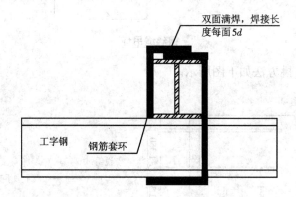

工字钢外伸部分叠放部位套环示意图

楼层阴角部位悬挑方法如下图所示。

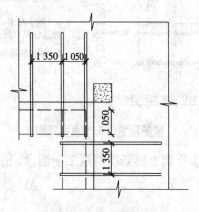

楼层阴角部位节点示意图

楼梯间部位悬挑作法如下。

悬挑梁平面布置如下图所示,其中图中 A、B、C、D 端部采用钢丝绳拉接于上部楼层。

部分立杆悬空部位采用斜撑做加强处理,如图所示。

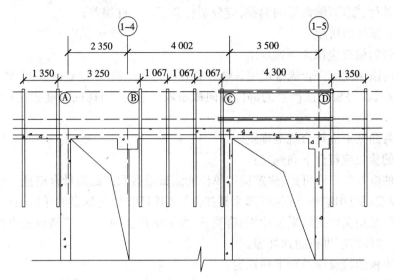

通道口部位作法如下。

±0.000 层通道口处悬挑型钢移至 5.05 m 层处,通道宽 3 m、长度不小于 6 m,顶部设双层架板和一道密目网进行防护,两侧采用密目网封闭,如下图所示。

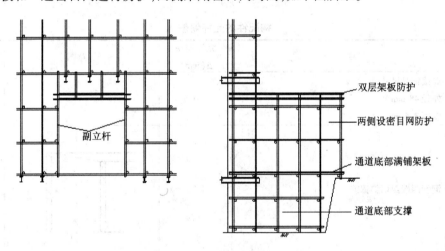

通道口部位示意图

3) 质量标准及验收

(1) 构配件检查与验收。

①新钢管的检查应符合下列规定:

a. 应有产品质量合格证;

b. 应有质量检验报告,钢管材质检验方法应符合现行国家标准《金属拉伸试验方法》(GB/T 228)的有关规定,脚手架钢管应采用现行国家标准《直缝电焊钢管》(GB/T 13793)或《低压流体输送用焊接钢管》(GB/T 3092)中规定的 3 号普通钢管,其质量应符合现行国家标准《碳素结构钢》(GB/T 700)中 Q235 - A 级钢的规定;

　　c. 钢管表面应平直光滑,不应有裂缝、结疤、分层、错位、硬弯、毛刺、压痕和深的划道;

　　d. 钢管外径、壁厚、端面等的偏差,应分别符合规范允许偏差;

　　e. 钢管必须涂防锈漆。

　　②旧钢管的检查应符合下列规定:

　　a. 表面锈蚀深度应符合规范规定。锈蚀检查应每年一次 。检查时,应在锈蚀严重的钢管中抽取三根,在每根锈蚀严重的部位横向截断取样检查,当锈蚀深度超过规定值时不得使用;

　　b. 钢管弯曲变形应符合规范规定。

　　③扣件的验收应符合下列规定:

　　a. 新扣件应有生产许可证、法定检测单位的测试报告和产品质量合格证,当对扣件质量有怀疑时,应按现行国家标准《钢管脚手架扣件》(GB 15831)的规定抽样检测;

　　b. 旧扣件使用前应进行质量检查,有裂缝、变形的严禁使用,出现滑丝的螺栓必须更换;

　　c. 新、旧扣件均应进行防锈处理。

　　④木脚手板的检查应符合下列规定:

　　木脚手板的宽度不宜小于 200 mm,厚度不应小于 50 mm;其质量应符合相关标准的规定;腐朽的脚手板不得使用。

　　⑤构配件的允许偏差表如下:

构配件的允许偏差

序号	项目	允许偏差 Δ(mm)	示意图	检查工具
1	焊接钢管尺寸 外径 48 mm 壁厚 3.5 mm	－0.5 －0.5		游标卡尺
2	钢管两端面切斜偏差	1.70		塞尺、拐角尺
3	钢管外表面锈蚀深度	≤0.50		游标卡尺

续表

序号	项目		允许偏差 Δ(mm)	示意图	检查工具
4	钢管弯曲	各种杆件钢管的端部弯曲 l ≤ 1.5 m	≤5		钢板尺
		立杆钢管弯曲 3 m < l ≤ 4 m 4 m < l ≤ 6.5 m	≤12 ≤20		
		水平杆、斜杆的钢管弯曲 l ≤ 6.5 m	≤30		
5	冲压钢脚手板 板面挠曲 l ≤ 4 m l > 4 m		≤12 ≤16		钢板尺
	板面扭曲(任一角翘起)		≤5		

8. 安全施工技术与管理措施

1)构配件安全技术管理措施

（1）钢管。

①脚手架钢管采用现行国家标准《直缝电焊钢管》(GB/T 13793)中规定的 3 号普通钢管,其质量符合现行国家标准《碳素结构钢》(GB/T 700)中 Q235 - A 级钢的规定;

②钢管有严重锈蚀、压扁或裂纹的不得使用,脚手架钢管的尺寸、表面质量和外形应符合规范规定;

③钢管上严禁打孔。

（2）扣件。

①扣件式钢管脚手架采用可锻铸铁制作的扣件,其材质要符合现行国家标准《钢管脚手架扣件》(GB 15831)的规定;

②禁止使用有脆裂、变形、滑丝等现象的扣件;

③扣件的紧固程度不应小于 40 N·m,且不应大于 65 N·m;在螺栓拧紧扭力矩达 65 N·m 时,不得发生破坏。

（3）脚手板。

木脚手板应采用杉木或松木制作,每块质量不大于 30 kg。其材质应符合现行国家标准《木结构设计规范》(GB 50005—2003)中Ⅱ级材质的规定。脚手板厚度不小于 50 mm,两端应各设直径为 4 mm 的镀锌钢丝箍两道。

（4）连墙件。

连墙件采用钢管,其材质符合现行国家标准《碳素钢结构》(GB/T 700)中 Q235 - A 级钢的要求。

2)脚手架搭设安全技术管理措施

(1)脚手架搭设与拆除人员必须是经过按现行国家标准《特种作业人员安全技术考核管理规则》(GB 5036)考核合格的专业架子工。上岗人员定期体检,合格者方可持证上岗。

(2)搭设脚手架人员必须戴安全帽,系安全带,穿防滑鞋。

(3)作业层上的施工荷载应符合设计要求,不得超载。不得将模板支架、缆风绳、泵送混凝土和砂浆的输送管等固定在脚手架上;严禁悬挂起重设备。

(4)当有六级及六级以上大风和雾、雨、雪天气时停止脚手架搭设与拆除作业。雨、雪后上架作业有防滑措施,并扫除积雪。

(5)不得在脚手架基础及其邻近处进行挖掘作业,否则应采取安全措施,并报主管部门批准。

(6)临街搭设脚手架时,外侧应有防止坠物伤人的防护措施。

(7)在脚手架上进行电、气焊作业时,必须有防火措施和专人看守。

(8)搭拆脚手架时,划出工作标志区,地面设围栏和警戒标志,并派专人看守,严禁非操作人员入内,统一指挥、上下呼应、动作协调,严禁在无人指挥下作业。

(9)脚手架的基础做到不积水、不沉陷,悬挑架楼层的混凝土必须达到设计强度的75%以上才能进行悬挑架施工。

(10)脚手架及时与结构拉接或采取临时支顶,以保证搭设过程安全。未完成的脚手架在每日收工前,一定要确保架子稳定。

(11)脚手架必须配合施工进度搭设,一次搭设的高度不得超过相邻连墙件以上两步。

(12)当作业层高出其下连墙件3 m以上,且其上尚无连墙件时应采取适当的临时抛拉措施。

(13)定期检查脚手架,发现问题和隐患,在施工作业前及时维修加固,以达到坚固稳定,确保施工安全。

3)脚手架拆除安全技术管理措施

(1)在脚手架使用期间,严禁拆除主节点处的纵、横向水平杆,纵、横向扫地杆,连墙件。

(2)拆架前,全面检查待拆脚手架,根据检查结果,拟订出作业计划,报请批准,进行技术交底后才准备工作。

(3)架体拆除前,必须察看施工现场环境,包括外脚手架、地面的设施等各类障碍物、连墙杆及被拆除架体各附件、电器装置情况,凡能提前拆除的尽量拆除掉。

(4)拆除时应划出作业区,周围设绳绑围栏或树立警示标志,地面设专人围护,禁止非作业人员进入。

(5)拆除时统一指挥、上下呼应、动作协调,当解开与另一人有关的扣件时必须先告诉对方并得到允许,以防坠落伤人。

(6)拆架时不得中途换人,如必须换人时,应将拆除情况交代清楚后方可离开。

(7)每天拆架下班时,不应留下隐患部位。

(8)连墙件应在位于其上的全部可拆杆件都拆除之后才能拆除。

(9)在拆除过程中,凡松开连接的杆、配件应及时拆除运走,避免误扶、误靠已松脱的杆件。拆除的杆、配件严禁向下抛掷,应吊至地面,同时做好配合协调工作,禁止单人进行拆除较重杆件等危险性作业。

（10）所有杆件和扣件在拆除时分离，不准在杆件上附着扣件或两杆连着送至地面。

（11）所有的脚手板，应自外向里竖立搬运，以防止脚手板和垃圾物从高处坠落伤人。

（12）拆除的零配件要装入容器内，用吊篮吊下；拆下的钢管要绑扎牢靠，双点起吊，严禁从高空抛掷。

（13）上架子作业人员上下均应走人行梯道，不准攀爬架子。

（14）脚手架验收合格后任何人不得擅自拆改，如需作局部拆改时，须经项目部技术人员同意后由架子工操作。

（15）不准利用脚手架吊运重物；作业人员不准攀登架子上下作业面；不准推车在架子上跑动；塔吊起吊物体时不能碰撞和拖动脚手架。

（16）不得将模板支撑、泵送混凝土及砂浆的输送管等固定在脚手架上，严禁任意悬挂起重设备。

（17）要保证脚手架体的整体性，不得与施工电梯架子等一并拉接，不得截断架体。

4）防雷避电措施

本工程脚手架接地、避雷措施执行《施工现场临时用电安全技术规范》（JGJ 46—2005）标准。

工程采用避雷针与大横杆连通、接地线与整栋建筑物楼层内避雷系统连成一体的措施。架顶设置 4 根避雷针，避雷针采用 $\phi12$ mm 镀锌钢筋制作，高度 1.5 m，设置在脚手架四角立杆上，并将所有最上层的大横杆全部连通，形成避雷网络。接地线采用 40 mm×4 mm 的镀锌扁钢，将立杆分别与建筑物楼层内的避雷系统连成一体。接地线的连接牢靠，与立杆连接采用 2 道螺栓卡箍连接，螺钉加弹簧垫圈以防止松动，并保证接触面积不小于 10 mm²，并将表面的油漆及氧化层清除干净，露出金属光泽并涂以中性凡士林。接地线与建筑物楼层内避雷系统的设置按脚手架的长度不超过 50 m 设置一个，位置尽量避免人员经常走动的地方，以避免跨步电压的危害，防止接地线遭机械破坏。两者的连接采用焊接，焊接长度大于 2 倍的扁钢宽度。焊完后再用接地电阻测试仪测定电阻，要求冲击电阻不大于 10 Ω，同时注意检查与其他金属物或埋地电缆之间的安全距离不小于 3 m，以避免发生击穿事故。

5）应执行的强制性条文

本外架施工和使用期间应执行的强制性条文如下，应重点检查如下方面。

（1）钢管上严禁打孔。

（2）当脚手架搭设尺寸中的步距、立杆纵距、立杆横距和连墙件间距有变化时，除计算底层立杆段外，还必须对出现最大步距或最大立杆纵距、立杆横距、连墙件间距等部位的立杆段进行验算。

（3）主节点处必须设置一根横向水平杆，用直角扣件扣接且严禁拆除。

（4）脚手架必须设置纵、横向扫地杆。纵向扫地杆应采用直角扣件固定在距底座上皮不大于 200 mm 处的立杆上。横向扫地杆亦应采用直角扣件固定在紧靠纵向扫地杆下方的立杆上。当立杆基础不在同一高度上时，必须将高处的纵向扫地杆向低处延长两跨与立杆固定，高低差不应大于 1 m。靠边坡上方的立杆轴线到边坡的距离不应小于 500 mm。

（5）立杆接长除顶层顶步外，其余各层各步接头必须采用对接扣件连接。

（6）一字形、开口形脚手架的两端必须设置连墙件。连墙件的垂直间距不应大于建筑物的层高,并不应大于 4 m(两步)。

(7)对高度 24 m 以上的双排脚手架,必须采用刚性连墙件与建筑物可靠连接。

(8)连墙件必须采用可承受拉力和压力的构造。

(9)高度在 24 m 以下的单、双排脚手架,均必须在外侧立面的两端各设置一道剪刀撑,并应由底至顶连续设置。

(10)一字形、开口形双排脚手架的两端均必须设置横向斜撑。

(11)当脚手架基础下有设备基础、管沟时,在脚手架使用过程中不应开挖,否则必须采取加固措施。

(12)脚手架必须配合施工进度搭设,一次高度不应超过相邻连墙件以上两步。

(13)严禁将外径 48 mm 与 51 mm 的钢管混合使用。

(14)剪刀撑、横向斜撑搭设应随立杆、纵向和横向水平杆等同步搭设。

(15)拆除作业必须由上而下逐层进行,严禁上下同时作业。

(16)连墙件必须随脚手架逐层拆除,严禁先将连墙件整层或数层拆除后再拆脚手架;分段拆除高差不应大于两步,如高差大于两步,应增设连墙件加固。

(17)各构配件严禁抛掷至地面。

(18)旧扣件使用前应进行质量检查,有裂缝、变形的严禁使用,出现滑丝的螺栓必须更换。

(19)脚手架搭设人员必须是经过按现行国家标准《特种作业人员安全技术考核管理规则》(GB 5036)考核合格的专业架子工。上岗人员应定期体检,合格者方可持证上岗。

(20)作业层上的施工荷载应符合设计要求,不得超载。不得将模板支架、缆风绳、泵送混凝土和砂浆的输送管等固定在脚手架上,严禁悬挂起重设备。

(21)在脚手架使用期间,严禁拆除下列杆件:

①主节点处的纵、横向水平杆,纵、横向扫地杆;

②连墙件。

6)文明施工措施

(1)进入施工现场的人员要爱护场内的各种设施和标志牌。

(2)严禁酗酒人员上架作业,施工操作时要求精力集中、禁止开玩笑和打闹。

(3)脚手架堆放场做到整洁、摆放合理、专人保管,并建立严格领料手续。

(4)施工人员做到活完料净脚下清,确保脚手架施工材料不浪费。

(5)运至地面的材料应按指定地点随拆随运,分类堆放,当天拆当天清,拆下的扣件和钢丝要集中回收处理,应及时整理、检查,按品种、分规格堆放整齐,妥善保管。

(6)搭设架子前应进行保养、除锈并统一涂色,颜色力求环境美观。脚手架立杆、防护栏杆、踢脚杆统一漆黄色,剪力撑统一漆橘红色。底排立杆、扫地杆均漆红白相间色。

7)环保措施

(1)在架体底部铺设一层密目网防止灰尘及小垃圾从架体上向下飘落。

(2)及时清理架体上和安全网内的垃圾。

(3)搭设架体的钢管、扣件、连墙件等材料统一刷油漆。

(4)挡脚板按要求制作好后,统一刷油漆。

(5)封闭架体的安全网,选用统一颜色,统一尺寸的密目安全网。

（6）安全网重复进行使用前，必须进行清洗。

（7）在架体上设计并张贴安全宣传标语。

附图：脚手架立面图、剖面图（见下图）。

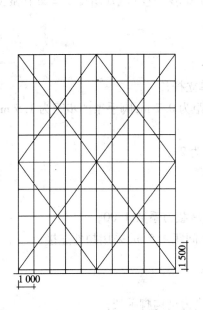

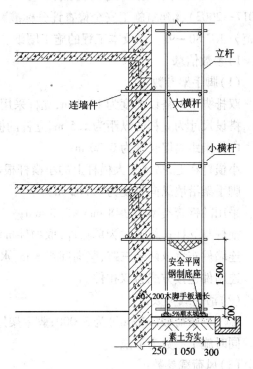

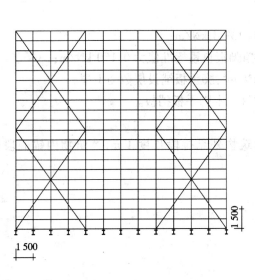

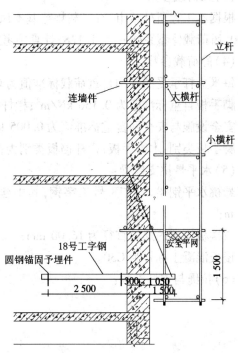

9.悬挑脚手架计算书

型钢悬挑扣件式钢管脚手架的计算依据《建筑施工扣件式钢管脚手架安全技术规范》（JGJ 130—2001）、《建筑结构荷载规范》（GB 50009—2001）、《钢结构设计规范》（GB 50017—2003）、《建筑施工安全检查评分标准》（JGJ 59—99）、《建筑施工高处作业安全技术规范》（JGJ 80—91）以及本工程的施工图纸。

1）参数信息

（1）脚手架参数：

双排脚手架搭设高度为 17.4 m,立杆采用单立杆；

搭设尺寸为立杆的纵距为 1.5 m,立杆的横距为 0.7 m,脚手架的步距为 1.5 m；

内排架距离墙长度为 0.20 m；

小横杆在上,搭接在大横杆上的小横杆根数为 2 根；

脚手架沿墙纵向长度为 62.00 m；

采用的钢管类型为 $\phi 48$ mm × 3.0 mm；

横杆与立杆连接方式为单扣件；取扣件抗滑承载力系数 1.00；

连墙件布置取两步三跨,竖向间距 3 m,水平间距 4.5 m,采用扣件连接；

连墙件连接方式为双扣件。

（2）活荷载参数：

施工均布荷载（kN/m²）为 3.000；脚手架用途为结构脚手架；

同时施工层数为 1 层。

（3）风荷载参数：

根据本工程所处城市,查荷载规范基本风压为 0.400 kN/m²,风荷载高度变化系数 μ_z 为 1.000,风荷载体型系数 μ_s 为 1.128；计算中考虑风荷载作用。

（4）静荷载参数：

每米立杆承受的结构自重荷载标准值为 0.139 4 kN/m；

脚手板自重标准值为 0.150 kN/m²；栏杆挡脚板自重标准值为 0.150 kN/m；

安全设施与安全网自重标准值为 0.005 kN/m²；脚手板铺设层数为 1 层；

脚手板类别：木脚手板；栏杆挡板类别为栏杆、木脚手板挡板。

（5）水平悬挑支撑梁：

悬挑水平钢梁采用 18 号工字钢,其中建筑物外悬挑段长度 1 m,建筑物内锚固段长度 2 m；

与楼板连接的螺栓直径为 16.00 mm；

楼板混凝土标号为 C30。

（6）拉绳与支杆参数：

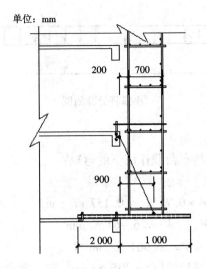

悬挑脚手架侧面图

钢丝绳安全系数为 6.000;

钢丝绳与梁夹角为 60 度;

悬挑水平钢梁采用钢丝绳与建筑物拉接,最里面钢丝绳距离建筑物 0.9 m。

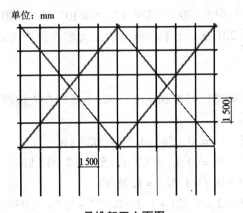

悬挑架正立面图

2)小横杆的计算

小横杆按照简支梁进行强度和挠度计算,小横杆在大横杆的上面。

按照小横杆上面的脚手板和活荷载作为均布荷载计算小横杆的最大弯矩和变形。

(1)均布荷载值计算。

小横杆的自重标准值　$P_1 = 0.038$ kN/m

脚手板的荷载标准值　$P_2 = 0.15 \times 1.5/3 = 0.075$ kN/m

活荷载标准值　$Q = 3 \times 1.5/3 = 1.5$ kN/m

荷载的计算值　$q = 1.2 \times 0.038 + 1.2 \times 0.075 + 1.4 \times 1.5 = 2.236$ kN/m

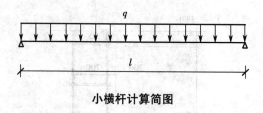

小横杆计算简图

(2)强度计算。

最大弯矩考虑为简支梁均布荷载作用下的弯矩：

$$M_{q\max} = ql^2/8$$

最大弯矩　$M_{q\max} = 2.236 \times 0.7^2/8 = 0.137 \ \text{kN} \cdot \text{m}$

最大应力计算值　$\sigma = M_{q\max}/W = 26.961 \ \text{N/mm}^2$

小横杆的最大弯曲应力　$\sigma = 26.961 \ \text{N/mm}^2$

小于小横杆的抗压强度设计值$[f] = 205 \ \text{N/mm}^2$，满足要求。

(3)挠度计算。

最大挠度考虑为简支梁均布荷载作用下的挠度。

荷载标准值　$q = 0.038 + 0.075 + 1.5 = 1.613 \ \text{kN/m}$

$$\nu_{q\max} = \frac{5ql^4}{384EI}$$

最大挠度　$\nu = 5.0 \times 1.613 \times 700^4/(384 \times 2.06 \times 10^5 \times 121\,900) = 0.201 \ \text{mm}$

小横杆的最大挠度 0.201 mm 小于小横杆的最大容许挠度 700/150 = 4.667 与 10 mm，满足要求。

3)大横杆的计算

大横杆按照三跨连续梁进行强度和挠度计算，小横杆在大横杆的上面。

(1)荷载值计算：

小横杆的自重标准值　$P_1 = 0.038 \times 0.7 = 0.027 \ \text{kN}$。

脚手板的荷载标准值　$P_2 = 0.15 \times 0.7 \times 1.5/3 = 0.052 \ \text{kN}$

活荷载标准值　$Q = 3 \times 0.7 \times 1.5/3 = 1.05 \ \text{kN}$

荷载的设计值　$P = (1.2 \times 0.027 + 1.2 \times 0.052 + 1.4 \times 1.05)/2 = 0.783 \ \text{kN}$

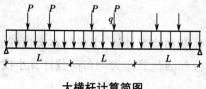

大横杆计算简图

(2)强度验算：

最大弯矩考虑为大横杆自重均布荷载与小横杆传递荷载的设计值最不利分配的弯矩和：

$$M_{\max} = 0.08ql^2$$

均布荷载最大弯矩计算　$M_{1\max} = 0.08 \times 0.038 \times 1.5 \times 1.5 = 0.007 \ \text{kN} \cdot \text{m}$

集中荷载最大弯矩

$M_{pmax} = 0.267Pl$

集中荷载最大弯矩

$M_{2max} = 0.267 \times 0.783 \times 1.5 = 0.313 \text{ kN} \cdot \text{m}$

$M = M_{1max} + M_{2max} = 0.007 + 0.313 = 0.32 \text{ kN} \cdot \text{m}$

最大应力计算值　$\sigma = 0.32 \times 10^6 / 5\,080 = 63.062 \text{ N/mm}^2$

大横杆的最大应力计算值 $\sigma = 63.062 \text{ N/mm}^2$ 小于大横杆的抗压强度设计值 $[f] = 205$ N/mm^2，满足要求。

（3）挠度验算：

最大挠度考虑为大横杆自重均布荷载与小横杆传递荷载的设计值最不利分配的挠度和，单位：mm。

均布荷载最大挠度

$$\nu_{max} = 0.677 \frac{ql^4}{100EI}$$

大横杆自重均布荷载引起的最大挠度

$\nu_{max} = 0.677 \times 0.038 \times 1\,500^4 / (100 \times 2.06 \times 10^5 \times 121\,900) = 0.052 \text{ mm}$

集中荷载最大挠度

$$\nu_{pmax} = 1.883 \times \frac{Pl^3}{100EI}$$

集中荷载标准值最不利分配引起的最大挠度：

小横杆传递荷载

$P = (0.027 + 0.052 + 1.05)/2 = 0.565 \text{ kN}$

$\nu = 1.883 \times 0.565 \times 1\,500^3 / (100 \times 2.06 \times 10^5 \times 121\,900) = 1.429 \text{ mm}$

最大挠度和

$\nu = \nu_{max} + \nu_{pmax} = 0.052 + 1.429 = 1.482 \text{ mm}$

大横杆的最大挠度为 1.482 mm，小于大横杆的最大容许挠度 10 mm，满足要求。

4）扣件抗滑力的计算

直角、旋转单扣件承载力取值为 8.00 kN，按照扣件抗滑承载力系数 1.00，该工程实际的旋转单扣件承载力取值为 8.00 kN。

纵向或横向水平杆与立杆连接时，扣件的抗滑承载力按照下式计算：

$$R \leqslant R_c$$

其中　R_c——扣件抗滑承载力设计值，取 8.00 kN；

　　　R——纵向或横向水平杆传给立杆的竖向作用力设计值。

小横杆的自重标准值　$P_1 = 0.038 \times 0.7 \times 2/2 = 0.027 \text{ kN}$。

大横杆的自重标准值　$P_2 = 0.038 \times 1.5 = 0.058 \text{ kN}$

脚手板的自重标准值　$P_3 = 0.15 \times 0.7 \times 1.5/2 = 0.079 \text{ kN}$

活荷载标准值　$Q = 3 \times 0.7 \times 1.5 /2 = 1.575 \text{ kN}$

荷载的设计值　$R = 1.2 \times (0.027 + 0.058 + 0.079) + 1.4 \times 1.575 = 2.401 \text{ kN}$

$R < 8.00 \text{ kN}$，单扣件抗滑承载力的设计计算满足要求。

5）脚手架立杆荷载的计算

作用于脚手架的荷载包括静荷载、活荷载和风荷载。静荷载标准值包括以下内容：

①每米立杆承受的结构自重标准值为 0.139 4 kN/m，

$$N_{G1} = [0.1394 + (0.70 \times 2/2) \times 0.038/1.50] \times 17.40 = 2.737 \text{ kN}$$

②脚手板的自重标准值；采用木脚手板，标准值为 0.15 kN/m²，

$$N_{G2} = 0.15 \times 11 \times 1.5 \times (0.7 + 0.2)/2 = 1.114 \text{ kN}$$

③栏杆与挡脚手板自重标准值，采用栏杆、木脚手板挡板，标准值为 0.15 kN/m，

$$N_{G3} = 0.15 \times 11 \times 1.5/2 = 1.237 \text{ kN}$$

④吊挂的安全设施荷载，包括安全网；0.005 kN/m²，

$$N_{G4} = 0.005 \times 1.5 \times 17.4 = 0.13 \text{ kN}$$

经计算得到，静荷载标准值

$$N_G = N_{G1} + N_{G2} + N_{G3} + N_{G4} = 5.219 \text{ kN}$$

活荷载为施工荷载标准值产生的轴向力总和，立杆按一纵距内施工荷载总和的 1/2 取值。

经计算得到，活荷载标准值

$$N_Q = 3 \times 0.7 \times 1.5 \times 1/2 = 1.575 \text{ kN}$$

风荷载标准值按照以下公式计算

$$W_k = 0.7 U_z \cdot U_s \cdot W_0$$

其中 W_0——基本风压 2 kN/m²，按照《建筑结构荷载规范》（GB 50009—2001）的规定采用 $W_0 = 0.4 \text{ kN/m}^2$；

U_z——风荷载高度变化系数，按照《建筑结构荷载规范》（GB 50009—2001）的规定采用，$U_z = 1$；

U_s——风荷载体型系数：取值为 1.128。

经计算得到，风荷载标准值

$$W_k = 0.7 \times 0.4 \times 1 \times 1.128 = 0.316 \text{ kN/m}^2$$

不考虑风荷载时，立杆的轴向压力设计值计算公式

$$N = 1.2 N_G + 1.4 N_Q = 1.2 \times 5.219 + 1.4 \times 1.575 = 8.468 \text{ kN}$$

考虑风荷载时，立杆的轴向压力设计值为

$$N = 1.2 N_G + 0.85 \times 1.4 N_Q = 1.2 \times 5.219 + 0.85 \times 1.4 \times 1.575 = 8.137 \text{ kN}$$

风荷载设计值产生的立杆段弯矩 M_w 为

$$M_w = 0.85 \times 1.4 W_k L_a h^2/10 = 0.850 \times 1.4 \times 0.316 \times 1.5 \times 1.5^2/10 = 0.127 \text{ kN} \cdot \text{m}$$

6）立杆的稳定性计算

不考虑风荷载时，立杆的稳定性计算公式为

$$\sigma = \frac{N}{\phi A} \leqslant [f]$$

立杆的轴向压力设计值：$N = 8.468 \text{ kN}$；

计算立杆的截面回转半径 ：$i = 1.58 \text{ cm}$；

计算长度附加系数参照《扣件式规范》表 5.3.3 得 : $k = 1.155$;当验算杆件长细比时,取 1.0;

计算长度系数参照《扣件式规范》表 5.3.3 得 $\mu = 1.5$;

计算长度 ,由公式 $l_0 = k \times \mu \times h$ 确定,$l_0 = 2.599$ m;

长细比为 $L_0/i = 164$;

轴心受压立杆的稳定系数 φ,由长细比 l_0/i 的计算结果查表得到 $\varphi = 0.262$;

立杆净截面面积 $A = 4.89$ cm^2 ;

立杆净截面模量(抵抗矩) $W = 5.08$ cm^3 ;

钢管立杆抗压强度设计值 $[f] = 205$ N/mm^2 ;

$$\sigma = 8\,468/(0.262 \times 489) = 66.095 \text{ N/mm}^2$$

立杆稳定性计算 $\sigma = 66.095$ N/mm^2 小于立杆的抗压强度设计值 $[f] = 205$ N/mm^2,满足要求。

考虑风荷载时,立杆的稳定性计算公式

$$\sigma = \frac{N}{\phi A} + \frac{M_N}{W} \leqslant [f]$$

立杆的轴心压力设计值 $N = 8.137$ kN;

计算立杆的截面回转半径 $i = 1.58$ cm;

计算长度附加系数参照《扣件式规范》表 5.3.3 得 $k = 1.155$;

计算长度系数参照《扣件式规范》表 5.3.3 得 $\mu = 1.5$;

计算长度 ,由公式 $l_0 = kuh$ 确定 $l_0 = 2.599$ m;

长细比 $L_0/i = 164$;

轴心受压立杆的稳定系数 φ,由长细比 l_0/i 的结果查表得到 $\varphi = 0.262$;

立杆净截面面积 $A = 4.89$ cm^2 ;

立杆净截面模量(抵抗矩) $W = 5.08$ cm^3 ;

钢管立杆抗压强度设计值 $[f] = 205$ N/mm^2 ;

$$\sigma = 8\,137.192/(0.262 \times 489) + 126\,849.24/5\,080 = 88.484 \text{ N/mm}^2$$

立杆稳定性计算 $\sigma = 88.484$ N/mm^2 小于立杆的抗压强度设计值 $[f] = 205$ N/mm^2,满足要求。

7)连墙件的计算

连墙件的轴向力设计值应按照下式计算:

$$N_1 = N_{lw} + N_0$$

风荷载标准值 $W_k = 0.316$ kN/m^2 ;

每个连墙件的覆盖面积内脚手架外侧的迎风面积 $A_w = 13.5$ m^2 ;

按《连墙件规范》连墙件约束脚手架平面外变形所产生的轴向力,kN,

$$N_0 = 5.000 \text{ kN};$$

风荷载产生的连墙件轴向力设计值(kN),按照下式计算:

$$N_{lw} = 1.4 \times W_k \times A_w = 5.969 \text{ kN}$$

连墙件的轴向力设计值 $N_1 = N_{1w} + N_0 = 10.969$ kN。

连墙件承载力设计值按下式计算：

$$N_f = \varphi \cdot A \cdot [f]$$

其中　φ——轴心受压立杆的稳定系数；

由长细比 $l/i = 200/15.8$ 的结果查表得到 $\varphi = 0.966$，l 为内排架距离墙的长度；

又 $A = 4.89$ cm^2；$[f] = 205$ N/mm^2；连墙件轴向承载力设计值为

$$N_f = 0.966 \times 4.89 \times 10^{-4} \times 205 \times 10^3 = 96.837 \text{ kN}$$

$N_1 = 10.969 < N_f = 96.837$，连墙件的设计计算满足要求。

连墙件采用双扣件与墙体连接。

由以上计算得到 $N_1 = 10.969$ 小于双扣件的抗滑力 16 kN，满足要求。

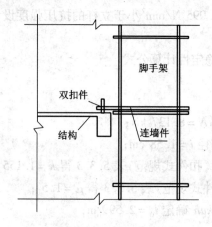

连墙件扣件连接示意图

8）悬挑梁的受力计算

悬挑脚手架的水平钢梁按照带悬臂的连续梁计算。

悬臂部分受脚手架荷载 N 的作用，里端 B 为与楼板的锚固点，A 为墙支点（如下图）。

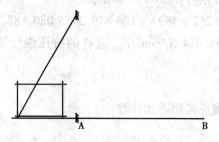

悬挑脚手架示意图

本方案中，脚手架排距为 700 mm，内排脚手架距离墙体 200 mm，支拉斜杆的支点距离墙体为 900 mm，水平支撑梁的截面惯性矩 $I = 1\,660$ cm^4，截面抵抗矩 $W = 185$ cm^3，截面积 $A = 30.6$ cm^2。

受脚手架集中荷载 $N = 1.2 \times 5.219 + 1.4 \times 1.575 = 8.468$ kN

水平钢梁自重荷载 $q = 1.2 \times 30.6 \times 0.000\,1 \times 78.5 = 0.288$ kN/m。

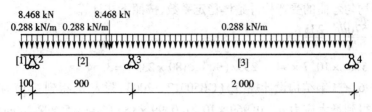

悬挑脚手架计算简图

经过连续梁的计算得到

悬挑脚手架支撑梁剪力图(kN)

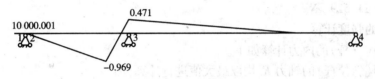

悬挑脚手架支撑梁弯矩图(kN·m)

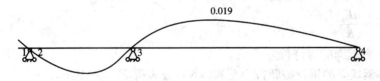

悬挑脚手架支撑梁变形图(mm)

各支座对支撑梁的支撑反力由左至右分别为

$R[1] = 9.984 \text{ kN}$

$R[2] = 7.764 \text{ kN}$

$R[3] = 0.052 \text{ kN}$

最大弯矩 $M_{max} = 0.969 \text{ kN·m}$

最大应力 $\sigma = M/1.05W + N/A = 0.969 \times 10^6/(1.05 \times 185\ 000) + 8.468 \times 10^3/3\ 060$

$= 7.758 \text{ N/mm}^2$

水平支撑梁的最大应力计算值为 7.758 N/mm²,小于水平支撑梁的抗压强度设计值 215 N/mm²,满足要求。

9)悬挑梁的整体稳定性计算

水平钢梁采用 18 号工字钢,计算公式如下:

$$\sigma = \frac{M}{\phi_b W_x} \leq [f]$$

其中　φ_b——均匀弯曲的受弯构件整体稳定系数,按照下式计算

$$\varphi_b = \frac{570tb}{lh} \cdot \frac{235}{f_y}$$

$$= 570 \times 10.7 \times 94 \times 235/(900 \times 180 \times 235) = 3.54$$

由于 φ_b 大于 0.6,查《钢结构设计规范》(GB50017—2003)附表 B,得到 φ_b 值为 0.99。

经过计算得到最大应力 $\sigma = 0.969 \times 10^6/(0.99 \times 185\,000) = 5.292\ \text{N/mm}^2$。

水平钢梁的稳定性计算 $\sigma = 5.292$,小于 $[f] = 215\ \text{N/mm}^2$,满足要求。

10)拉绳的受力计算

水平钢梁的轴力 R_{AH} 和拉钢绳的轴力 R_{Ui} 按照下式计算:

$$R_{AH} = \sum_{i=1}^{n} R_{Ui} \cos \theta_i,$$

其中　$R_{Ui} \cos \theta_i$ 为钢绳的 拉力对水平杆产生的轴压力。

各支点的支撑力 $R_{Ci} = R_{Ui} \sin \theta_i$。

按照以上公式计算得到由左至右各钢绳拉力分别为

$$R_{ui} = 11.529\ \text{kN}。$$

11)拉绳的强度计算

钢丝拉绳(支杆)的内力计算如下。

钢丝拉绳(斜拉杆)的轴力 R_u 均取最大值进行计算,为

$$R_u = 11.529\ \text{kN}$$

选择 6×19 钢丝绳,钢丝绳公称抗拉强度 1 700 MPa,直径 12.5 mm。

$$[F_g] = \frac{aF_g}{K}$$

其中　$[F_g]$—钢丝绳的容许拉力,kN;

F_g——钢丝绳的钢丝破断拉力总和(kN),查表得 $F_g = 97.3\ \text{kN}$;

α——钢丝绳之间的荷载不均匀系数,对 6×19、6×37、6×61 钢丝绳分别取 0.85、
0.82 和 0.8,$\alpha = 0.85$;

K——钢丝绳使用安全系数,$K = 6$。

得到 $[F_g] = 13.784\ \text{kN} > R_u = 11.529\ \text{kN}$。

经计算,选此型号钢丝绳能够满足要求。

钢丝拉绳(斜拉杆)的拉环强度计算如下。

钢丝拉绳(斜拉杆)的轴力 R_u 的最大值进行计算作为拉环的拉力 N,为

$$N = R_u = 11.529\ \text{kN}$$

钢丝拉绳(斜拉杆)的拉环的强度计算公式为

$$\sigma = \frac{N}{A} \leqslant [f]$$

其中　$[f]$ 为拉环受力的单肢抗剪强度,取 $[f] = 50\ \text{N/mm}^2$。

所需要的钢丝拉绳(斜拉杆)的拉环最小直径 $D = [(11\,529 \times 4)/(3.142 \times 50)]^{1/2} = 18\ \text{mm}$。

12)锚固段与楼板连接的计算

(1)水平钢梁与楼板压点如果采用钢筋拉环,拉环强度计算如下:

水平钢梁与楼板压点的拉环受力 $R = 0.052$ kN；

水平钢梁与楼板压点的拉环强度计算公式为

$$\sigma = \frac{N}{A} \leqslant [f]$$

其中　$[f]$ 为拉环钢筋抗拉强度，按照《混凝土结构设计规范》10.9.8 条 $[f] = 50$ N/mm²；

所需要的水平钢梁与楼板压点的拉环最小直径

$D = [52.343 \times 4/(3.142 \times 50 \times 2)]^{1/2} = 0.816$ mm

水平钢梁与楼板压点的拉环一定要压在楼板下层钢筋下面，并要保证两侧 30 cm 以上锚固长度。

（2）水平钢梁与楼板压点采用螺栓，螺栓黏结力锚固强度计算如下。

锚固深度计算公式：

$$h \geqslant \frac{N}{\pi d [f_b]}$$

其中　N——锚固力，即作用于楼板螺栓的轴向拉力，$N = 0.052$ kN；

d——楼板螺栓的直径，$d = 16$ mm；

$[f_b]$——楼板螺栓与混凝土的容许黏接强度，计算中取 1.43 N/mm²；

$[f]$——钢材强度设计值，取 215 N/mm²；

h——楼板螺栓在混凝土楼板内的锚固深度，经过计算得到 h 要大于

52.343/(3.142 × 16 × 1.43) = 0.728 mm

螺栓所能承受的最大拉力　$F = 1/4 \times 3.14 \times 16^2 \times 215 \times 10^{-3} = 43.21$ kN

螺栓的轴向拉力 $N = 0.052$ kN 小于螺栓所能承受的最大拉力 $F = 43.206$ kN，满足要求。

（3）水平钢梁与楼板压点采用螺栓，混凝土局部承压计算如下。

混凝土局部承压的螺栓拉力要满足公式：

$$N \leqslant \left(b^2 - \frac{\pi d^2}{4} \right) f_{cc}$$

其中　N——锚固力，即作用于楼板螺栓的轴向压力，$N = 7.764$ kN；

d——楼板螺栓的直径，$d = 16$ mm；

b——楼板内的螺栓锚板边长，$b = 5 \times d = 80$ mm；

f_{cc}——混凝土的局部挤压强度设计值，计算中取 $0.95 f_c = 14.3$ N/mm²。

经过计算得到公式右边等于 88.64 kN，大于锚固力 $N = 7.76$ kN，楼板混凝土局部承压计算满足要求。

（三）塔式起重机拆卸方案

为保证塔式起重机拆卸工作的安全顺利进行，特制定本塔式起重机拆卸方案。

塔机的拆卸方法与安装相同，只是工作程序与安装相反，即后装的先拆、先装的后拆。由于拆卸时建筑物已建好，工作场地不如安装时宽敞，在拆卸工程中应注意工作程序，吊装堆放位置不可马虎大意，否则容易发生人身安全事故。

1. 拆卸前的准备工作

（1）了解施工现场的布局，清理障碍物。

(2)准备好吊装机械、索具、绳扣等常用工具(吊装机械的起重量 8 000 kg、起升高度 20 m)。

(3)安全防护用具:拆卸人员每人一根安全带、一双防滑鞋;现场人员每人一顶安全帽。

2.人员组织

工程技术人员:××

质安员:××

设备管理员:××

拆卸负责人:××

电工:××

信号工:××

起重工:××

3.塔身标准节的拆卸(与安装标准节的程序相反)

(1)检查液压系统;

(2)检查套架上 16 个滚轮与塔身主肢的间隙,一般为 2~4 mm;

(3)调整变幅小车的平衡位置;

(4)开动液压系统,伸出活塞杆,将油缸横梁两端的耳轴放入上数第二节标准节下部的耳板槽内;

(5)检查套架和塔身之间有无障碍,在各部无误时,拆去塔身与下转台之间的 8 个连接螺栓;

(6)稍顶一下套架,伸出支承轴,担在上数第二节标准节上部的耳板上面;

(7)拆去上数第一、二两个标准节的连接螺栓;

(8)将四个引进滚轮的卡轴插入标准节的联接套内并旋转 90 度,使引进滚轮下部的卡板卡在标准节下部的横腹杆下;

(9)适当地顶升套架,使四个滚轮落在引进梁上,用人工将标准节推出;

(10)退回支撑轴,收回活塞杆,使套架下降一个踏步,伸出支撑轴担在上数第二个标准节下部的耳板上面;

(11)伸出活塞杆,将油缸横梁两端的耳轴放入上数第三节标准节上部的耳板槽内;

(12)稍顶一下套架,退回支撑轴,收回活塞杆,使套架下落一个标准节的高度;

(13)开动变幅小车,吊起标准节放至地面,必须注意在吊标准节之前,塔身每根主肢和下转台之间至少应上好一个高强螺栓,且变幅小车只能在 10 m 幅度以内运行;

(14)重复步骤 4~13 将标准节一一拆下。

4.拆除附着架

(1)当拆卸标准节直至套架接近最上一道附着架时,按与安装附着架顺序相反的程序用吊索分别拴住短长杆和两个半框架,逐渐拆下销轴和螺栓,并放至地面。

(2)拆除附着架用气焊切割长杆联接板时,需注意以下几点:

①焊工必须持证上岗,无特种作业人员安全操作证的人员,不准进行焊、割作业;

②未经办理动火审批手续,不准进行焊、割;

③焊工不了解焊、割现场周围情况,不得进行焊、割;

④焊工不了解焊件内部是否安全时,不得进行焊、割;

⑤用可燃材料作保温层的部位,或火星能飞溅到的地方,在未采取切实可靠的安全措施之前,不准焊、割;

⑥焊、割部位附近有易燃易爆物品,在未作清理或未采取有效的安全措施之前,不准焊、割;

⑦附近有与明火作业相抵触的工种在作业时,不准焊、割。

5. 拆除所有塔机部件

(1)将塔身拆到只剩三节标准节的高度;

(2)用安装设备吊下五块配重,剩一块配重用以平衡起重臂;

(3)放下吊钩,拆下起重绳的固定端,收回钢丝绳至起升机构卷筒;

(4)重新穿绕起升钢丝绳,从塔帽顶端滑轮组至拉杆前端的滑轮组,组成三倍的滑轮组;

(5)将变幅小车和起重量限制器用钢丝捆扎固定好;

(6)找好起重臂的吊装重心,拴好起吊钢丝绳,将起重臂吊起约上翘2度;

(7)开动起升机构,收紧钢丝绳,拆下前后拉杆与塔帽的连接销轴,放平起重臂,放松起升钢丝绳,将拉杆放至在起重臂上弦杆的耳叉上,并用钢丝捆扎固定好;

(8)拆下起重臂与旋转塔身的连接销轴,将起重臂水平吊至地面;

(9)拆下最后一块配重;

(10)找好平衡臂的吊装重心,拴好钢丝绳,将平衡臂吊起约上翘20度;

(11)拆下平衡臂拉杆前节的连接销轴,再将平衡臂放至水平;

(12)拆下平衡臂与旋转塔身的连接销轴,将平衡臂水平吊至地面;

(13)按与安装顺序相反的程序拆下塔帽、旋转塔身、司机室、上下转台、套架、三节塔身、压重、底架。

6. 塔机拆卸及安全注意事项

(1)现场施工技术负责人应对塔吊作全面检查,对拆除区域安全防护作全面检查,组织所有拆装人员学习拆装方案;

(2)拆装人员必须对塔机各部机械构件、电路及拆装所用的各种设备工具作全面检查方可进行塔吊拆除;

(3)参与拆除作业的人员必须持证上岗,进入现场必须遵守施工现场各项安全规章制度;

(4)进入现场戴好安全帽,在2 m以上的高空作业必须正确使用经试检合格的安全带;一律穿防滑鞋和工作服上岗;

(5)严禁无防护上下立体交叉作业,严禁酒后上岗;

(6)高空作业工具必须放入工具包内,不得随意乱放或任意抛掷;

(7)起重臂下禁止站人;

(8)所有工作人员不得擅自按动按钮或拨动开关等;

(9)拆除作业区域和四周布置的二道警戒线,安全防护左右各20 m,挂起警示牌,严禁任何人进入作业区域。安全监督员全权负责拆除区域的安全监护工作;

(10)退节作业要专人指挥,电源、液压系统应有专人操纵;

(11)塔机最大拆卸高度处风速要求不大于13 m/s,即风力相当于四级;

(12)工作过程中,平衡臂应在套架有油缸的一侧,即平行于建筑物的方向,并且将上下转台用销轴锁住,以防塔身回转;

(13)移动变幅小车使拆卸部分保持平衡;

(14)拆卸过程中,如遇卡阻现象,液压系统出现故障,应立即停止拆卸,排除故障后方能继续工作。

(四)物料提升机(井架)施工方案

1. 工程概况

本工程为×××楼,总建筑面积12 881 m²,工程南北总长104.10 m,层高3.90 m,总高度22.50 m,工程呈"L"形,根据工程状况和施工现场布置,本工程设置两台物料提升机,该物料提升机由标准节组装结构,高2 m,断面为1 m×1 m,用四个高强螺栓连接。独立时架体高为10个标准节,加基座高0.8 m,总高20.80 m,顶面安装托架和天梁。提升机架体离建筑物3.5 m。

2. 基础

该机基础为现浇钢筋混凝土基础,混凝土标号为C30,12个地脚螺栓与基座连接固定,分别埋于混凝土基础内,基座用10#槽钢制作而成,十字形框架,框架长2.8 m,中间形成1 m×1 m方块,高0.8 m,用于固定架体标准节,并有4个斜撑杆与架体连接。

3. 拆装措施

(1)拆装所用的辅助设备及工具:活扳手2个,手锤1把,信号旗、安全带、劳保手套、安全帽等。

(2)安装措施如下。

①装标准节:待基础混凝土养护期满,就可安装架体,安装时,对作业人员进行安全技术交底,确定指挥人员,指定监护人划分安全区域,设置明显标志,排除作业障碍,设警戒区、非安装人员禁止入内,并作人员分工。

②信号工负责指挥,两人轧安全带负责安装,两人负责地面工作,首先用塔吊将一个标准节用高强螺栓与基座对接,并安装四根斜撑,然后依次安装标准节,安装时,注意信号指挥,一定要听从指挥。安装到第6个标准节后,安装附墙梁与建筑物用脚手架钢管固定,安装11个标准节后,安装托架和天梁,并在第9个标准节加第二个附墙梁,再将寻轨安装,架体直线度允许偏差1/750,最大垂直度20 mm。

③安装吊篮:吊篮外滚轮卸下来,内滚轮靠在导轨上,再将外滚轮装上,穿起重绳,按标准固定在天梁上,开动卷扬机试运行几次,运行自如即可。

4. 拆除安全要求

(1)拆除作业前检查的内容包括:

①查看提升机与建筑物及脚手架的连接情况;

②查看提升机架体有无其他牵拉物;

③临时附墙架、缆风绳及地锚的设置情况;

④地梁和基础的连接情况。

（2）装拆人员在作业时,必须戴安全帽,系安全带,穿防滑鞋。不准以抛掷方式传递工具、器材,拧螺丝时,不准双手操作,只能一手搬扳手,一手紧握架体杆件。

（3）在进行拆架体作业时,架体孔内必须铺满能满足使用及安全要求的脚踏板,板两端应超出支撑位外边沿 100 mm 以上,以保证操作的安全。

（4）拆除作业中,严禁从高处向下抛掷物件。

（5）拆除作业宜在白天进行,因故中断作业时,应采取临时稳固措施。

5. 安全防护装置及安全要求

提升机应具有下列安全防护装置并满足其要求。

①安全停靠装置。吊篮运行到位时,停靠装置将吊篮定位。该装置应可靠地承担吊篮自重、额定荷载及运料人员体重和装卸时的工作荷载。

②断绳保护装置。当吊篮悬挂或空中发生断绳时能可靠地将其停住并固定在架体上。其滑落行程,在吊篮满载时不得超过 1 m。

③上极限限位器(防冲顶装置)。该装置应安装在吊篮允许提升的最高工作位置。吊篮的越程(指从吊篮最高位置与天梁最低的距离),应小于 3 m,当吊篮上升到达极限高度时,限位器即行动作,切断电(指可逆式卷扬机)或自动报警。

④楼层口停靠安全门。各楼层的通到处,应设置闭停安全门,应采用连锁装置(吊篮运行到位时方可打开)。停靠安全门可采用钢管制造,其强度应能承受 1 kN/m 的水平荷载。

⑤吊篮前后安全门。吊篮的上料口处装设安全门。安全门宜采用连锁开启装置,升降运行时安全门封闭吊篮的上料口,防止物料从吊篮中滚落。

⑥吊篮前后安全门。吊篮两侧处应设防护栏,防护栏宜采用工具式装置封闭吊篮两侧,防止升降运行时物料从吊篮的两侧滚落。

⑦吊篮顶部防护棚。篮顶部应装设防护棚,防护棚宜采用接叠双向开启式,以利长料运送,防止人员进入吊篮作业时物料从吊篮各方坠落伤人。

⑧首层上料中防护棚。防护棚应装设在提升机架体面进料口上方,其宽度大于提升机的最外部尺寸,长度应大于 3 m,其材料强度应能承受 10 kPa 的均布荷载,也可采用 50 mm 厚木板架设。

⑨紧急断电开关。紧急断电开关应设在便于司机操作的位置,在紧急情况下,应能及时切断提升机的总控制电源。

⑩信号装置。该装置是司机控制的一种音响装置,其音量应能使各楼层使用提升机装卸物料人员清晰听到。当司机不能清楚地看到操作者和信号指挥人员时,必须加装通信装置,通信装置必须是一个闭路的双向电气通信系统,司机应能听到每站联系,并能向每一站讲话。

6. 使用安全与管理要求

提升机安装后,应由主管部门按照要求设计进行检查验收,确认合格发给使用证后,方可交付使用。

（1）用前和使用中的检查应包括下列内容。

①金属结构有无开焊和明显变形。

②架体各节点连接螺栓是否紧固。

③附墙架、缆风绳、地锚位置和安装情况。

④架体的安装精度是否合理。

⑤电气设备及操作系统的可靠性。

⑥卷扬机位置是否合理。

⑦电气设备及操作系统的可靠性。

⑧信号及通信装置的使用效果是否良好清晰。

⑨钢丝绳、滑轮组的固接情况。

⑩提升机输电线路的安全距离及防护情况。

（2）日常检查。日常检查由作业司机在班前进行，在确认提升机正常时，方可投入作业。检查内容包括以下方面。

①地锚与缆风绳的连接有无松动。

②空载提升吊篮做一次上下运动，验证是否可靠，并同时碰撞限位器和观察安全门是否灵敏完好。

③高架提升机作业时，应使用通信装置联系，低架提升机在多工种、多层同时作业，应专设指挥人员，信号不清不得开机。作业中不论任何人发出紧急停车信号，应立即执行。

④当吊篮在悬空吊挂时，卷扬机司机不得离开驾驶座位。

⑤在支撑安全装置没有支撑好吊篮时，严禁人员进入吊篮。

⑥吊篮在运行时，严禁人员将身体任何部位伸入架体内。在架体附近工作人员，身体不得贴近架体。使用组合架体时，进入吊篮的工作人员，应随时注意相邻吊篮的运行情况；人和物料、工具不得越入相邻的架体内。

⑦架体的斜杆和横杆，不得随意拆除；如因运输需要，也只准将部分少数斜杆拆除。各楼层的出入口所拆除的斜杆，应安装回在被拆除的开口节的上或下一节上，并与该节原有的斜杆成交叉状，但连续开口不允许大于两节。且必须在适当的地方装上与建筑物刚性锚固的临时拉杆或支撑，以保持架体的刚度和稳定。

⑧闭合主电源前或作业突然断电时，应将所有开关扳回零位。在重新恢复作业前，应在确认提升机动作正常后方可继续使用。

⑨发现安全装置、通信装置失灵时，应立即停机修复，作业中不得随意使用极限限位装置。

⑩使用中要经常检查钢丝绳、滑轮工作情况。如发现磨损严重，必须按有关规定及时更换。

7. 注意事项

（1）应配备考试合格持有操作证的专职司机，严禁无证开机。

（2）井架出入口支撑桥的钢花梁两端要用 14 号铅丝扎牢，并用 φ6 mm 钢筋捆牢固，桥枋要用铅丝与钢花梁扎牢。

（3）井架出入口与建筑物连接的平桥（台）必须架设牢靠，宽度不应小于该井架的宽度，平桥板必须满铺，不得留有缝隙，平桥（台）两侧应架防护栏杆和挂安全立网，护栏杆距平桥（台）面高度以 1.2 m 左右为宜，中间要加设横杆不少于 2 度，护栏杆的垂直距离应为 40

cm,井架与建筑的距离为 3 m,应在平桥底挂兜底安全平网。

(4)井架在楼层的出入口上方架防护挡板或挂安全平网防护,并在出入口设层间活动安全闸门和在显眼处挂有安全操作规定牌子和警示标志。

(5)架体的三个外侧面要满挂密眼安全立网,安全网的重叠应小于 10 cm,并绑扎牢靠。防护杆、板的空隙应大于 50 mm,高度与架体相同。

(6)作业人员严禁乘吊篮升降。

(7)在架体安装和拆除作业时,应设专人指挥,作业区上方及地面 10 m 范围内设警戒区,并有专人监护,靠近交通道路或有人操作的地方还要设置防护挡板。

(五)电动式吊篮安装方案

1.编制依据

(1)×楼设计图纸。

(2)《建设工程施工安全技术操作规程》。

(3)《建筑施工高处作业安全技术规范》(JGJ 80—1991)。

2.工程概况

本工程地上东单元十七层,西单元二十二层,层高 2.9 m,建筑物沿口高度 64.25 m,东单元女儿墙顶标高为 53.8 m,西单元女儿墙顶标高为 68.3 m,主体为钢筋混凝土框剪结构,外墙为挤塑聚苯板保温系统,本工程外墙镶贴保温板前抹灰打底使用 ZLP 630 型电动吊篮。

3.组织部署

(1)人员准备:出租公司派吊篮技术人员负责指导安装,承租方派出 8~10 名工人协助安装。

(2)吊篮准备:吊篮进场根据工地实际情况采取分批进场。

(3)机械准备:使用塔式起重机或施工电梯。

安装布置:外挂架现场组装。详见工艺流程图、现场组装图、配重示意图。

(4)电力准备:承租方必须在建筑物顶预备 380 V 动力电源及三级动力柜。

4.准备工作

本工程预计使用 8 台 ZLP 630 型电动吊篮,工作参数为:额定载重量 630 kg,配重质量为 1 000 kg;平台尺寸为长 × 宽 × 高 =4 080 mm ×700 mm ×1 200 mm;钢丝绳采用直径 8.3 mm 吊篮专用钢丝绳;吊篮整个操作系统由租赁单位派专业人员负责进行组装和拆卸工作。

注意:屋面已经做好防水保护层的,必须用脚手板垫设,不得损坏出屋面配套设施(排气管、烟风道等)以加强成品保护;屋面悬挂装置、钢丝绳、配重铁等由施工电梯配合垂直运输,水平搬运包括操作平台、电器系统等在地面组装,必须使用专用电箱(380 V 电源,主电缆截面容量应大于 80 kW,电闸箱内漏电保护装置必须灵敏有效)。

5.高处作业吊篮主要技术参数

吊篮主要技术参数

名　　称	ZLP 630 吊篮型号及主要技术参数
额定载重量	630 kg

名　称	ZLP 630 吊篮型号及主要技术参数			
升降速度	9.5±0.5 m/min			
悬吊平台尺寸(长×宽)	(2.0 m/片×3 片)×0.76 m 宽			
钢丝绳	结构:4×31SW+FC−8.3　最小破断拉力:53 kN			
提升机	型号			LTD 63
	额定提升力			6.17 kN
	电动机	型号		YEJ−90L−4
		功率		2×1.5 kW
		电压		380 V
		制动力矩		14.7 N·m
安全锁	类型			摆臂式防倾斜
	型号			GST 20
悬挂机构	数量			二套
	调节高度			0.96~1.5 m
	前梁伸出长度			1.1~1.5 m
质量	悬吊平台(含提升机、安全锁、配电控制箱)			480 kg(钢平台)
	悬挂机构			300 kg
	配重			1 000 kg
	整机			1 790 kg(钢平台)
吊篮正常工作环境	环境相对湿度≤90%(25 ℃)			
	电源电压偏离额定值±5%			
	工作处阵风风力≤8.3 m/s(相当于 5 级风力)			
	环境温度−20 ℃~+40 ℃			

6.结构设计计算及验算

1)悬臂梁受力计算

受力原理可简化为下图:

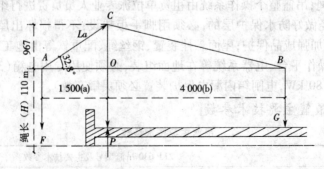

如图所示,$P=F(1+1\,500/4\,000)$,

式中　　$F = M \times K$ 　　　　　　　　　　　　　　　　　　　　　　　　　（1）

其中　　$K = 1.25$（动载系数）

　　　　下垂钢丝绳单根重　$52\ m \times 0.324\ kg/m \approx 17\ kg$

　　　　$M =$（吊篮自重 + 负荷重 + 钢丝绳重 + 电缆重）$\div 2$

　　　　　$= (480 + 630 + 17 \times 4 + 50 \times 0.35) \div 2 \approx 598(kg)$

则　　　$F = M \times K = 598 \times 1.25 = 747.5\ kg$

　　　　$P = F(1 + 1\,500/4\,000) = 747.5 \times (1 + 1\,500/4\,000) = 1\,028\ kg = 14.01\ kN$

故此，为减轻钢支撑对屋面的集中破坏应力，须在支撑下垫 50 mm 厚脚手板用以分散应力。

2）在断绳工况下按冲击力验算

在断绳工况下冲击力 δ 约为 3 倍的负载 F，则 $\delta = 3 \times 1\,040 = 3\,120\ kg = 30.58\ kN$，

那么　　$La = \delta/\mathrm{Sin}\,32.8 = 56.45\ kN <$ 钢丝绳的破断拉力（63 kN）。

AO 段前钢梁所受压应力为

　　　　（$La \times \cos 32.8$）$\div$ 前梁（方钢）截面积

　　　　$= 56.45 \times 1\,000 \times \cos 32.8 \div (80^2 + 74^2)$

　　　　$= 51.35$（MPa）$<$ 方钢破坏应力 $[\sigma] = 175\ MPa$

则前梁受力安全系数：$175/ 51.35 = 3.4$。

3）抗倾覆安全系数

根据 JG/T 5032—93 相关规定，抗倾覆安全系数 K 不得小于 2，即吊篮悬挂机构的抗倾覆力矩与倾覆力矩的比值不得小于 2。

由受力简图可得

　　　　$K = G \times OB$ 段长$/F \times AO$ 段长　　　　　　　　　　　　　（2）

式中　K ——抗倾覆安全系数；

　　　G ——配重压铁、后支架、插杆的质量，kg；

　　　F ——悬吊操作平台、提升机、钢丝绳、操作手等的额定载重量、风压值等重量总和，kg；

　　　OB ——配重点到前支点的距离，m；

　　　AO ——前梁到前支点的伸出长度，m。

将各使用数据代入验算公式（2）进行使用安全抗倾覆验算

　　　　$K = 1\,000\ kg \times 4\ m/1\,040\ kg \times 1.5\ m = 2.56 > 2$

即在上人及配载为 800（额定载重）－535（平台系统重）$= 265\ kg$ 时，满足吊篮设计。

备注：安装时可根据建筑物结构调节前梁、后梁所需要的伸出长度，后梁的伸出长度应调至最大，前梁伸出长度通长不大于 1.3 m，当前梁的伸出长度 ≥ 1.5 m 或钢丝绳的悬挂长度超过 120 m 时，必须相应减少工作载荷或增加配重，以保证抗倾覆安全系数 K 值 ≥ 2。

7. 施工安全操作规程

（1）基本规定。

①吊篮必须由经过技术培训合格的人员上岗操作，同时操作人员不得有不适应高处作业的疾病和生理缺陷，酒后、过度疲劳、情绪异常者禁止上岗操作；

②进入吊篮的人员必须系好安全带，戴好安全帽，安全带必须扣住单独设置的安全绳；操作人员上机前必须认真学习和掌握《使用说明书》的内容；使用前必须按检查项目逐项进

行检查、试验,检查合格方可投入使用;使用中应严格执行安全操作规程;

③吊篮严禁超载(吊篮的载重量包括人员、料具的重量在内),且所载物料在平台的全长上应基本均匀;

④在正常工作中严禁触动滑降装置或用安全锁(离心触发式)刹车;

⑤不允许在悬吊平台内使用梯子、凳子、垫脚物等进行作业;吊篮不允许用作载人和载物电梯使用,不允许在吊篮上另设吊具;

⑥吊篮下方地面为行人禁入区域,须做好隔离措施并设立明显的警示标志牌;

⑦悬吊平台两侧倾斜超过 150 mm 时应及时调平,否则将严重影响安全锁的使用甚至损坏内部零件;平台栏杆四周严禁用布或其他不透风的材料围住以免增加风阻系数造成安全隐患;

⑧如必须利用吊篮进行电焊作业时,应对吊篮钢丝绳进行全面防护,更不得利用钢丝绳作为低压通电回路;

⑨钢丝绳必须按规定使用,严格履行进场检查手续,达到报废标准之一的应立即报废更换,不得带病作业;

⑩吊篮如需就近整体移位,必须切断电源,并将钢丝绳从提升机和安全锁中退出;

⑪每天使用结束后应将平台降至地面,放松工作钢丝绳,使安全锁摆臂处于松弛状态,关闭电源开关,锁好电源箱,露天存放要做好防雨措施,避免雨水进入提升机安全锁、电气箱;

⑫安排专人收听天气预报,遇有雷雨天气或五级以上大风时不得登吊篮作业并采取有效措施将吊篮进行固定,防止风大刮坏电缆、电箱以及碰坏墙面。

(2)搭设使用吊篮式脚手架的安全操作规定如下。

①吊篮搭设构造必须遵照专项安全施工组织设计(施工方案)规定,组装或拆除时,应 3 人配合操作,严格按搭搭程序作业,任何人不允许改变方案。

②挑梁必须按设计规定与建筑结构固定牢固,挑梁挑出长度应保证悬挂吊篮的钢丝绳垂直地面,挑梁之间应用纵向水平杆连接成整体,挑梁与吊篮连接端应有防止钢丝绳滑脱的保护装置。

③安装屋面支撑系统时必须仔细检查各处连接件及紧固件是否牢固,检查悬挑梁的悬挑长度是否符合设计要求,检查配重码放位置以及配重是否符合出厂说明书中的有关规定。

④屋面支撑系统安装完毕后方可安装钢丝绳,安全钢丝绳在外侧,工作钢丝绳在里侧,两绳相距 150 mm,钢丝绳应固定、卡紧,安全钢丝绳直径不得小于 13 mm。

⑤吊篮组装完毕,经过检查后运至指定位置,然后接通电源试车,同时由上部将工作钢丝绳分别插入提升机构及安全锁中,安全锁必须可靠固定在吊篮架体上,同时套在保险钢丝绳上;工作钢丝绳要在提升机运行中插入,接通电源时要注意相位,使吊篮能按正确方向升降。

⑥电动吊篮总装完成后应在距地 1~2 m 范围内进行空载试运行,待一切正常后方可负荷运行。

⑦吊篮内侧距墙间隙为 100~200 mm,吊篮拼装长度不得大于 7.5 m,不得将两个或几个吊篮连在一起同时升降,两个吊篮接头处应与窗口、阳台作业面错开。

⑧当吊篮停置于空中时,应将安全锁锁紧,需要移动时再将安全锁放松,安全锁累计使

用 1 000 h 必须进行定期检验和重新校订。

⑨电动吊篮在运行中如发生异常响声和故障,必须立即停机检查,故障未经彻底排除,不得继续使用。

⑩承重钢丝绳与挑梁连接必须牢靠,并应有预防钢丝绳受剪的保护措施。

⑪吊篮的位置和挑梁的设置应根据建筑物实际情况而定。挑梁挑出的长度与吊篮的吊点必须保持垂直,安装挑梁时,应使挑梁探出建筑物一端稍高于另一端;挑梁在建筑物内外的两端应用钢管连接牢固,成为整体;阳台部位的挑梁在挑出部分的顶端要加斜撑抱桩,斜撑下要加垫板。

⑫吊篮组装、升降、拆除、维修必须由专业架子工进行;吊篮使用期间,应经常检查吊篮防护、保险、挑梁、手扳葫芦、倒链和吊索等,发现隐患,立即解决。

(3)每班作业前应作以下例行检查。

①检查屋面支撑系统、钢结构、配重、工作钢丝绳及安全钢丝绳的技术状况,有不符合规定者应立即纠正。

②检查吊篮的机械设备及电气设备,确保其正常工作,并有可靠的接地设施。

③开动吊篮进行试车升降,检查升降机构、安全锁、限位器、制动器及电机工作情况,确认正常后方可正式运行。

④清扫吊篮中的杂物、垃圾及和施工无关的其他一切物品以免超负荷运行。

(4)每班作业后应做好以下收尾工作。

①将吊篮内的垃圾杂物清理干净,将吊篮悬挂于离地 3 m 处,撤去上下梯。

②使吊篮与建筑物拉紧,以防止大风骤起刮坏吊篮和墙面。

③切断电源,将多余的电缆及钢丝绳放在吊篮内。

④升降吊篮时,各吊点必须同时升降,保持吊篮平衡。吊篮升降时不要碰撞建筑物,特别是阳台、窗户等部位,应有专人负责推动吊篮,防止吊篮挂碰建筑物。

8. 验收程序

租赁单位吊篮组装完毕后,必须进行自检复查,确认无安全隐患后报分包使用单位专职安全员进行验收,分包使用单位验收合格后再上报总包单位专职安全员复查,复查确认无安全隐患后报请监理单位联合验收并试车确认,未经四方联合验收签字认可,任何单位和个人均不得私自动用吊篮作业!

9. 注意事项

悬挂机构安装在建筑物的顶部屋面,将悬挂机构的零部件和钢丝绳运至屋顶,在预定位置进行安装,安装面已经做完防水及保护层的在后座下加垫 50 厚木板以防止压坏防水层,调节悬挂支架,使支座高度下侧面略高于女儿墙(或其他障碍物),在悬挂机构定位后,在前梁伸出端下侧面与女儿墙(或柱)间加垫木板并用钢管固定,或用柔性材料垫隔以防止磨损抹灰层;前梁伸出端悬伸长度为 1 m 左右;前后座之间距离调整至最大距离且不得小于设计要求的距离。

10. 附表

吊篮脚手架验收表

LJA－1－5－1－2

工程名称				架体名称		钢平台
搭设高度		110 m		验收日期		

序号		验收内容	验收要求	验收结果
1	施工方案	专项施工方案	内容齐全,指导施工,手续完备	内容齐全,指导施工,手续完备
		设计计算书准用证	符合规定,计算准确	符合规定,计算准确
		准用证	具备部、省核发的准用证	具备部、省核发的准用证
2	制作组装	挑梁、锚固、配重	符合设计要求	符合设计要求
		吊篮组装	按设计要求及说明书要求	按设计要求及说明书要求
		电动、手动葫芦	使用灵活、可靠	使用灵活、可靠
		吊篮荷载	使用前按规定试验	使用前按规定试验
3	安全装置	葫芦保险卡	设计保险卡灵活可靠	设计保险卡灵活可靠
		保险绳	设置两根 ϕ12.5 mm 钢丝绳	设置两根 ϕ12.5 mm 钢丝绳
		吊钩保险	各吊钩均设保险	各吊钩均设保险
		作业人员安全带	单独设置,挂可靠处	单独设置,挂可靠处
4	脚手板	脚手板铺设	满铺,固定	满铺,固定
		脚手板材质、规格	符合设计要求;木板 5 cm 厚	符合设计要求;木板 5 cm 厚
5	升降操作	操作人员	经过培训	经过培训
		升降作业	吊篮不准站人	吊篮不准站人
		两个吊篮升降同步装置	必须同步	必须同步
6	吊篮防护	吊篮外侧封闭	2 000 目立网全封闭	2 000 目立网全封闭
		周围设置挡脚板	18 cm 高挡脚板,周围设置	18 cm 高挡脚板,周围设置
		多层作业防护顶板	5 cm 厚木板封闭	5 cm 厚木板封闭
		两端头防护	升降绳的两端要设置保护装置	升降绳的两端要设置保护装置
7	架体稳定	吊篮与建筑物拉接	作业时两点固定	作业时两点固定
		吊篮与墙体间隙	小于 10 cm	小于 10 cm
		钢丝绳垂吊	绳应垂直吊正吊篮	绳应垂直吊正吊篮
8	施工荷载	施工荷载	严格按设计规定执行	严格按设计规定执行
		荷载堆放	分布均匀	分布均匀

验收签字	搭设负责人		使用负责人	
	安全负责人		项目负责人	

验收结论					
	监理单位		日期		年　月　日

吊篮日常检查项目与内容

工程名称：　　　　　　　　　　　　　　　　　　　　　检查日期：

项目	检查内容	结果	标志	项目	检查内容	结果	标志
悬吊操作平台	结构件是否变形,底板、挡板、护栏是否破损			钢丝绳	有无损伤(断丝、断股、压痕、烧蚀、堆积),有无变形(松股、折弯、起股),磨损情况,是否达到报废标准		
	焊缝有无裂纹、脱焊				有无缠绕		
	栏杆、安装架、底架连接是否牢固				与悬挂机构的连接是否牢固,钢丝绳夹是否松动		
提升机	与安装架连接是否良好			电气控制系统	电线、电缆是否破损,插头、插座是否完好		
	有无漏油、渗油				上限位开关动作是否正常		
	电磁制动器间隙是否正常				交流接触器动作是否正常		
安全锁	摆臂动作是否灵活,有无卡滞现象				转换开关动作是否正常,制动开关按钮动作是否正常		
	手动锁绳是否有效、快速抽绳是否动作(离心触发式安全锁)				接零、漏电保护装置是否灵敏可靠		
悬挂机构	各部件连接是否牢固可靠,滚轮是否销住			平台运行情况	升降运行有无异常响声		
	配重有无缺少、破损				平台(吊篮)是否水平		
	两套悬挂机构的距离是否准确				制动器动作有无卡滞、制动是否可靠		
	定位是否可靠				倾斜时安全锁锁绳是否可靠		
					手动滑降是否良好		

评价及处理意见

注:1.表中"结果"栏用√表示完好,用×表示有问题;

　2.检查结果有问题的,有☆号标志的应立即整改;有△标志的应限期整改,有#标志的应按规定报废;

　3.悬吊平台上下运行要在项目检查完毕并合格以后试运行确认安全后投入使用。

吊篮编号		提升机编号	左		安全锁编号	
			右			

检查人：　　　　　　　　　　　　　　　　　　　　　日期：　年　月　日